0 ゼロからはじめる SOLIDWORKS

Series 2 アセンブリモデリング 入門

株式会社オズクリエイション 著

電気書院

はじめに

本書は、3 次元 CAD SOLIDWORKS 用の習得用テキストです。
これから 3 次元 CAD をはじめる機械設計者、教育機関関係者、学生の方を対象にしています。

【本書で学べること】

◆ ボトムアップによるアセンブリ作成
◆ アセンブリの図面作成
◆ アセンブリ機能

等を学んでいただき、SOLIDWORKS を効果的に活用する技能を習得していただけます。
本書では、SOLIDWORKS をうまく使いこなせることを柱として、基本的なテクニックを習得することに重点を置いています。

【本書の特徴】

◆ 本書は操作手順を中心に構成されています。
◆ 視覚的にわかりやすいように SOLIDWORKS の画像や図解、吹き出し等で操作手順を説明しています。
◆ 本書で使用している画面は、SOLIDWORKS2020 を使用する場合に表示されるものです。

【前提条件】

◆ 基礎的な機械製図の知識を有していること。
◆ Windows の基本操作ができること。
◆ 「**ゼロからはじめる SOLIDWORKS Series1 ソリッドモデリング入門／STEP1～3**」を習熟していること。

【寸法について】

◆ 図面の投影図、寸法、記号などは本書の目的に沿って作成しています。
◆ JIS 機械製図規格に従って作成しています。

【事前準備】

◆ 専用 WEB サイトよりダウンロードした CAD データを使用して課題を作成していきます。
◆ SOLIDWORKS がインストールされているパソコンを用意してください。

⚠ 本書には、3 次元 CAD SOLIDWORKS のインストーラおよびライセンスは付属しておりません。

本書は、SOLIDWORKS を使用した 3D CAD 入門書です。

間違いがないよう注意して作成しましたが、万一間違いを発見されました場合は、
ご容赦いただきますと同時に、ご連絡くださいますようお願いいたします。

内容は予告なく変更することがあります。

本書に関する連絡先は以下のとおりです。

〒115-0042　東京都北区志茂 1-34-20 日看ビル 3F

TEL：03-6454-4068　FAX：03-6454-4078

メールアドレス：info@osc-inc.co.jp

URL：http://osc-inc.co.jp/

目次

Chapter1
スタートアップ

本書の使用方法、SOLIDWORKS の概要、動作環境について説明します。

本書について

- 本書の特徴
- 本書で使用するアイコン、表記

SOLIDWORKS とは

- 概要
- SOLIDWORKS のパッケージ

SOLIDWORKS データのダウンロード

1.1 本書について

本書の特徴、表記するアイコン、表記方法について説明します。

1.1.1 本書の特徴

SOLIDWORKS および SOLIDWORKS に関連する操作は、すべて本書に示す手順に従って行ってください。

下図のように操作する順番は ① クリック のように吹き出しで指示されています。

はマウスの操作を意味しており、クリック、ドラッグ、ダブルクリックなどがあります。

はキーボードによる入力操作を意味しています。

座標系を作成する

参照ジオメトリの**座標系**を新規に作成してみましょう。

座標系は、［**質量特性**］で**重心を計算する際に出力座標系として使用**できます。

1. Feature Manager デザインツリーより《**平面**》を クリックし、**コンテキストツールバー**から ［**表示**］を クリック。

平面がグラフィックス領域に表示されない場合は、**ヘッズアップビューツールバー**の 横の ［**アイテムを表示／非表示**］を クリックし、 ［**平面表示**］を クリック。

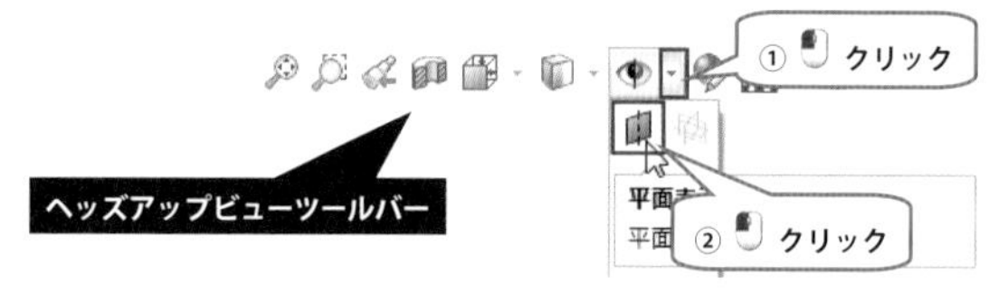

2. Command Manager【**アセンブリ**】より ［**参照ジオメトリ**］を クリックして**展開**し、 ［**座標系**］を クリック。

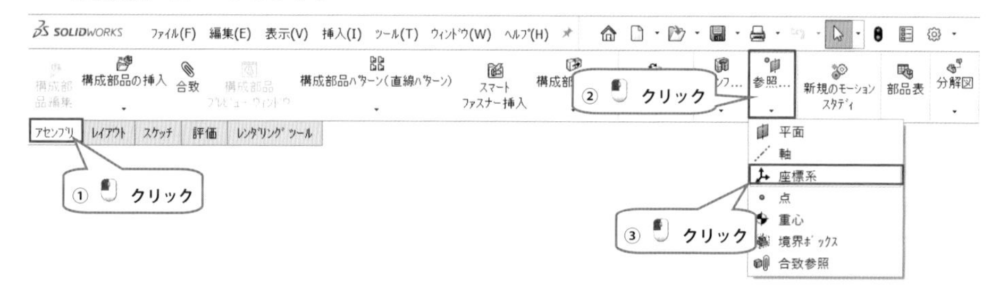

3. Property Manager に「**座標系**」が表示されます。
下図に示す **頂点**を クリックすると**参照トライアド**が**移動**します。

1.1.2 本書で使用するアイコン、表記

本書では、下表で示すアイコン、表記で操作方法などを説明します。

アイコン、表記	説 明
POINT	覚えておくと便利なこと、説明の補足事項を詳しく説明しています。
⚠	操作する上で注意していただきたいことを説明します。
参照	関連する項目の参照ページを示します。
×2	マウスの左ボタンに関するアイコンです。 はクリック、 ×2 はダブルクリック、 はゆっくり 2 回クリック、 はドラッグ、 はドラッグ状態からのドロップです。
	マウスの右ボタンに関するアイコンです。 は右クリック、 は右ドラッグです
×2	マウスの中ボタンに関するアイコンです。 は中クリック、 ×2 はダブルクリック、 は中ドラッグです。 はマウスホイールの回転です。
ENTER CTRL SHIFT ↑ F1 1 1ぬ	キーボードキーのアイコンです。指定されたキーを押します。
SOLIDWORKS は、フランスの……	重要な言葉や文字は太字で表記します。
［**ファイル**］＞ ［**開く**］を選択して……	アイコンに続いてコマンド名を［ ］に閉じて太字で表記します。 メニューバーのメニュー名も同様に表記します。
{ **Chapter 1**} にある……	フォルダーとファイルは { } に閉じてアイコンと共に表記します。 ファイルの種類によりアイコンは異なります。
『**ようこそ**』ダイアログが表示され……	ダイアログは『 』に閉じて太字で表記します。
【**フィーチャー**】タブを クリック……	タブ名は【 】に閉じて太字で表記します。
《 **正面**》を クリック……	ツリーアイテム名は《 》に閉じ、アイコンに続いて太字で表記します。
「**距離**」には<1 0>と 入力……	数値は<1 0>に閉じてキーアイコンまたは太字で表記します。
「**押し出し状態**」より［**ブラインド**］を……	パラメータ名、項目名は「 」に閉じて太字で表記します。 リストボックスから選択するオプションは［ ］に閉じて太字で表記します。

1.2 SOLIDWORKS とは

1.2.1 概要

SOLIDWORKS は、フランスの Dassault Systems 社（ダッソーシステムズ㈱）の子会社 ソリッドワークス社製の 3D CAD／CAE／CAM 統合ソフトウェアです。

1995 年に「**使いやすい 3D CAD、使い勝手の良さ**」をコンセプトとしてアメリカで誕生しました。
（※創業者：Jon Hirschtick　ジョン・ヒルシュティック）

日本法人「**ソリッドワークス・ジャパン㈱**」は、1998 年にソリッドワークス社とクボタソリッドテクノロジー社の共同出資により設立されました。

操作性の高さから多くの企業や教育機関で使用されており、機械系 3D CAD／CAE ではトップシェア（40%以上）となっています。

全世界の 80 ヵ国以上で使われ、毎年 100 万人を超える学生が SOLIDWORKS のトレーニングを受けて卒業しています。

主な特徴

モデリング・カーネルに世界標準の **Parasolid**（パラソリッド）を採用した Windows 専用の 3D CAD／CAE／CAM 統合ソフトウェアです。

主な機能には、下記のものがあります。

◆3 次元ソリッドおよびサーフェスモデリング　◆大規模アセンブリの設計

◆板金／溶接設計

◆プラスチック部品および鋳造部品の設計

◆金型設計

◆電気ケーブル　◆ハーネス　◆導管の設計　◆配管とチューブの設計

◆CAM 機能（SOLIDWORKS2019 より搭載）

また、多くのベンダーより CAE、CAM、PDM など多くのソフトウェアが販売されているのが特徴です。

1.2.2 SOLIDWORKS のパッケージ

SOLIDWORKS は下位の機能を包含する形で、次の 3 段階のパッケージが提供されています。

SOLIDWORKS Standard

基本となる SOLIDWORKS のパッケージです。

SOLIDWORKS Professional

SOLIDWORKS Standard にレンダリング、データ管理、アニメーションなどのツールを加えたパッケージです。追加ツールには、3D モデルデータの 2 次的な利用に便利なツールが含まれています。

SOLIDWORKS Premium

SOLIDWORKS Professional に電気配線や配管設計するためのツール、線形静解析およびモーションシミュレーションを追加した SOLIDWORKS CAD 製品の最上位パッケージです。

SOLIDWORKS の機能比較

SOLIDWORKS をパッケージ別に機能比較したものを下表に示します。（※下表の機能は一部です。）

機 能	ツール	Premium	Professional	Standard
CAD ソフトウェア基本機能	部品、図面、アセンブリ	✓	✓	✓
自動フィーチャ認識	FeatureWorks	✓	✓	✓
デザインコミュニケーション	eDrawings Professional	✓	✓	×
部品の加工コスト検証	Costing	✓	✓	×
標準部品ライブラリ	Toolbox	✓	✓	×
レンダリング	PhotoView360	✓	✓	×
簡易データ管理	PDM Standard	✓	✓	×
ルーティング	Routing	✓	×	×
曲面サーフェスの平坦化	展開サーフェス	✓	×	×
部品の簡易静解析	SimulationXpress	✓	✓	✓
流体簡易解析	FloXpress	✓	✓	✓
線形静解析	Simulation	✓	×	×
モーションシミュレーション	Motion	✓	×	×

1.3 SOLIDWORKS データのダウンロード

本書で使用する CAD データを下記の手順にてダウンロードしてください。

1. ブラウザにて WEB サイト「 http://www.osc-inc.co.jp/Zero_SW2 」へアクセスします。

2. **ユーザー名**<osuser3>と**パスワード**<86Guu453>を入力し、ログインをクリック。
   (※ブラウザにより表示されるウィンドウが異なります。下図は Google Chrome でアクセスしたときに表示されるウィンドウです。)

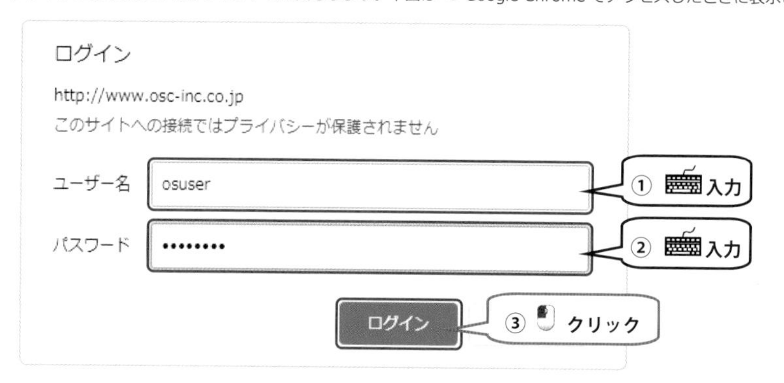

3. ダウンロード専用ページを表示します。
   ダウンロードする SOLIDWORKS のバージョンの をクリックすると、
   本書で使用するファイル｛ **Series2-primer.ZIP**｝がダウンロードされます。

4. ダウンロードファイルは、通常｛ **ダウンロード**｝フォルダーに保存されます。
   圧縮ファイル｛ **Series2-primer.ZIP**｝は**解凍**して使用してください。
   今回は｛ **デスクトップ**｝にダウンロードフォルダーを移動して使用します。

Chapter2
アセンブリの基礎（1）

ヘリコプターのアセンブリモデルを作成しながら下記の機能の理解を深めます。

アセンブリの作成手法

アセンブリ作成

- 新規アセンブリの作成と固定部品の配置
- 構成部品の状態
- 座標系を作成する

構成部品の挿入

- 挿入用の Property Manager を使用する
- エクスプローラ（Windows エクスプローラ）
- 開いたドキュメントからドラッグする
- ファイルエクスプローラからドラッグする

標準合致

- 一致合致を追加
- 同心円合致を追加
- 平行合致を追加
- クイック合致状況依存ツールバー
- 順次選択により合致アイテムを選択する
- 回転運動する構成部品
- インスタンスのコピー

スマート合致

- アセンブリ内でスマート合致
- 別ウィンドウからスマート合致

サブアセンブリ

- サブアセンブリの挿入
- フレキシブルとリジッド状態の切り替え

詳細設定合致

- 幅合致の追加
- 角度制限合致の追加

機械的な合致

- スロット合致の追加
- 位置決めのみに合致を使用する
- ギア合致の追加

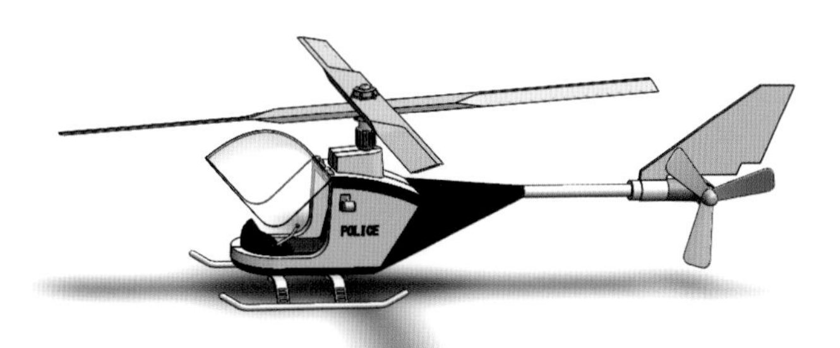

2.1 アセンブリの作成手法

SOLIDWORKS では、**ボトムアップ**と**トップダウン**の 2 つの方法でアセンブリを作成できます。

ボトムアップアセンブリ

ボトムアップアセンブリは、**既存の部品をアセンブリに追加することによって作成する手法**です。

アセンブリに追加された部品を**構成部品**と呼び、アセンブリ内で方向や位置を決定するには ［**合致**］というコマンドを使用します。実際の組立作業、例えばプラモデルのように部品を組み付けていきます。

アセンブリには、別のアセンブリやライブラリ部品（ねじ等の機械要素）を追加できます。

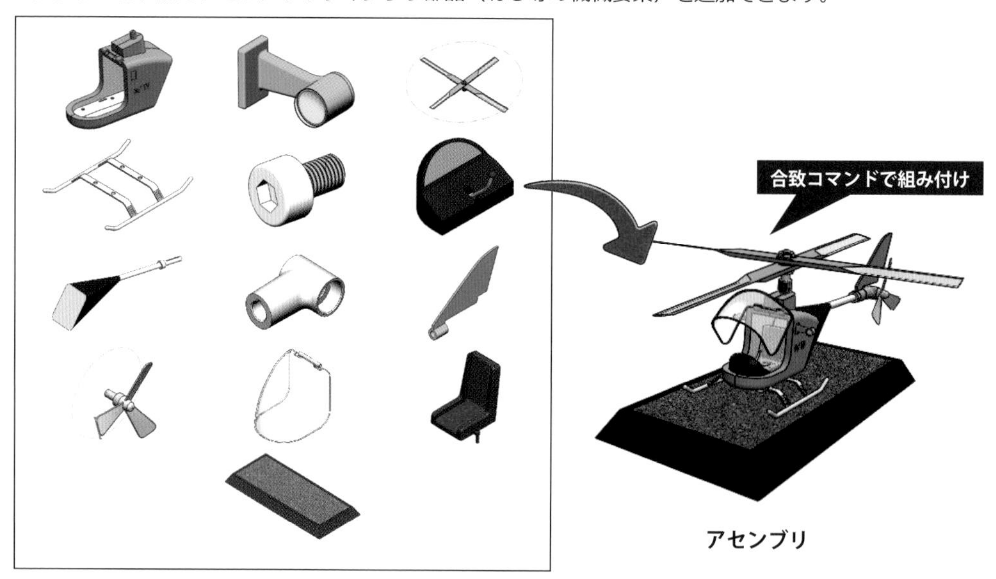

既存の部品／アセンブリ

トップダウンアセンブリ

トップダウンアセンブリは、**最初にモデル全体の大枠をスケッチなどを使用して下書き**し（これを**レイアウトスケッチ**）、それを基に徐々に各部品の詳細を設計していく手法です。

チームで設計をする実際の製品開発現場では、トップダウンの手法が一般的に用いられています。

トップダウンの基本は、「**周りの構成部品を参照した部品設計**」「**マスターデータの共有**」です。

部品設計の各担当者は共有化されたマスターデータを使用し、同時進行で部品の作成を行います。

これにより、**時間的コストを大幅に縮小**できます。

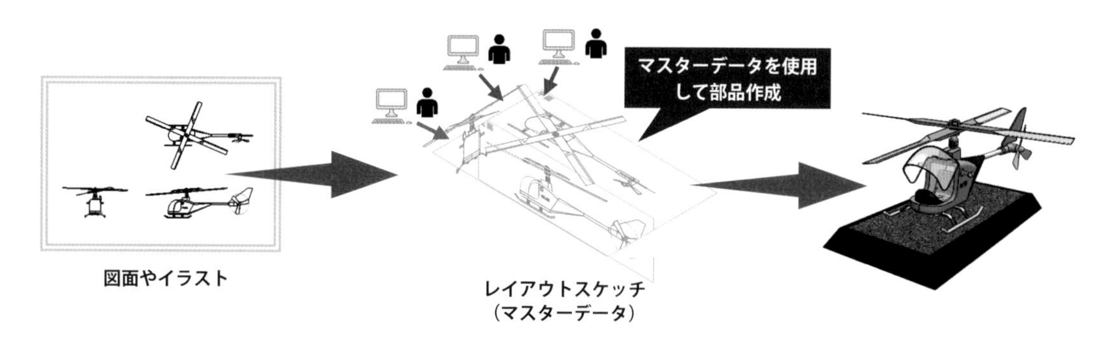

2.2 アセンブリの作成

手順に従ってヘリコプターのアセンブリモデルを作成します。

ダウンロードフォルダー｛ **Chapter 2**｝にある部品およびアセンブリを使用してヘリコプターのアセンブリを作成します。これらの部品は「**Series1-ソリッドモデリング STEP1～3**」で作成したものに相当します。

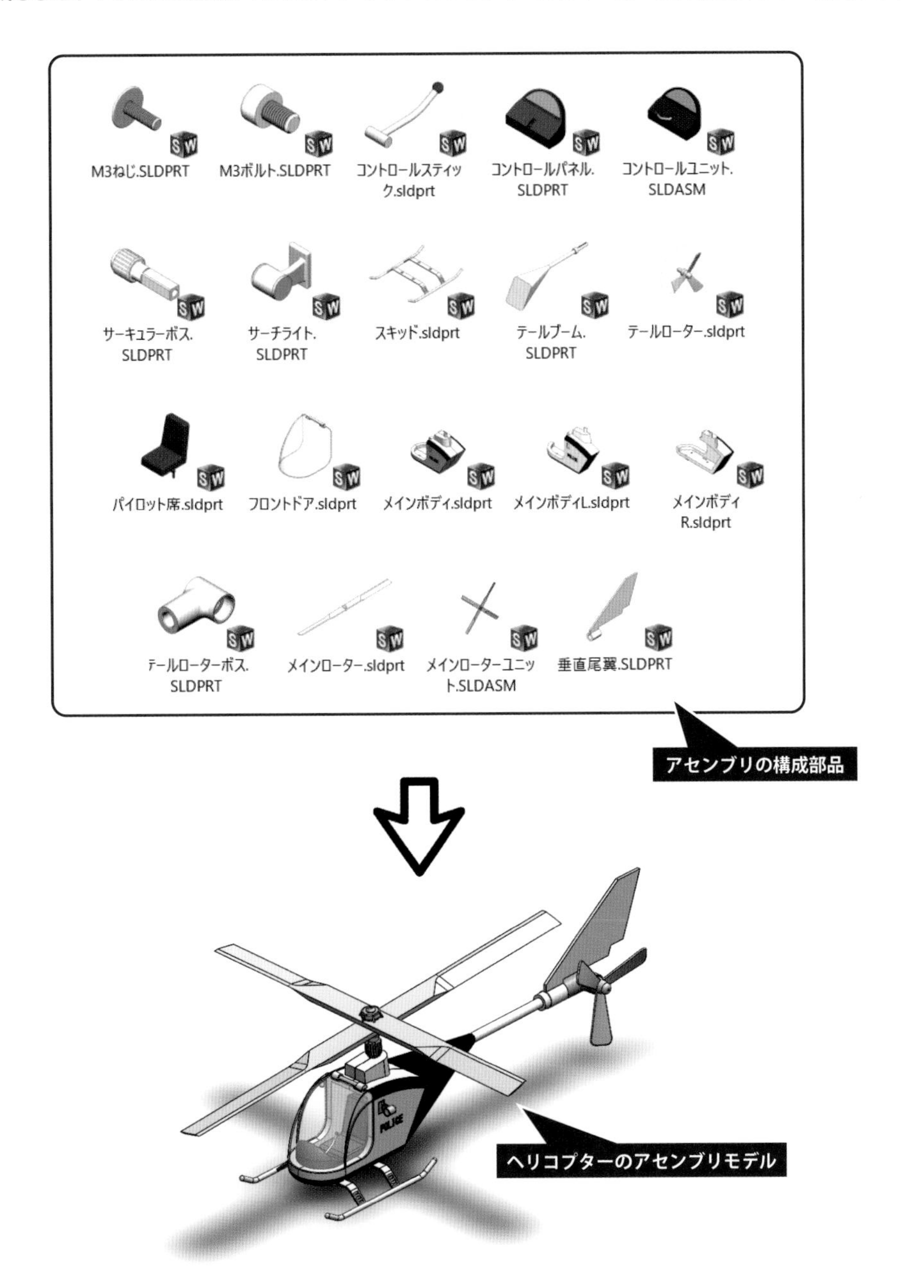

2.2.1　新規アセンブリの作成と固定部品の配置

新規アセンブリドキュメントを作成すると同時に最初の構成部品を配置します。

アセンブリモデルでは**最初に配置する部品が大事**です。

最初に配置された部品は自動的に固定されることから**可動しない部品**を選択します。

アセンブリに配置した部品（またはアセンブリ）を**構成部品**、固定された構成部品を**固定部品**と呼びます。

1. デスクトップの**ショートカットアイコン** SW 2020 SOLIDWORKS 2020 を ×2 ダブルクリックして**起動**します。

   スプラッシュを表示した後に SOLIDWORKS2020 が起動します。

2. 『**ようこそ……**』ダイアログが表示されている場合は、「**新規**」の アセンブリ を クリック。

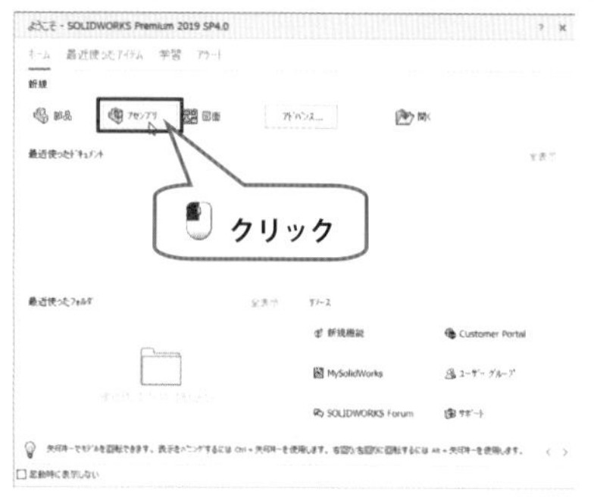

   『**ようこそ……**』ダイアログが表示されていない場合は、**標準ツールバー**の ［**新規**］を クリック。

   『**新規 SOLIDWORKS ドキュメント**』ダイアログが表示されるので、［**アセンブリ**］を クリックし、

   OK を クリック。（※下図はダイアログを**ビギナー**で表示しています。）

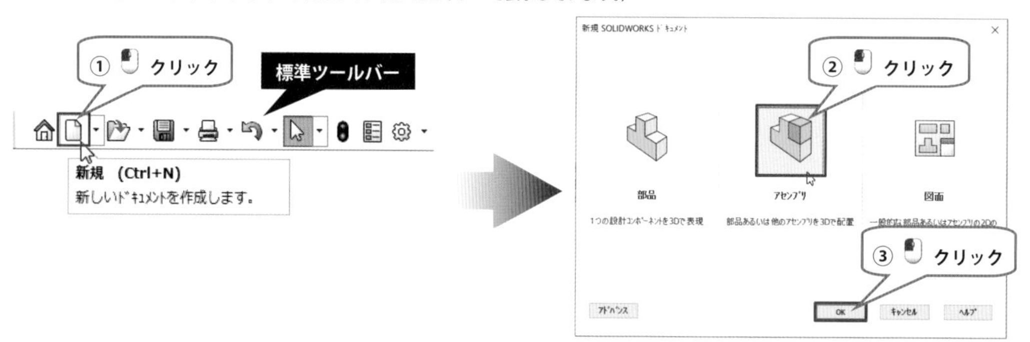

3. 『**開く**』ダイアログが表示されます。ダウンロードフォルダー｛ **Chapter 2**｝より
部品ファイル｛ **メインボディ**｝を選択して 開く を クリック。

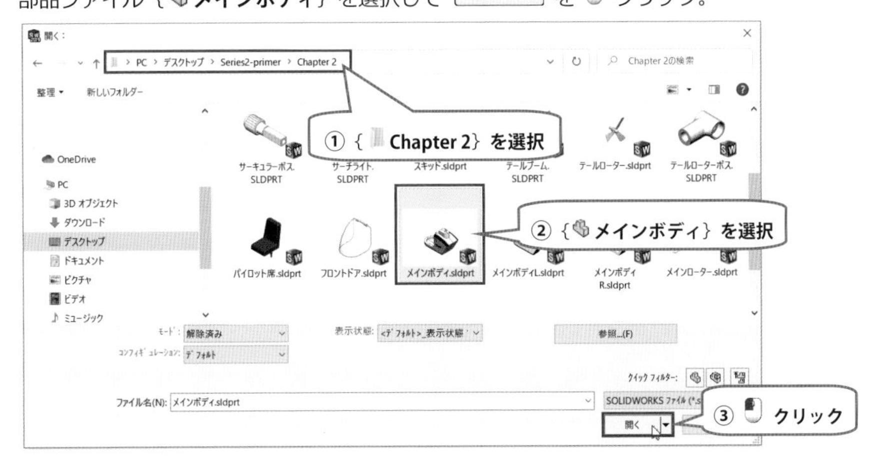

4. 挿入する構成部品｛ **メインボディ**｝が **カーソル付近に表示**されます。
確認コーナーの ［**OK**］ボタンを クリックすると、**部品はアセンブリの** **原点位置に配置**されます。
Feature Manager デザインツリーに《 **(固定)メインボディ**》が**追加**されます。

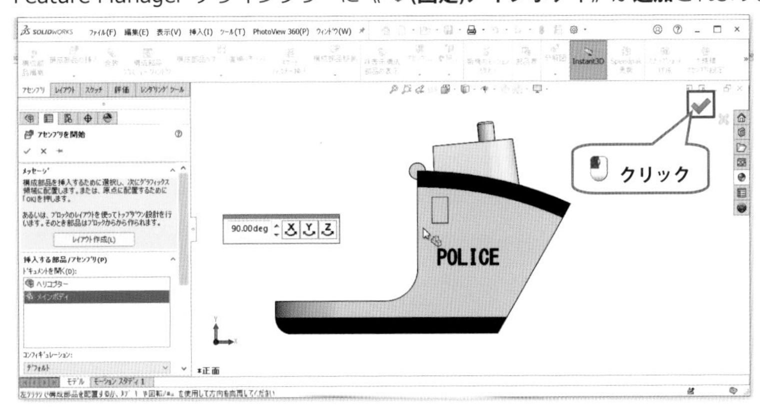

5. 画面右下の**ステータスバー**で**単位系**を［**MMGS**］に設定します。
現在の単位系を クリックし、**表示されるリスト**から［**MMGS**（**mm、g、秒**）］を クリック。

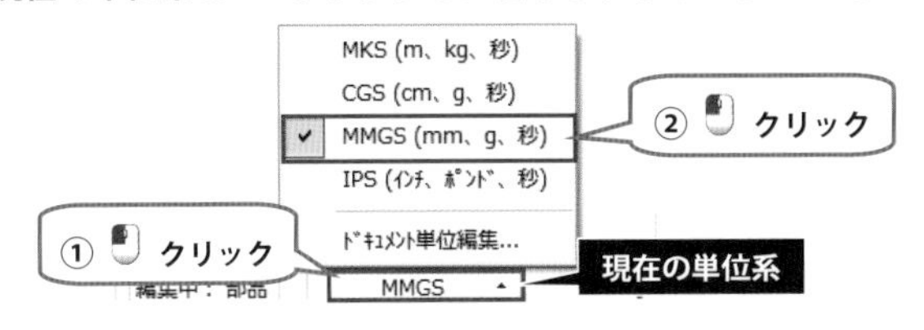

6. **標準ツールバー**の ［**保存**］を クリック。

7. 『**指定保存**』ダイアログが表示されます。**保存先フォルダー**は｛ **Chapter 2**｝を選択し、「**ファイル名**（**N**）」
に<**ヘリコプター**>と 入力して 保存(S) を クリック。

2.2.2 構成部品の状態

Feature Manager デザインツリーの**構成部品名の左側に「(固定)」と表示**されています。
これを**固定状態**といい、**最初に追加した構成部品**はこの状態になります。

最初に挿入した固定状態の構成部品｛**メインボディ**｝に対し、可動する部品、またはメインボディに依存する可動しない部品を［**合致**］コマンドを使用して組み付けていきます。

最初に挿入した構成部品が固定されてないと、組み付ける際に部品が動いてしまい、実際の作業のように非常に操作がしづらくなります。

構成部品の状態には、**固定**のほか「**完全定義**」「**重複定義**」「**未定義**」「**未解決**」があります。
（+）（-）（?）の記号で判別しますが、完全定義のみ記号を表示しません。
構成部品の状態は、**スケッチの状態**に非常に似ています。

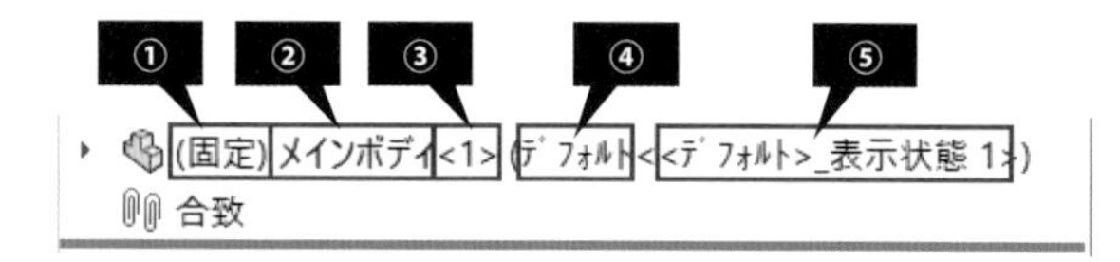

① 構成部品の状態

- **固定状態**は、ロックされ移動および回転ができない状態です。（固定）を表示します。
- **完全定義**は、合致により 6 つの自由度がなくなった状態です。記号は表示されません。
- **未定義**は、1 つでも自由度が残っている状態で、（-）記号を表示します。
- **重複定義**は、合致に矛盾（重複）が発生している状態で、（+）記号を表示します。
- **未解決**は、未解決合致がある状態で、（?）記号を表示します。

② 構成部品のファイル名

③ 構成部品のインスタンス番号

インスタンス番号は、**同じ構成部品が複数ある場合**、<**2**> <**3**> というように**識別するために表示**します。

⚠ これは構成部品の総数を表すものではありません。

④ 構成部品のコンフィギュレーション名

部品またはアセンブリの**アクティブコンフィギュレーションの名前を表示**します。
アクティブコンフィギュレーションを切り替えると、表示するコンフィグレーションの名前が変わります。

⑤ 表示状態名

表示状態名は、**部品またはアセンブリの表示状態に名前を付けて保存**したものです。

非固定

固定状態の構成部品を解除する場合は、Feature Manager デザインツリーで構成部品を 右クリックし、メニューより［**非固定（S）**］を クリックします。

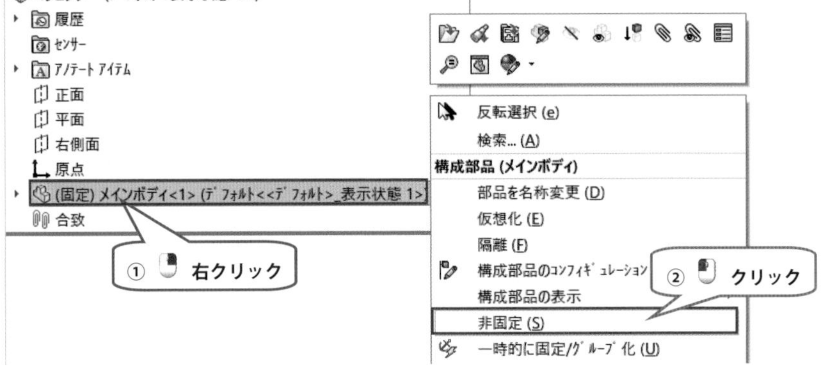

ツリー表示

ツリー表示は、**Feature Manager デザインツリーの表示オプションを選択**できます。

Feature Manager デザインツリーの**トップレベル**《**ヘリコプター**》を 右クリックし、メニューの［**ツリー表示**］にある**表示オプション**を クリックして表示／非表示を切り替えます。 は表示を意味しています。表示オプションには、下表のものがあります。

フィーチャー名表示（A）	フィーチャーを名前で表示します。
フィーチャーの注記表示（B）	フィーチャーの注記を表示します。デフォルトでは、注記がフィーチャー名と同じため表示されません。注記はフィーチャーのプロパティで設定できます。
1つしかない場合、コンフィギュレーション／表示状態の名前は表示しない（D）	コンフィギュレーションが1つしかない場合、コンフィギュレーションおよび表示状態の名前を非表示にします。
構成部品名表示（E）	構成部品名を表示します。
構成部品の注記表示（F）	構成部品の注記を表示します。デフォルトでは、注記が構成部品名と同じため表示されません。
構成部品のコンフィギュレーション名表示（G）	構成部品のコンフィギュレーション名を表示します。
構成部品コンフィギュレーションの注記表示（H）	構成部品コンフィギュレーションの注記を表示します。デフォルトでは、注記が構成部品コンフィギュレーション名と同じため表示されません。
表示状態名表示（G）	選択されているコンフィギュレーションの表示状態を表示します。
コメントインジケータの表示（J）	コメントをさらに簡単に特定できるコメントインジケータを表示します。
フィーチャー表示（K）	各構成部品のフィーチャーをリスト表示します。
合致と依存関係を表示（L）	依存アイテム（合致と構成部品パターンフィーチャー）を各構成部品の下にリスト表示します。

2.2.3 座標系を作成する

参照ジオメトリの**座標系**を新規に作成してみましょう。

座標系は、［**質量特性**］で**重心を計算する際に出力座標系として使用**できます。

1. Feature Manager デザインツリーより《**平面**》を クリックし、**コンテキストツールバー**から ［**表示**］を クリック。

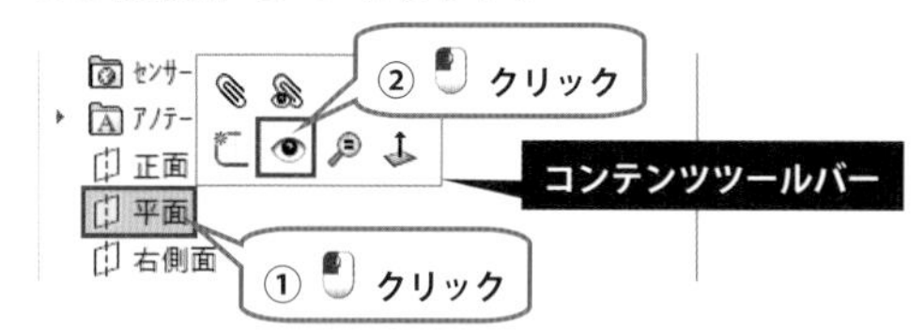

平面がグラフィックス領域に表示されない場合は、**ヘッズアップビューツールバー**の 横の ［**アイテムを表示／非表示**］を クリックし、［**平面表示**］を クリック。

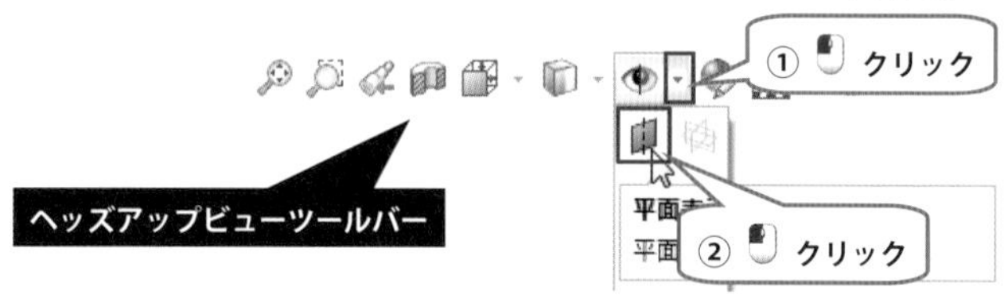

2. Command Manager【**アセンブリ**】より ［**参照ジオメトリ**］を クリックして**展開**し、［**座標系**］を クリック。

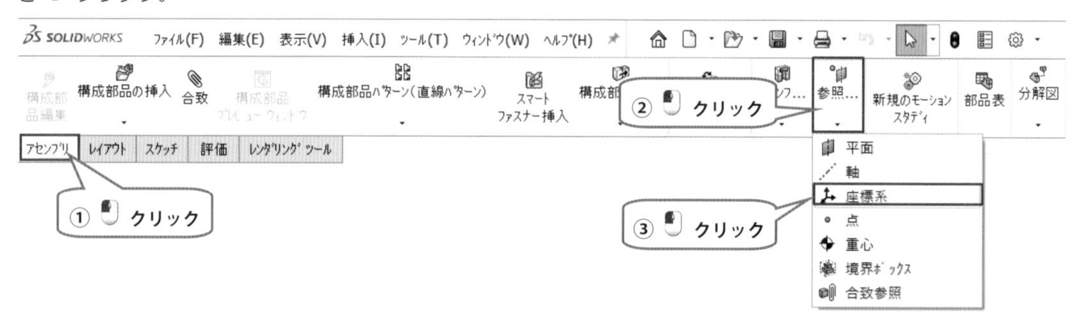

3. Property Manager に「**座標系**」が表示され、**グラフィックス領域に参照トライアドが表示**されます。下図に示す **頂点**を クリックすると**参照トライアド**が**移動**します。

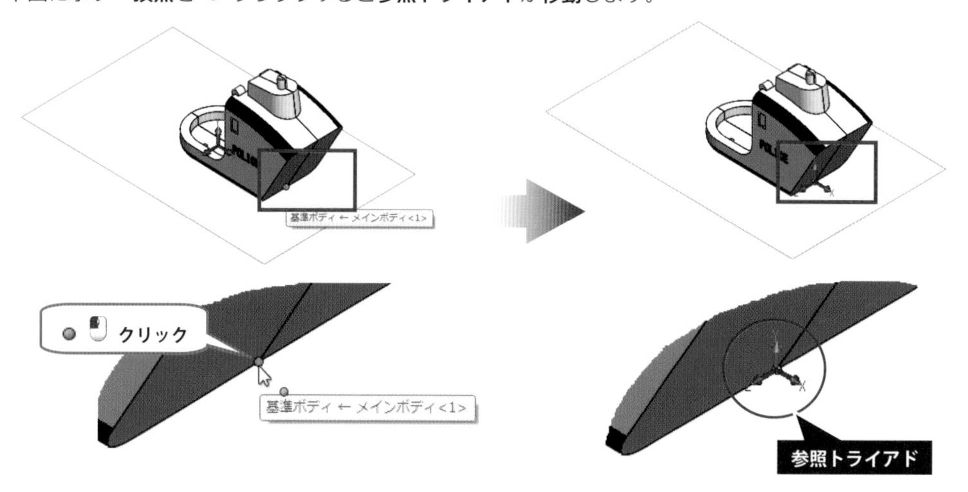

4. **座標系の Z 軸の向きを変更**します。

「**Z 軸の参照方向**」の**選択ボックス**を**アクティブ**にし、グラフィックス領域より《**平面**》を クリック。

Z 軸の向きが《平面》に面直になったことを確認し、 [**OK**] ボタンを クリック。

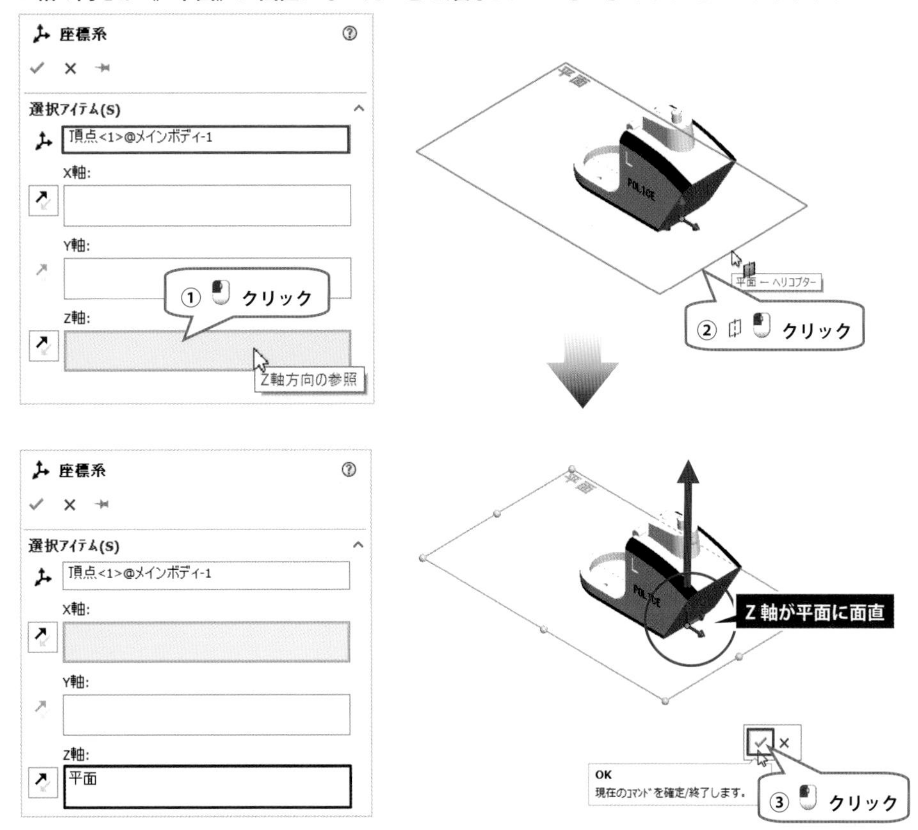

5. Feature Manager デザインツリーに《 **座標系 1**》が**追加**されます。

座標系がグラフィックス領域に表示されない場合は、**ヘッズアップビューツールバー**の 横の [**アイテムを表示／非表示**] を クリックし、 [**座標系表示**] を クリック。

参照平面や座標系は、状況に応じて [**表示**]、 [**非表示**] を切り替えてください。

2.3 構成部品の挿入

アセンブリに構成部品を挿入する方法を説明します。構成部品の追加には、次の４つの方法があります。

- ▶ **Property Manager を使用して挿入**
- ▶ **Windows のエクスプローラから挿入**
- ▶ **開いたドキュメントから挿入**
- ▶ **ファイルエクスプローラから挿入**

2.3.1 挿入用の Property Manager を使用する

［**構成部品の挿入**］は、**Property Manager から構成部品を選択してアセンブリに挿入**します。

1. Command Manager【**アセンブリ**】より［**構成部品の挿入**］を クリック。

（※SOLIDWORKS 2020 の一部サービスパックおよび SOLIDWORKS2019 以前のバージョンは、［**既存の部品／アセンブリ**］を クリック。）

2. Property Manager に「**構成部品の挿入**」が表示され、『**開く**』ダイアログが表示されます。

ダウンロードフォルダー｛**Chapter 2**｝より部品ファイル｛**テールブーム**｝を選択して **開く ▼** を クリック。

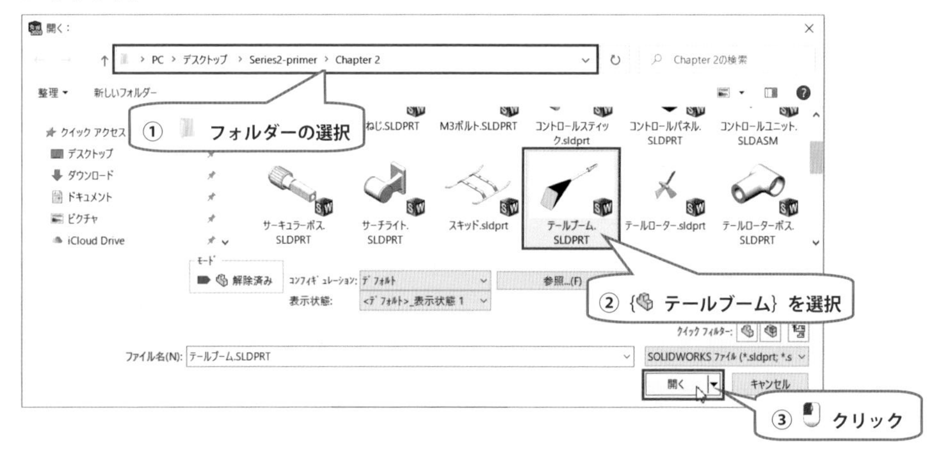

3. 選択した構成部品 {**テールブーム**} が **カーソル付近に表示**されます。

構成部品を挿入する際、以下の３つの方法で**構成部品の方向を変更**できます。

方法 1

回転状況依存ツールバーに回転の**角度**を 入力します。(※デフォルトの角度は「90.00deg」です。)

[**X 軸中心に回転**]、[**Y 軸中心に回転**]、[**Z 軸中心に回転**] を クリックすると**指定した角度分回転**します。 を クリックすると**角度が 1 度ずつ増減分**します。

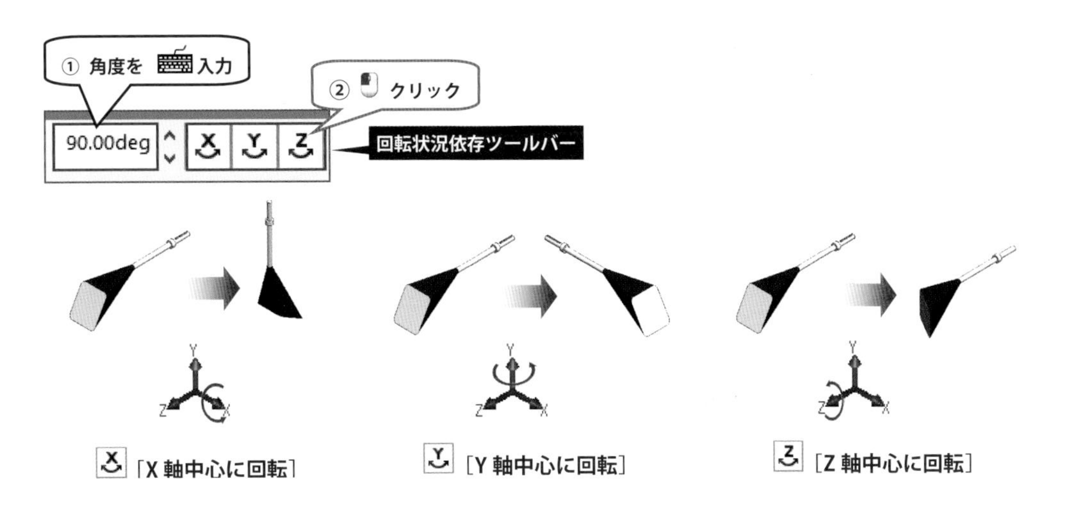

方法 2

構成部品の挿入時に 右クリックすると、**コンテキストメニューが表示**されます。

[**X 軸中心に 90 度回転 (K)**]、[**Y 軸中心に 90 度回転 (L)**]、[**Z 軸中心に 90 度回転 (N)**] のいずれかを クリックすると**回転**します。

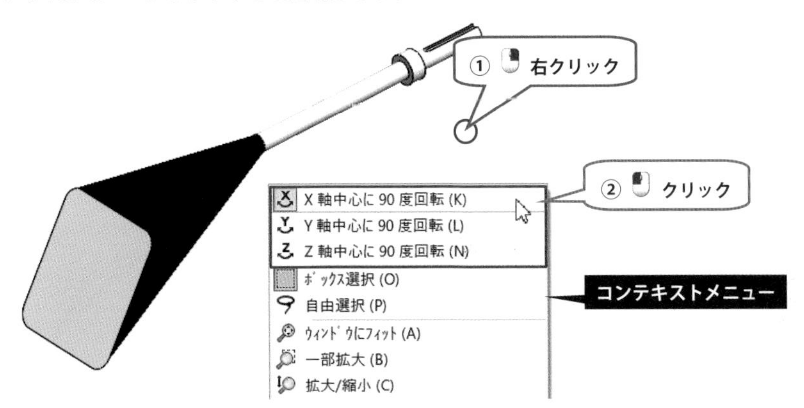

方法 3

構成部品の挿入時に TAB を押すと **90 度**、SHIFT を押しながら TAB を押すと**−90 度回転**します。

回転軸は、**回転状況依存ツールバー**または 右クリックの**コンテキストメニュー**より選択します。

4. **任意の位置**で クリックして配置すると、Feature Manager デザインツリーに《**(-)テールブーム**》が**追加**されます。**構成部品の状態**は**未定義**で、**構成部品名の左側に「(-)」が表示**されます。

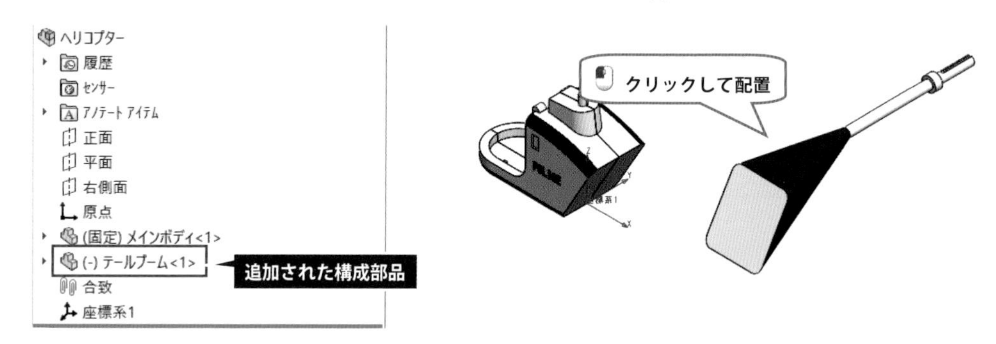

5. **未定義**の構成部品は、 左ボタンドラッグで**移動**、 右ボタンドラッグで**回転**できます。《**(-)テールブーム**》の任意の **面**や **エッジ**などを ドラッグして**移動**してみましょう。

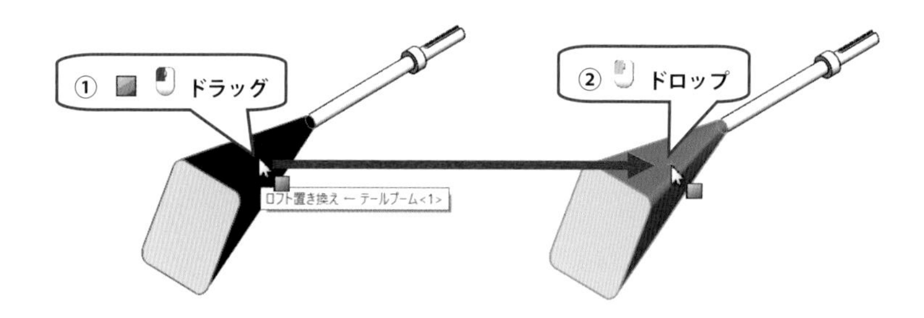

6. 任意の **面**、 **エッジ**、 **頂点**で 右ボタンドラッグで**回転**してみましょう。

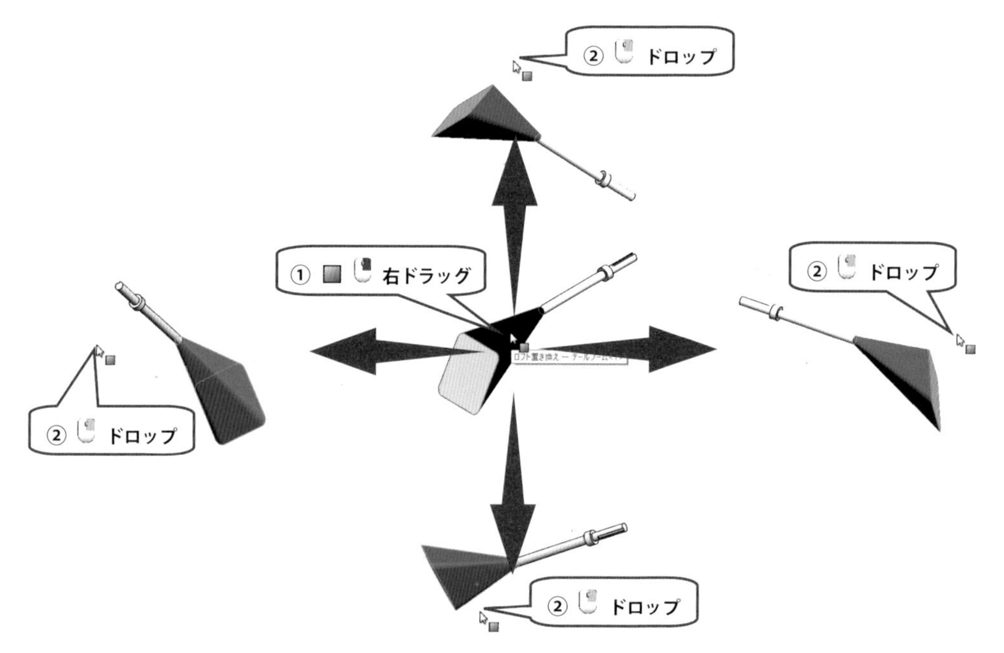

2.3.2 *エクスプローラ（Windows エクスプローラ）*

Windows エクスプローラでフォルダーを開き、そこから**マウス操作により構成部品を挿入**します。

1. **Windows エクスプローラ**でダウンロードフォルダー｛ **Chapter 2**｝を開きます。

2. **アイコンの表示**を ［**特大アイコン**］にしておきます。これにより操作がしやすくなります。

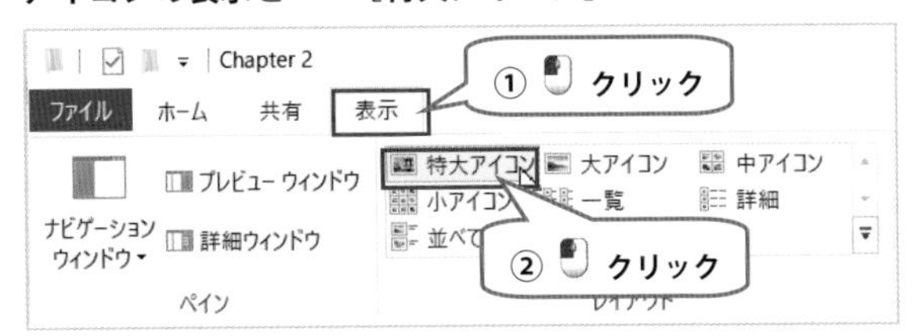

3. SOLIDWORKS と Windows エクスプローラの**ウィンドウの位置と大きさを調整して並べて表示**します。

4. **ドラッグ & ドロップ**などの Windows の標準テクニックが使用できます。
   ｛**垂直尾翼**｝を **Windows エクスプローラ**で ドラッグし、グラフィックス領域で ドロップ。

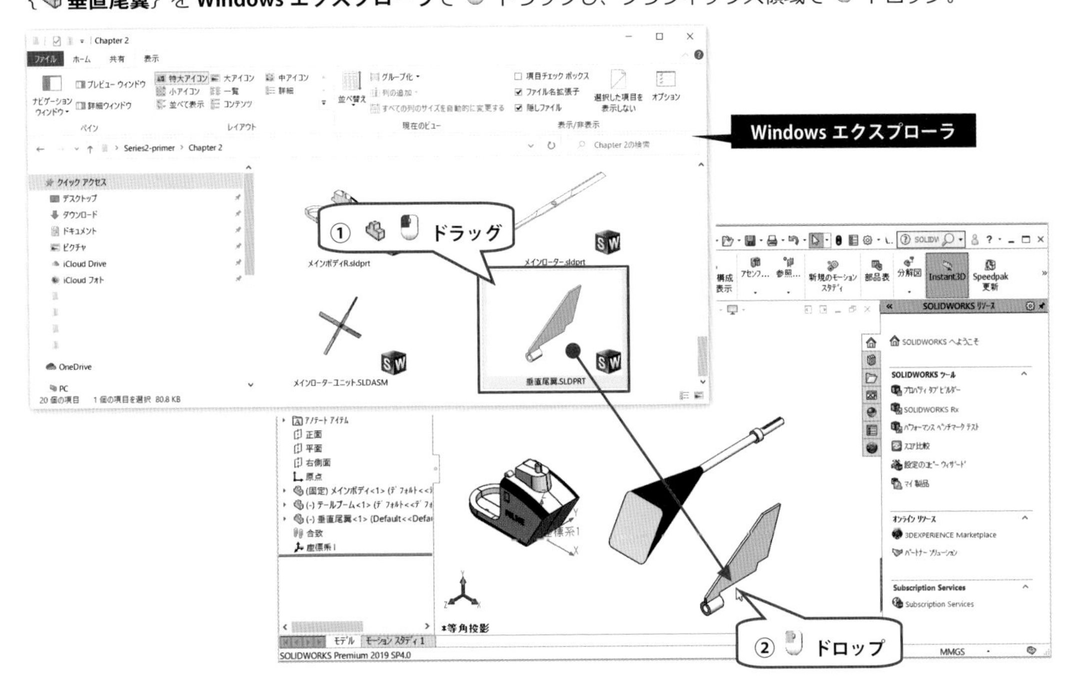

5. Feature Manager デザインツリーに《(-)**垂直尾翼**》が**追加**されます。

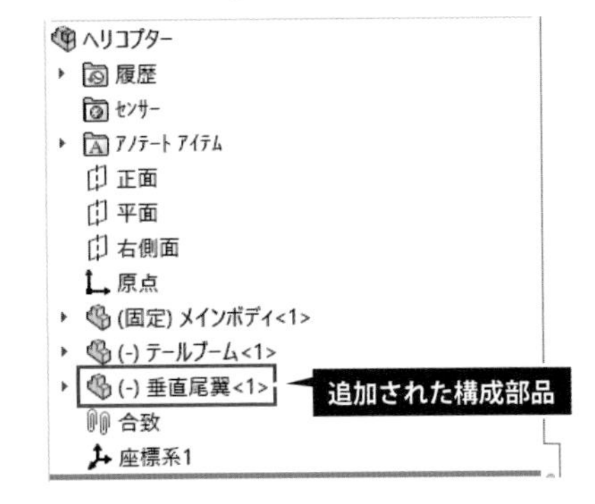

2.3.3 開いたドキュメントからドラッグする

部品ウィンドウからアセンブリウィンドウへ**ドラッグ＆ドロップ**で**部品を挿入**します。

1. ダウンロードフォルダー｛**Chapter 2**｝より部品ファイル｛**テールローターボス**｝を開きます。

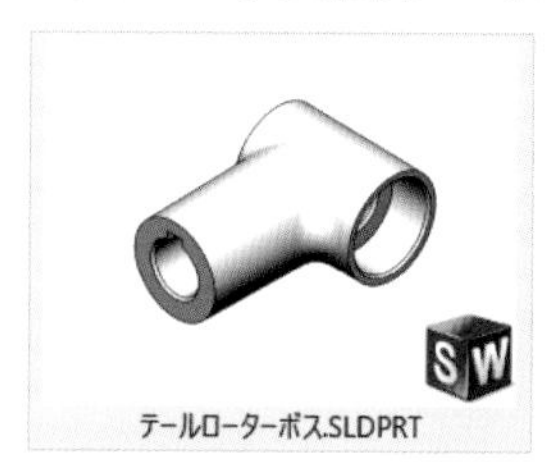

2. ｛**ヘリコプター**｝と｛**テールローターボス**｝のウィンドウを左右に並べます。
   メニューバー［ウィンドウ（W）］＞［**左右に並べて表示（V）**］を クリック。

3. ｛**テールローターボス**｝の **面上**で ドラッグし、**アセンブリウィンドウ内**で ドロップ。

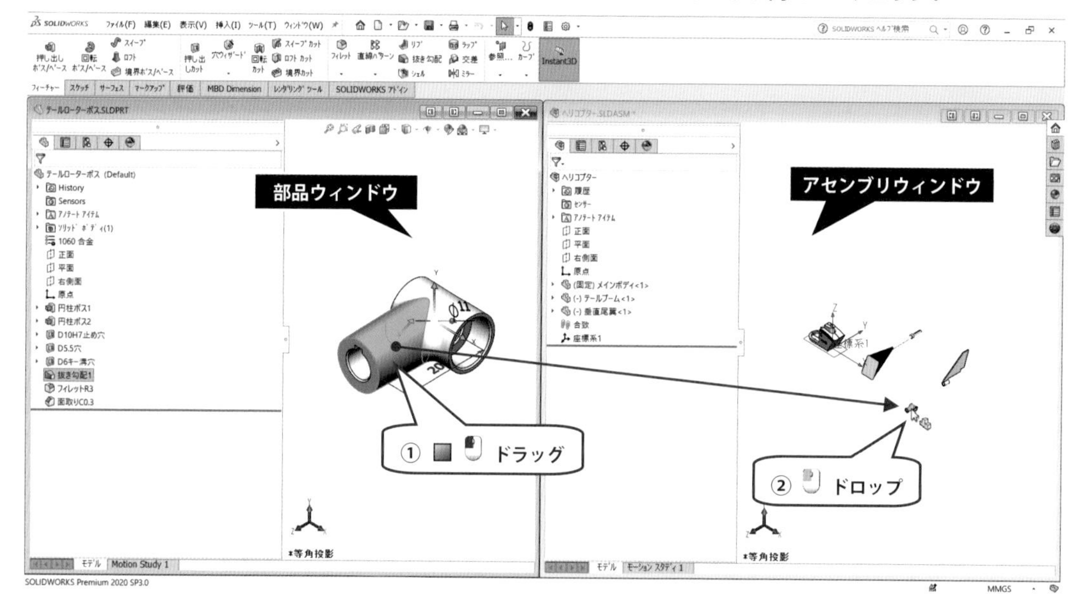

4. Feature Manager デザインツリーに《**(-)テールローターボス**》が**追加**されます。
   ｛**テールローターボス**｝を ［**クローズボックス**］を クリックして閉じます。

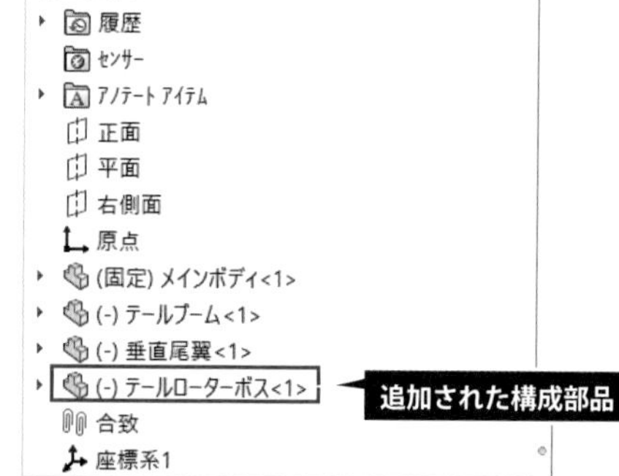

2.3.4 ファイルエクスプローラからドラッグする

タスクパネルの [**ファイルエクスプローラ**] から**ドラッグ&ドロップ**で**部品を挿入**します。

1. **タスクパネル**より [**ファイルエクスプローラ**] を クリックし、{**デスクトップ**} の > を クリックして**展開**します。

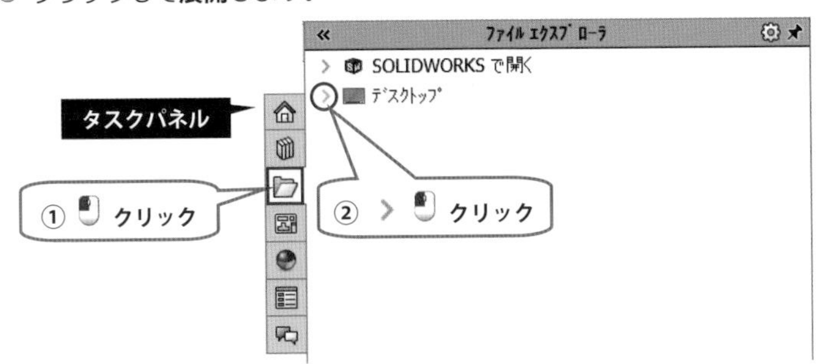

2. ダウンロードフォルダー {**Series2-primer**} > {**Chapter 2**} の > を クリックして**展開**します。{**テールローター**} を ドラッグし、**グラフィックス領域**で ドロップ。

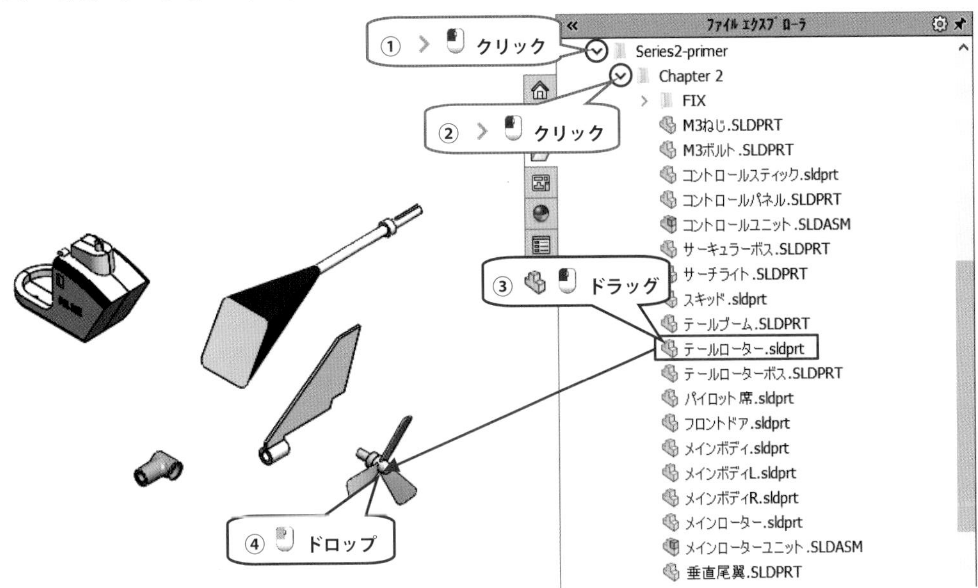

3. Feature Manager デザインツリーに《**(-)テールローター**》が**追加**されます。

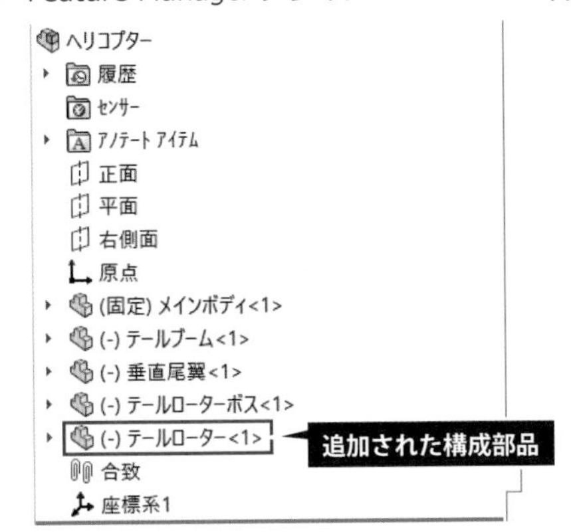

2.4 標準合致

構成部品の位置決めするコマンドを［**合致**］といい、**「標準合致」「詳細設定合致」「機械的な合致」**の3つに分類されます。**「標準合致」**は面と面を合わせたり、軸の中心を合わせたり、平面を平行にしたりします。

標準合致のタイプ

標準合致のタイプには、下表のものがあります。

タイプ	説　明	定義例
［一致］	選択した2つのエッジや面を一致させます。	面と面を一致
［平行］	選択した面や直線エッジを平行にします。 オフセット距離が指定できます。	面と面を平行
［垂直］	選択アイテム間（面と面、エッジとエッジなど）が垂直になるように配置します。	面と面を垂直
［正接］	選択した面に円筒面、球面などを正接にします。	円筒面と平面を正接
［同心円］	選択した2つの円エッジや円筒面の軸を一致させます。	円筒面の軸を一致
［ロック］	2つの構成部品の位置と方向を維持し、これらの構成部品を相対的に完全定義します。	
［距離］	選択した2つのエッジや面を指定距離分オフセットして位置決めをします。	平面間の距離
［角度］	選択した2つのエッジや面との間に角度を指定して位置決めをします。	平面間の角度

2.4.1 一致合致を追加

[一致] は、**選択した 2 つのアイテム**（■ **面**や ▯ **エッジ**）**の位置を一致**させます。

未定義の《(-)テールブーム》を**固定**されている《(固定)メインボディ》へ組み付けてみます。

1. 合致を追加する前に構成部品を**操作しやすい位置に移動**し、**面が見えるように回転**させておきます。
   《(-)テールブーム》を《(固定)メインボディ》の**近くに移動**し、**回転**して下図に示す ■ **青い面**が見えるようにします。下図に示す ■ **面と** ■ **面を一致**します。

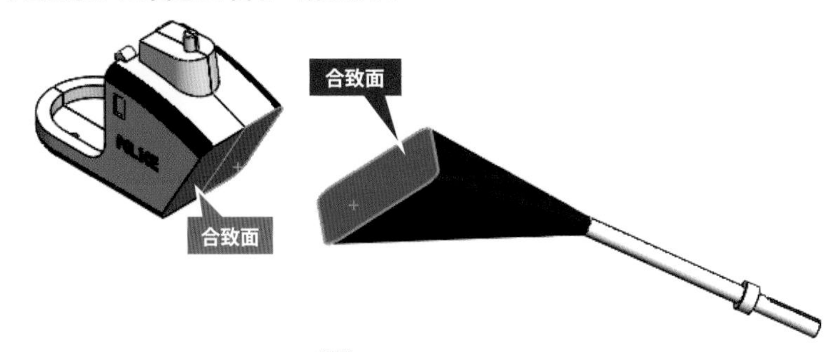

2. Command Manager【**アセンブリ**】タブより [**合致**] を クリック。

3. Property Manager に「**合致**」の【**合致**】タブが表示されます。
   ここで最初に行うのが合致タイプの選択ですが、[**一致**] の場合は選択する必要はありません。
   下図に示す《(-)テールブーム》の ■ **平らな面**を クリックすると**透明**になります。
   これは Property Manager の「**オプション（O）**」で「**最初の選択を透明化**」がチェック ON（☑）のときに**透明**になります。続けて《(固定)メインボディ》の ■ **平らな面**を クリック。

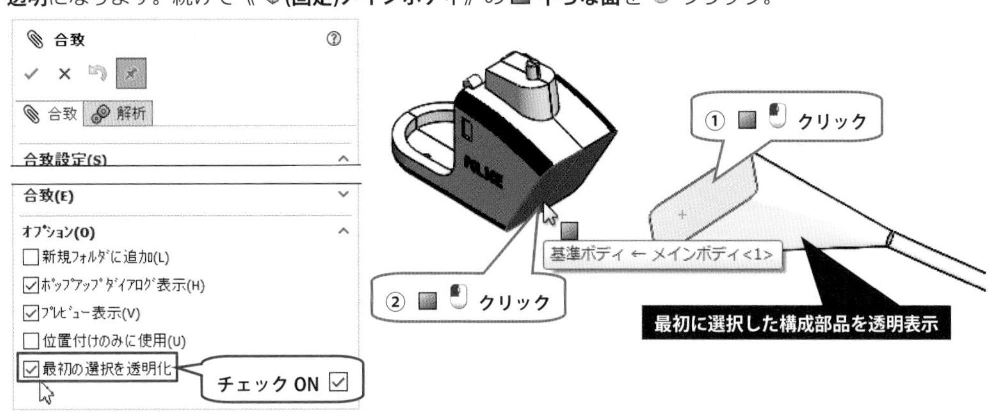

4. 《(-)テールブーム》が**移動**し、**選択した 2 つの ■ 面の位置が一致**します。

ポップアップ表示される**クイック合致状況依存ツールバー**で [**一致**] が選択されています。

「**合致エンティティ**」を「**2つの ■ 平面**」「**2つの ‖ エッジ**」などの組み合わせにすると、[**一致**] が**自動選択**されます。[**合致の追加／終了**] を クリックして確定します。

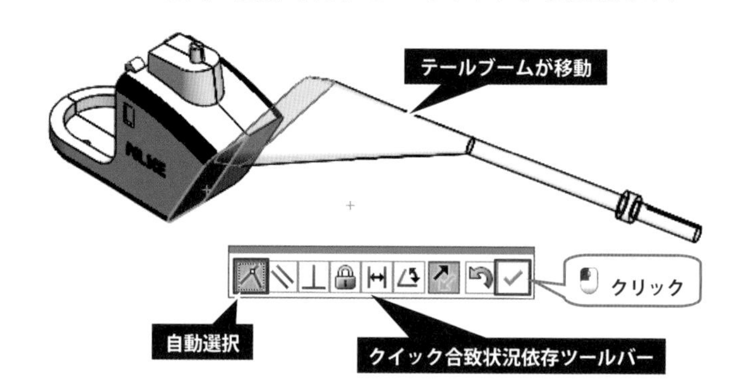

5. [**合致**] コマンドは**継続**しているので、続けて合致を追加します。

下図に示す《(-)**テールブーム**》と《(**固定**)**メインボディ**》の ‖ **直線エッジ**を クリック。

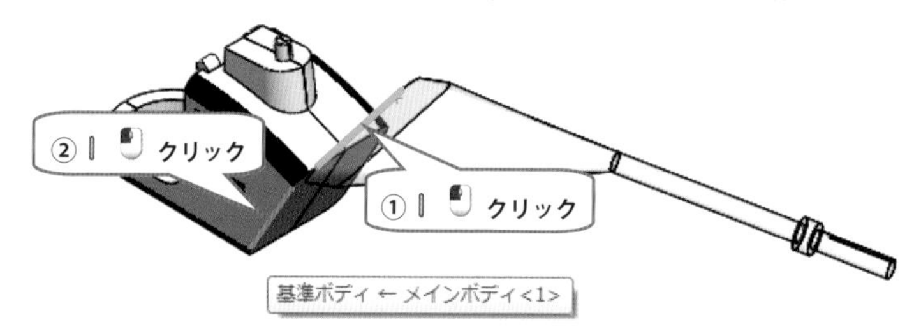

6. 《(-)テールブーム》が**移動**し、**選択した 2 つの ‖ 直線エッジの位置が一致**します。

クイック合致状況依存ツールバーで [**一致**] が選択されることを確認し、[**合致の追加／終了**] を クリック。

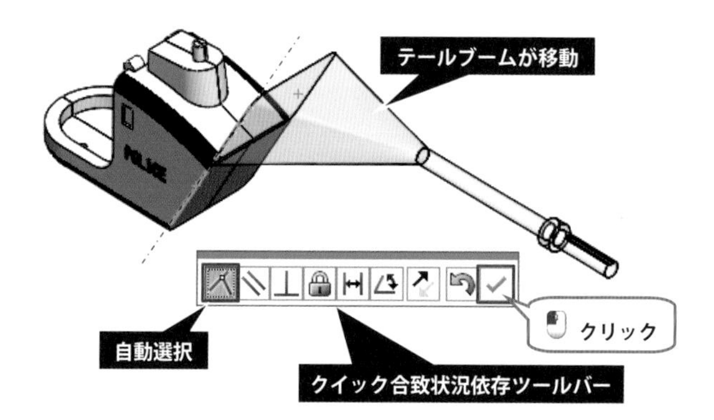

7. 合致を 2 つ追加したことで**動きが制限**されます。
《(-)**テールブーム**》を ドラッグするとそれがわかります。

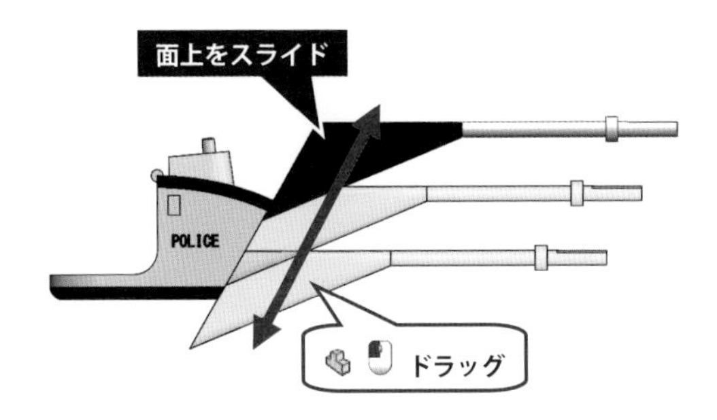

8. 続けて合致を追加します。
下図に示す《**(-)テールブーム**》と《**(固定)メインボディ**》の **直線エッジ**を クリック。

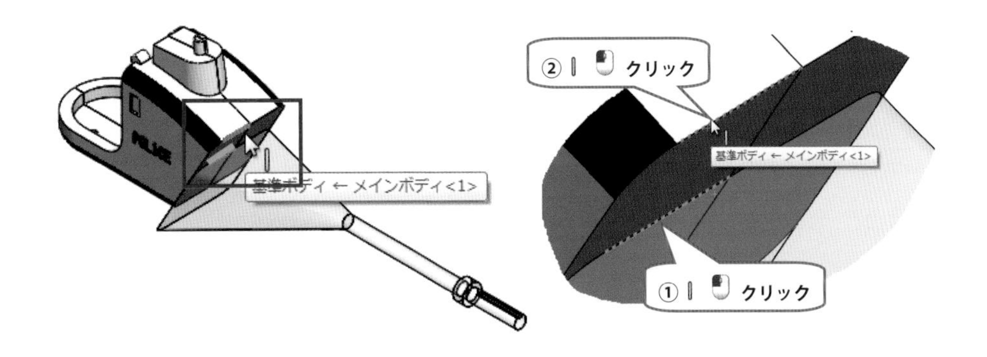

9. 《**(-)テールブーム**》が**移動**し、**選択した 2 つの 直線エッジの位置が一致**します。
ポップアップ表示される**クイック合致状況依存ツールバー**で [**一致**] が選択されることを確認し、
[**合致の追加/終了**] を クリック。

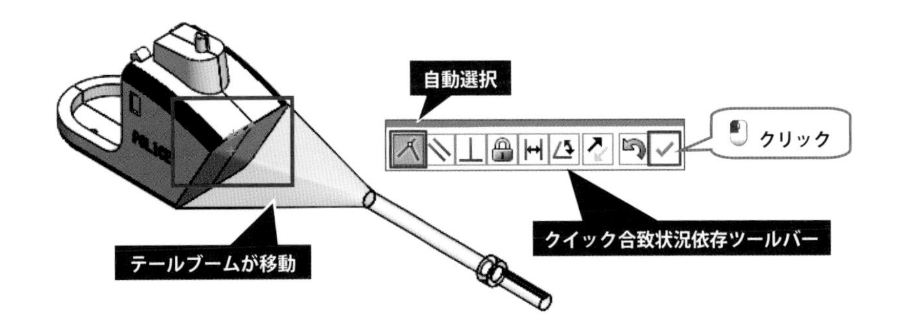

10. Property Manager または**確認コーナー**の ［**OK**］ボタンを クリック。

11. 合致を 3 つ追加したことで**動きが完全に制限**されます。
《**テールブーム**》を ドラッグしても動きません。
「**選択された構成部品は完全定義されています。移動できません。**」と**メッセージが表示**されます。

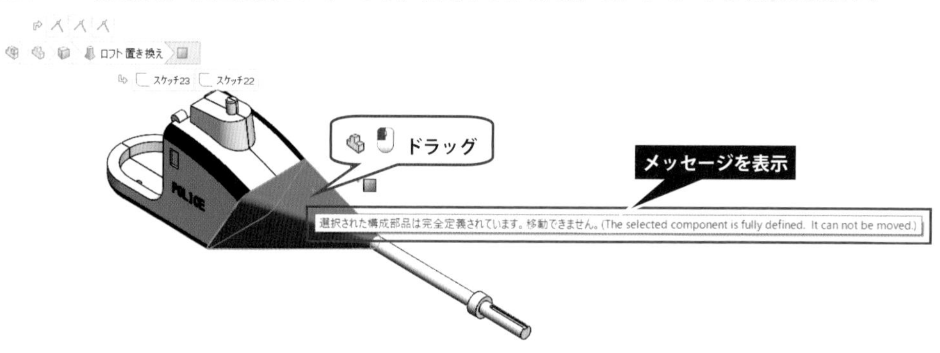

12. Feature Manager デザインツリーで**構成部品の状態と追加された合致を確認**します。

《**テールブーム**》から「**(-)**」が消えました。
［**合致**］により構成部品の軸方向と軸回りの自由度がなくなり、**動かせない状態が完全定義**です。

アセンブリの**合致関係**は、**最下部**にある｛**合致**｝フォルダーにまとめられます。
合致アイテム《**一致 1**》に **カーソルを合わせる**と、**合致の選択アイテムがハイライト**します。

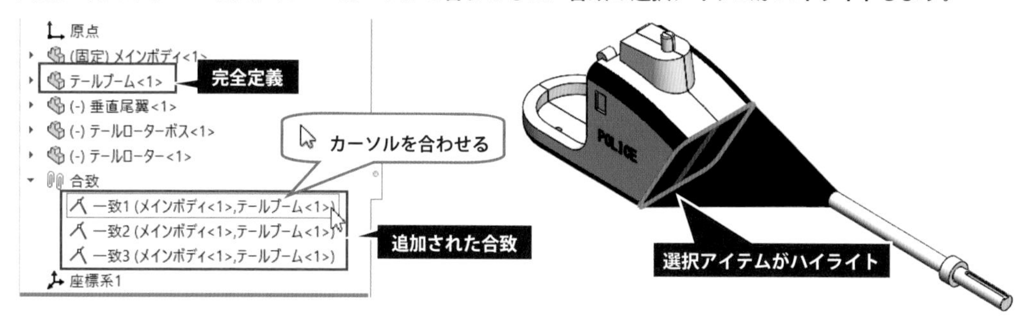

合致アイテムは、**関連する構成部品**《**(固定)メインボディ**》と《**テールブーム**》の
｛**合致**｝フォルダーの中にもあります。

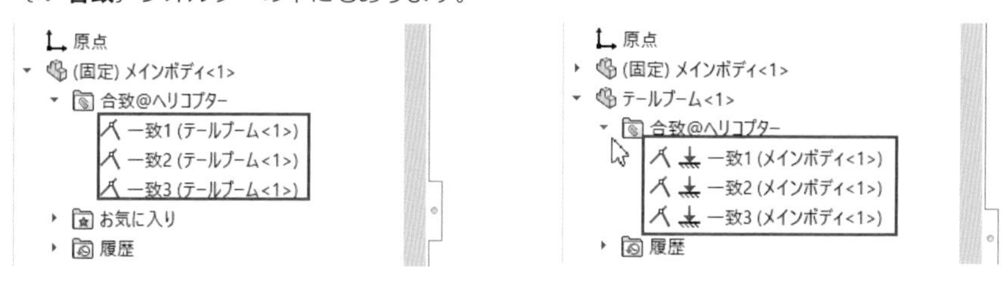

POINT 構成部品の自由度

アセンブリに追加された構成部品には**6つの自由度**があります。

X軸、Y軸、Z軸それぞれの方向での**並進移動**と各軸を中心とする**回転移動**です。

合致を追加することで自由度がなくなっていき、**すべての自由度がなくなった状態が完全定義**です。

過剰に合致を追加した状態が重複定義です。

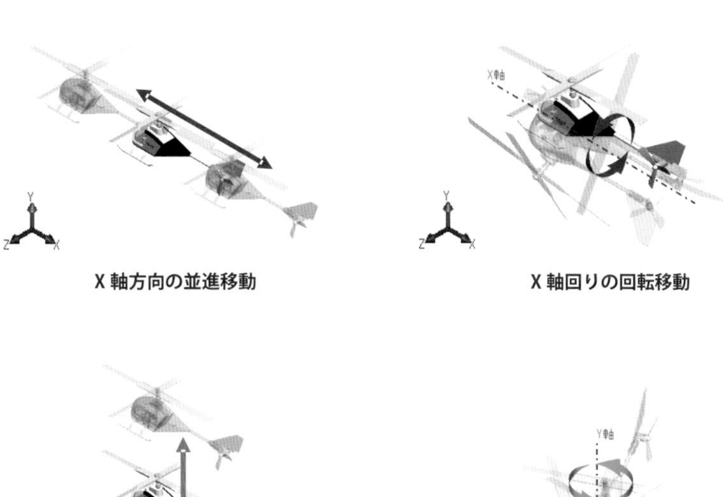

X軸方向の並進移動

X軸回りの回転移動

Y軸方向の並進移動

Y軸回りの回転移動

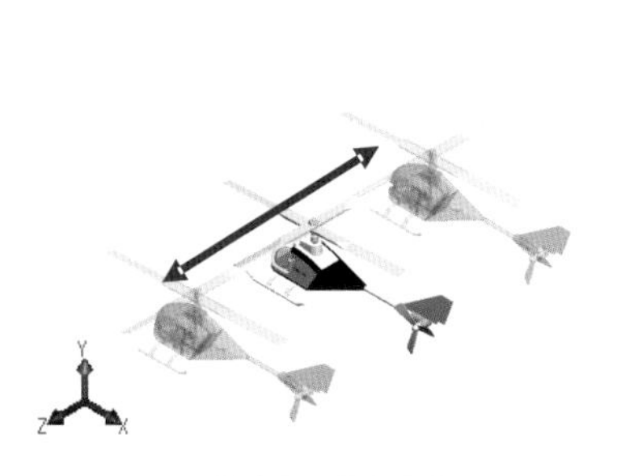

Z軸方向の並進移動

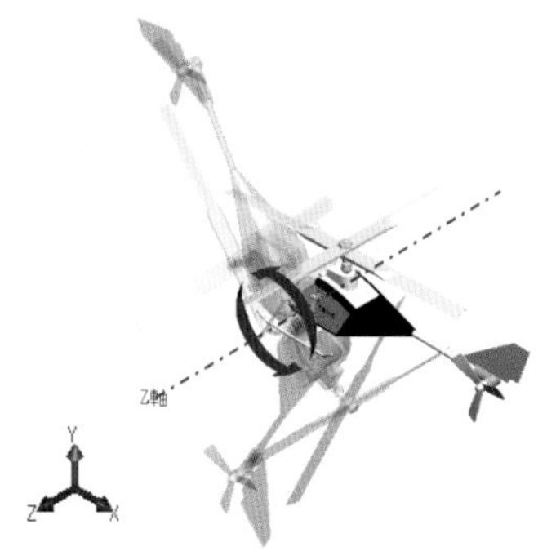

Z軸回りの回転移動

合致整列の反転

［**一致**］や ［**同心円**］を**追加**したとき、**意図する向きと 180° 反対の向き**になることがあります。
これを**反転する方法**について説明します。

1. 《**(-)垂直尾翼**》を《**テールブーム**》の近くに**移動**します。
   モデルを**回転**して下図に示す**青い** ■ **面**を**手前**に向けます。

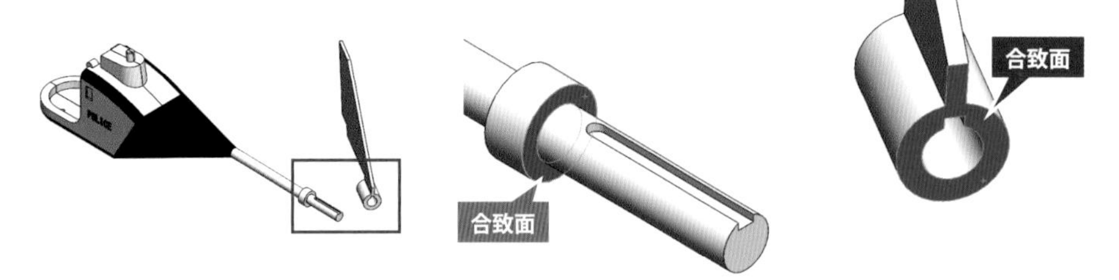

2. Command Manager【**アセンブリ**】タブより ［**合致**］を クリック。

3. 下図に示す《**(-)垂直尾翼**》の ■ **平らな面**を クリックすると**透明**になります。
   続けて《**テールブーム**》の ■ **平らな面**を クリック。

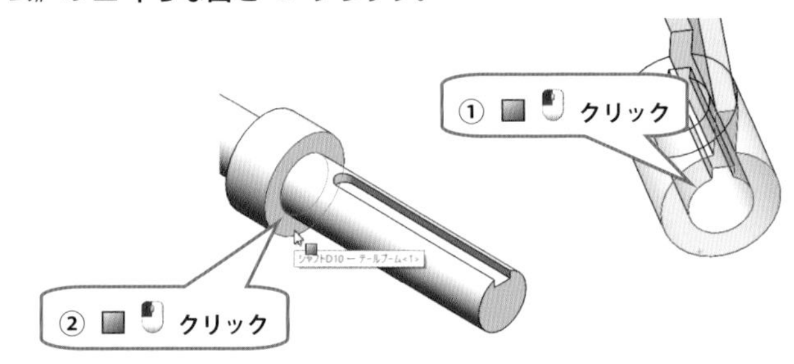

4. 《**(-)垂直尾翼**》が**移動**して**選択した 2 つの** ■ **面が一致**しますが、下図のように**反転**してしまいます。
   （※モデルの角度によっては反転しません。）

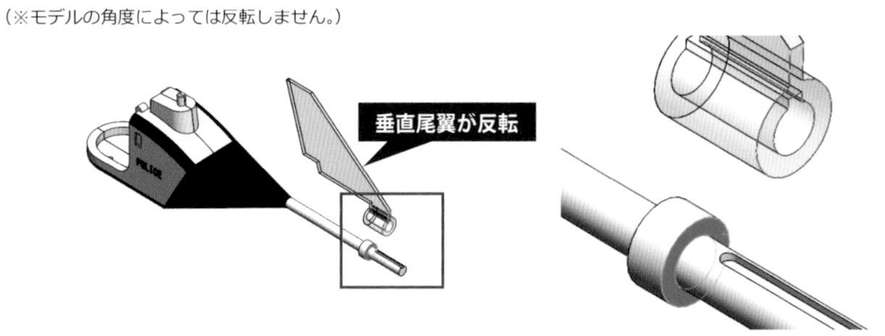

   180° 反転させるには、**クイック合致状況依存ツールバー**の ［**合致整列を反転**］を クリック。
   または Property Manager の ［**整列**］、［**非整列**］のどちらかを クリック。

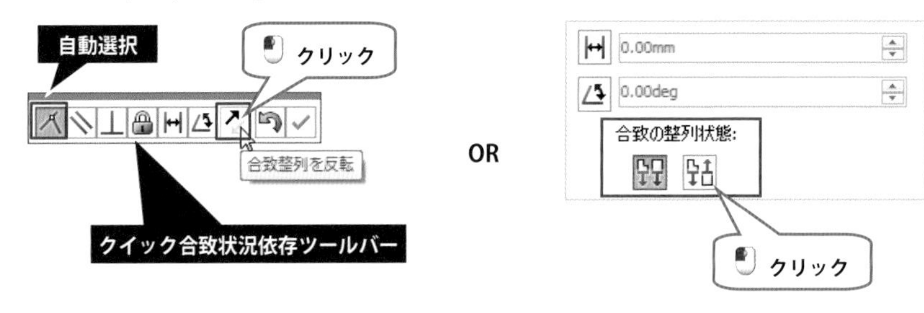

5. 《(-)垂直尾翼》が **180° 反転**します。[**合致の追加／終了**] ボタンを クリック。

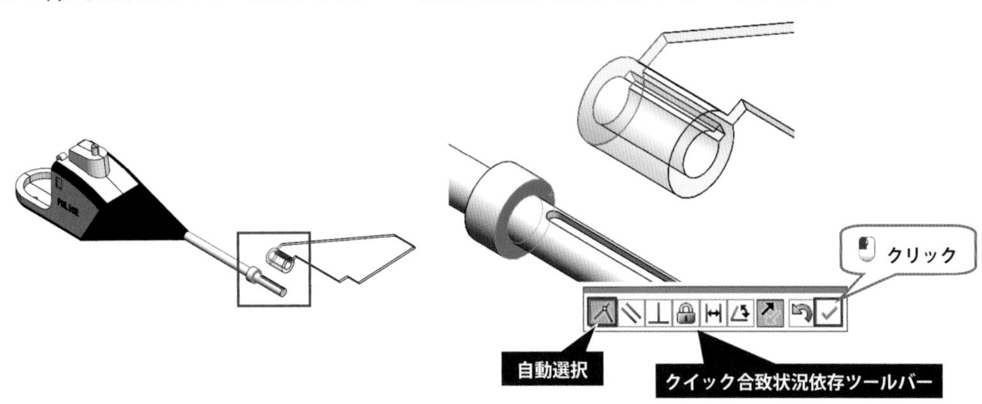

2.4.2 同心円合致を追加

[**同心円**] は選択した「**円形エッジ**」「**円筒面**」「**軸**」「**一時的な軸**」の**軸を一致**させます。
《**テールブーム**》と《**(-)垂直尾翼**》の**円筒面の軸を一致**させます。

1. [**合致**] は継続しています。
   下図に示す《**(-)垂直尾翼**》の **円筒面**を クリックすると**透明**になります。
   続けて《**テールブーム**》の **円筒面**を クリック。

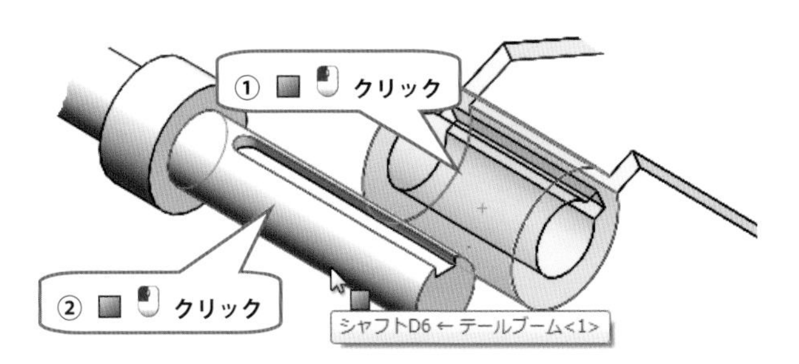

2. 《**(-)垂直尾翼**》が**移動**し、**選択した 2 つの 円筒面の軸位置が一致**します。
   ポップアップ表示される**クイック合致状況依存ツールバー**で [**同心円**] が選択されることを確認し、
   [**合致の追加／終了**] を クリック。

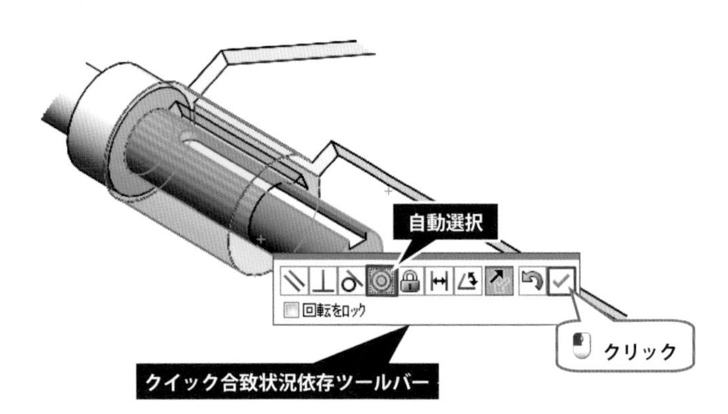

3. ◎［**同心円**］を追加したことで、**一部の動きが制限**されます。
《(-)**垂直尾翼**》を ドラッグすると、**円筒面の軸回りのみに自由度が残っているので回転**します。

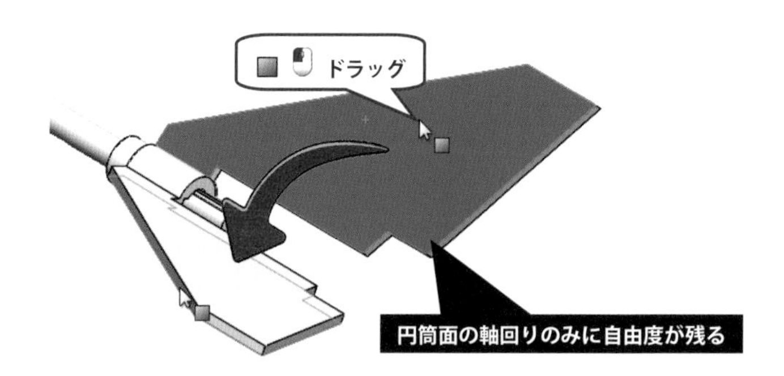

POINT 回転をロック

クイック合致状況依存ツールバーで ◎［**同心円**］を選択すると「**回転をロック**」の**チェックボックスが表示**されます。これをチェック ON（☑）にして合致を追加すると、**部品の回転を抑制**します。

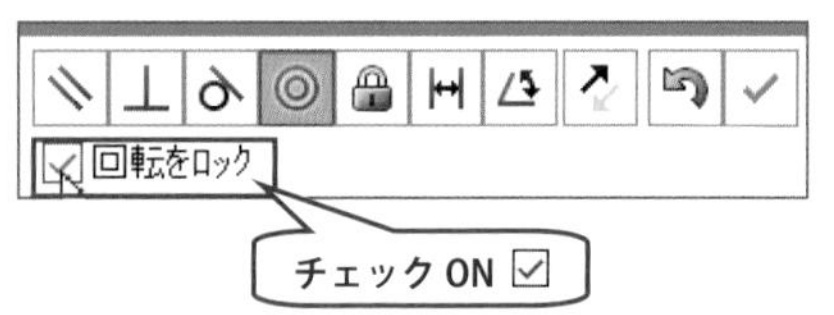

Feature Manager デザインツリーに表示される**同心円合致のアイコン**は「**回転をロック**」の**状態**で異なります。「**回転をロック**」がチェック ON（☑）のときは「◉」、チェック OFF（☐）のときは「◎」です。

垂直尾翼<1> (Default)
　一致4 (テールブーム<1>,垂直尾翼<1>)
　◉ 同心円1 (テールブーム<1>,垂直尾翼<1>)
　ﾌｨｰﾁｬｰ

(-) 垂直尾翼<1> (Default)
　一致4 (テールブーム<1>,垂直尾翼<1>)
　◎ 同心円1 (テールブーム<1>,垂直尾翼<1>)
　ﾌｨｰﾁｬｰ

回転をロック解除

ロックした回転を解除する場合は、Feature Manager デザインツリーより定義した《◉**同心円**》を 右クリックし、メニューより［**回転をロックの解除（D）**］を クリックします。

回転をロック

再度回転をロックする場合は、Feature Manager デザインツリーより定義した《◎**同心円**》を 右クリックし、メニューより［**回転をロック（D）**］を クリックします。

構成部品が完全定義（固定）されている場合は、［**回転をロック（D）**］を実行できません。

合致
すべて同心円合致で回転は固定されています。

2.4.3 平行合致を追加

[平行] は、選択した面や直線エッジを**お互い平行になる位置に配置**します。

《(-)垂直尾翼》の**垂直面**とアセンブリの《**正面**》を**平行**にしてみましょう。

２つの平面のオフセット距離はパラメータで指定できますが、このケースでは同心円合致を既に追加しているので距離が自動的に決まります。

1. [**合致**] は継続しています。

   下図に示す《**(-)垂直尾翼**》の**平らな面**を クリックすると**透明**になります。

   グラフィックス領域左上の**フライアウトツリー**を▼**展開**し、アセンブリの《**正面**》を クリック。

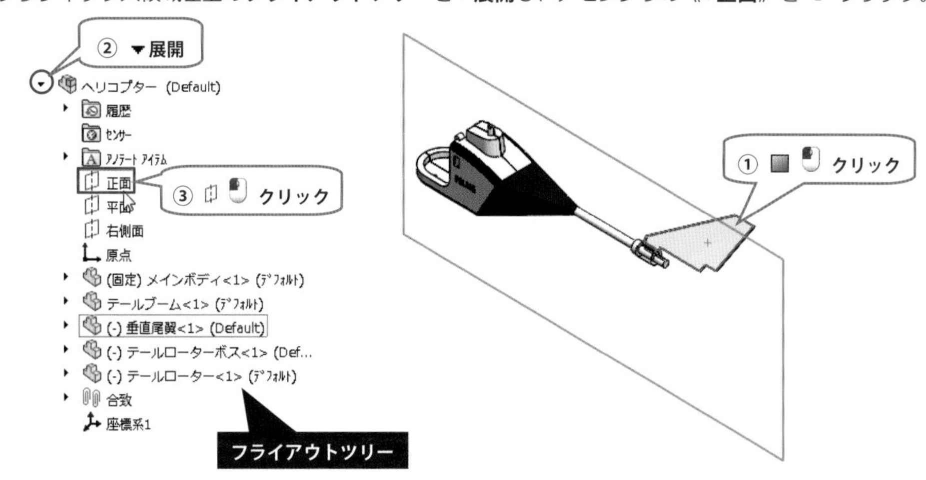

2. 《**(-)垂直尾翼**》が**移動**し、**選択した 平らな面とアセンブリの《正面》が平行**になります。

   ポップアップ表示される**クイック合致状況依存ツールバー**では、 [**平行**] が選択されます。

   通常は２つの平面を選択すると [**一致**] が選択されますが、 [**同心円**] を既に追加しているので [**一致**] では矛盾が生じます。このような場合は、 [**平行**] が選択されます。

   [**合致の追加／終了**] を クリック。

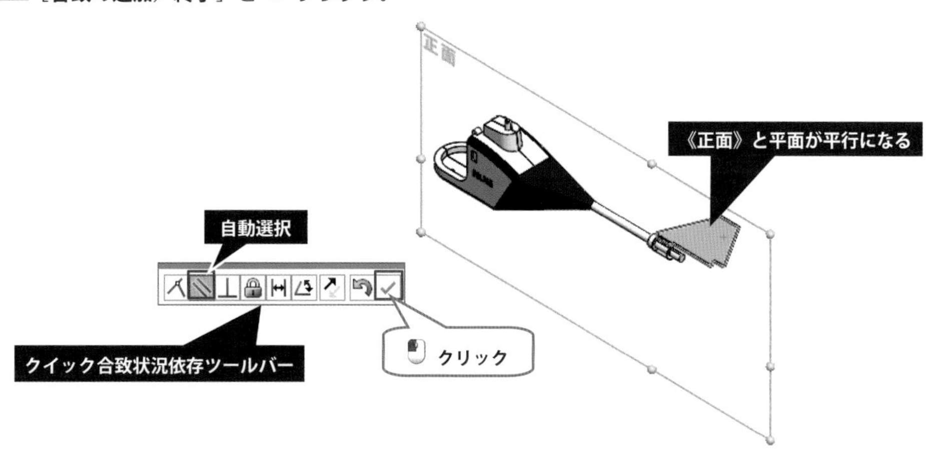

3. Property Manager または**確認コーナー**の [**OK**] ボタンを クリック。

   {**合致**} フォルダーに《**一致 4**》《**同心円 1**》《**平行 1**》が**追加**されます。

   《**垂直尾翼**》は**完全定義**です。

2.4.4 クイック合致状況依存ツールバー

グラフィックス領域から複数のアイテム（構成部品同士の面と面など）を選択すると、**クイック合致状況依存ツールバー**が**ポップアップ表示**され、ここから**合致アイコンをクリックして合致を追加**できます。
ツールバーに表示されるアイコンは、選択したアイテムによって異なります。

1. 《**テールブーム**》と《**(-)テールローターボス**》の**円筒面の軸を一致**させます。
   下図に示す《**テールブーム**》の**円筒面**をクリックし、次に《**(-)テールローターボス**》の**円筒面を** CTRL を押しながらクリックすると、**クイック合致状況依存ツールバー**が**ポップアップ表示**されるので［**同心円**］をクリック。

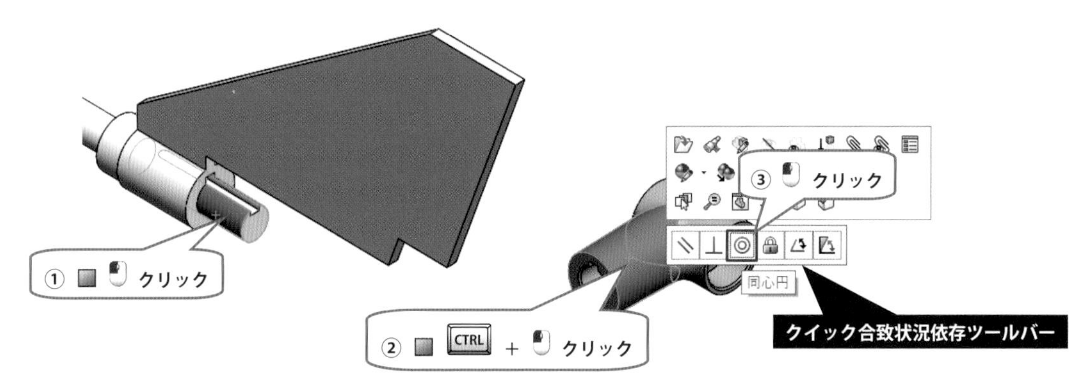

クイック合致状況依存ツールバーは、カーソルが離れてしまうと消えてしまいます。
再表示させる場合は、ESC を押して**選択解除**し、**再度アイテムを選択**します。

2. 《**(-)テールローターボス**》が**移動**し、選択した**円筒面の軸が一致**します。
   （※下図の赤い中心線は実際には表示されません。）

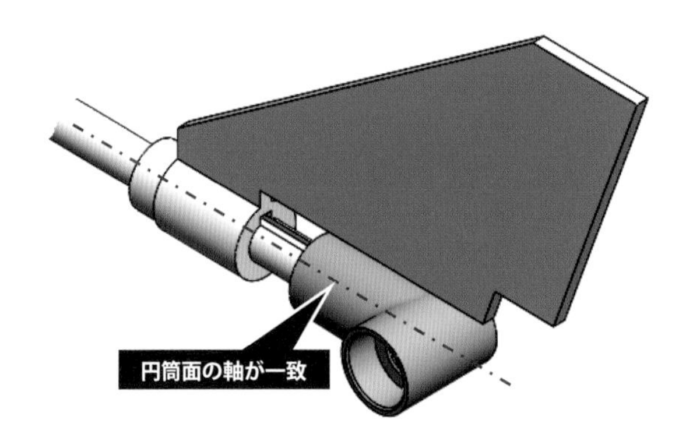

2.4.5 順次選択により合致アイテムを選択する

[順次選択] は、ほかのエンティティによって**隠れて見えないエンティティを選択できるツール**です。
これを利用して《**テールブーム**》と《**(-)テールローターボス**》の**面を一致**させます。

1. 《**(-)テールローターボス**》の隠れた **面のある付近**で クリックまたは 右クリックし、表示される**コンテキストツールバー**より [**順次選択**] を クリック。

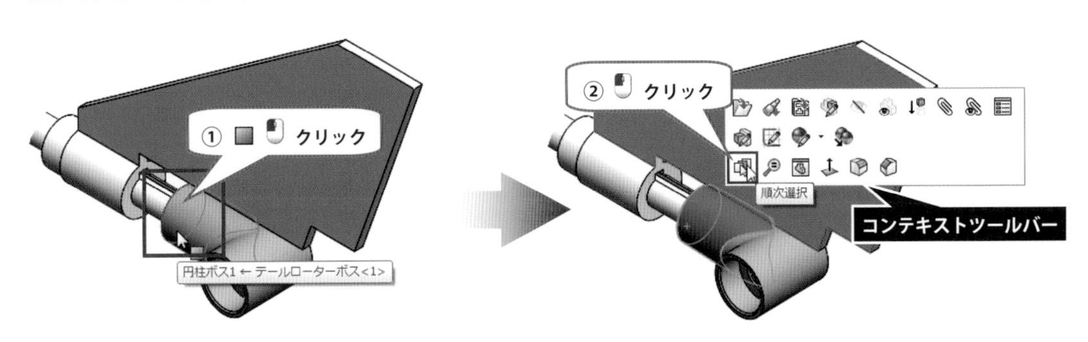

2. **カーソル**が に変わり、**カーソルのあった付近にあるエンティティ**（ 面や エッジ）を**検出した順序でリスト表示**する『**順次選択**』ボックスが表示されます。
リストに表示されているアイコンは、**エンティティのタイプ**を示し、リスト上の**アイテムに カーソルを合わせる**と、**グラフィックス領域内にハイライト表示**されます。
モデルの **面**を 右クリックすると、その **面**は**一時的に非表示**になります。

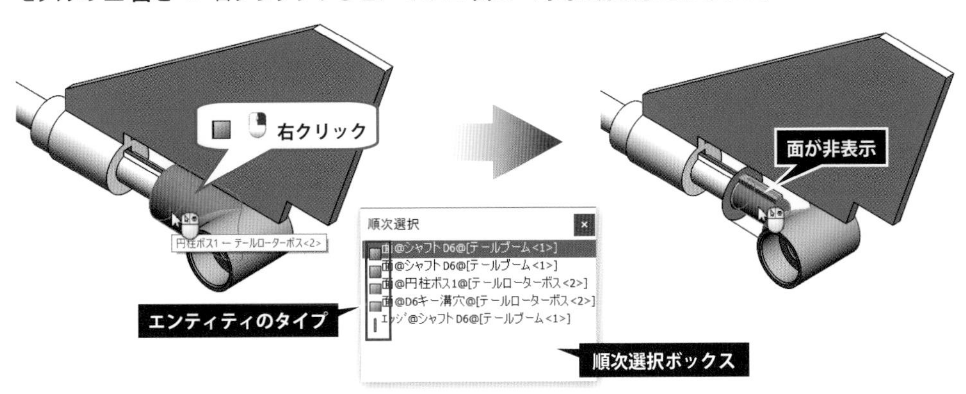

3. 下図に示す **面**をグラフィックス領域または『**順次選択**』ボックスより クリックして選択します。

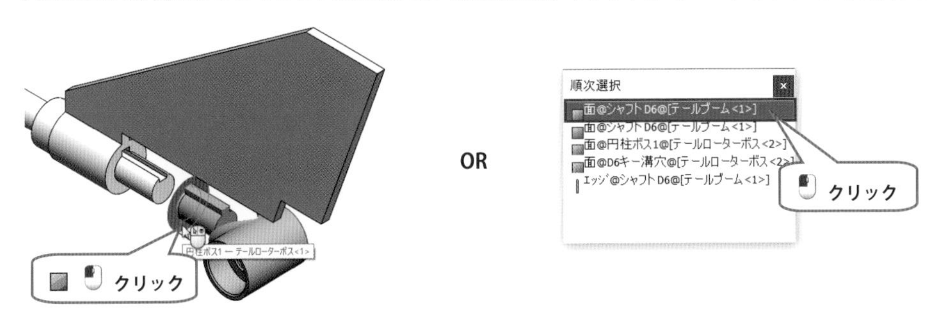

4. 下図に示す《テールブーム》の■面を CTRL を押しながら クリック。
クイック合致状況依存ツールバーが**ポップアップ表示**されるので、[**一致**] を クリック。

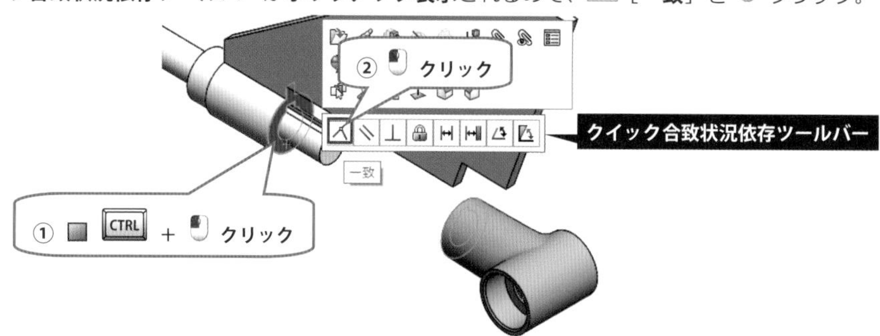

5. 《**(-)テールローターボス**》が**移動**し、《**テールブーム**》の ■ **面に一致**します。

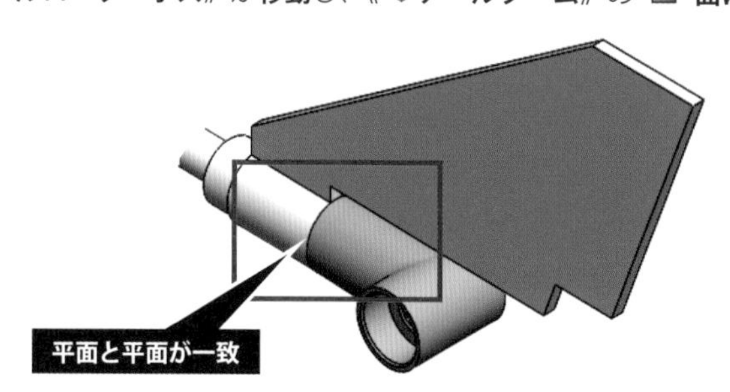

6. Feature Manager デザインツリーから《**(-)テールローターボス**》を▼**展開**して《**右側面**》を クリックし、《**ヘリコプター**》の《**正面**》を CTRL を押しながら クリック。
クイック合致状況依存ツールバーが**ポップアップ表示**されるので [**一致**] を クリック。

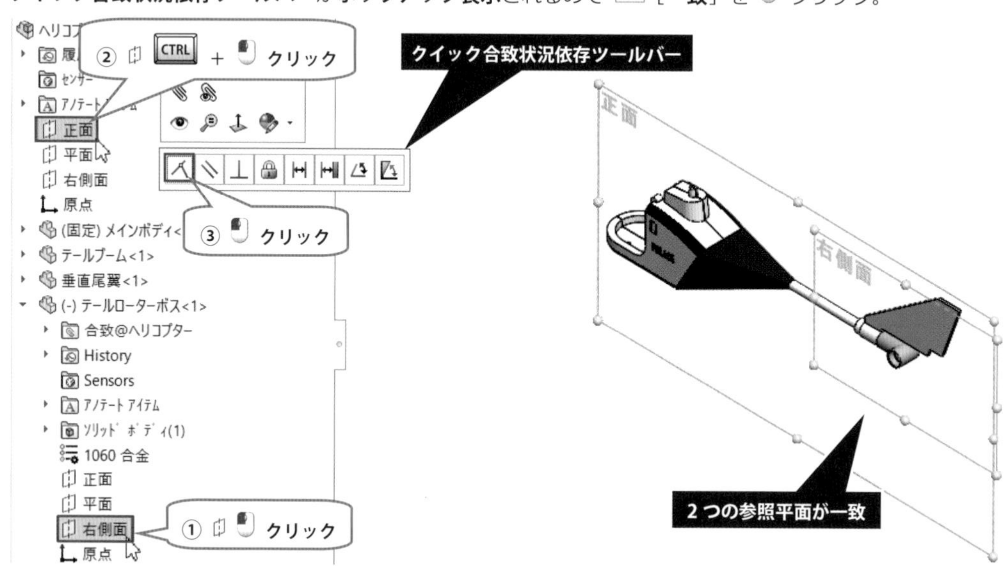

7. {**合致**} フォルダーに《**同心円 2**》《**一致 5**》《**一致 6**》が**追加**されます。
《**テールローターボス**》は**完全定義**です。

2.4.6 回転運動する構成部品

《(-) テールローター》を《テールローターボス》に**軸回りの自由度を1つ残して合致**させます。

1. 《**(-)テールローター**》と《**テールローターボス**》で [**同心円**] を**追加**します。

   下図に示す**2つの 円筒面を合致エンティティとして選択**します。

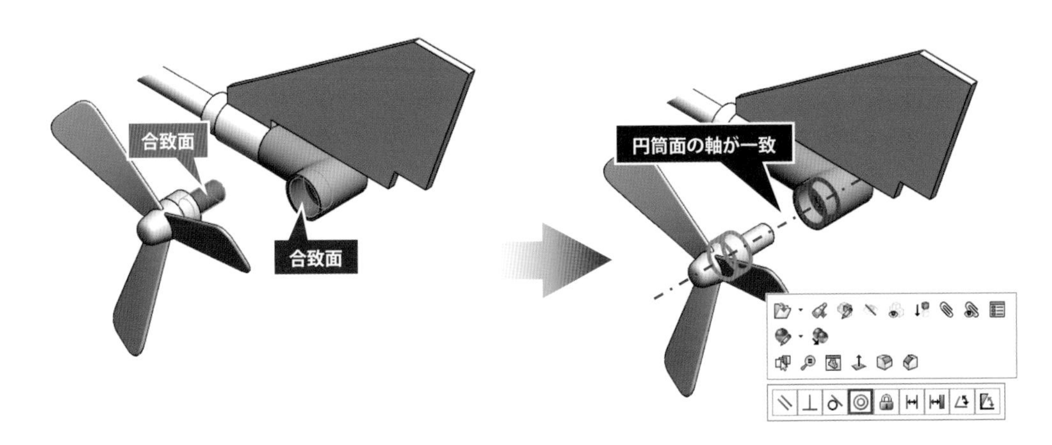

2. 《**(-)テールローター**》と《**テールローターボス**》で [**一致**] を**追加**します。

   下図に示す**2つの 平らな面を合致エンティティとして選択**します。

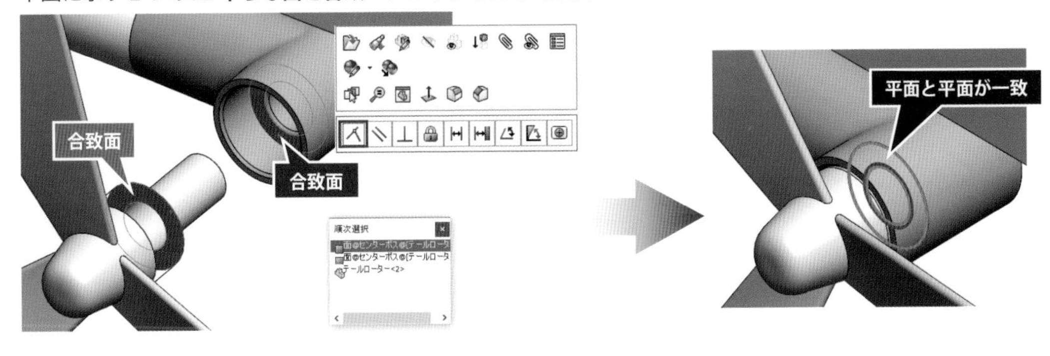

参照 2.4.5 順次選択により合致アイテムを選択する (P33)

3. {**合致**} フォルダーに《**同心円 3**》《**一致 7**》が**追加**されます。

   《**(-)テールローター**》は**未定義**なので、**羽**を ドラッグすると**回転**できます。

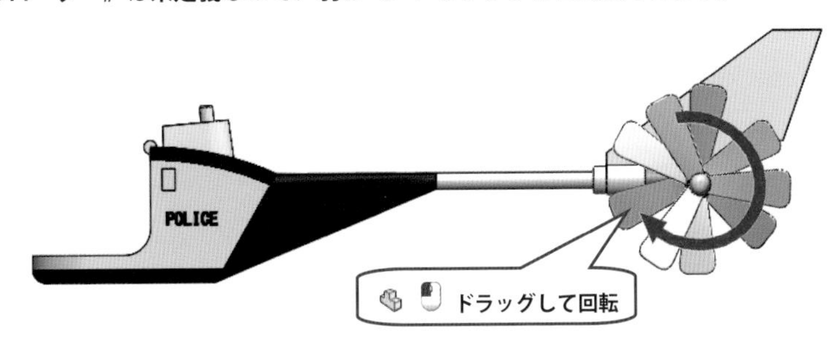

2.4.7 インスタンスのコピー

同じ構成部品がある場合は、CTRL + ドラッグを使用すると簡単に**コピー**できます。

1. ダウンロードフォルダー｛ **Chapter 2**｝より部品ファイル｛ **サーチライト**｝を**挿入**します。

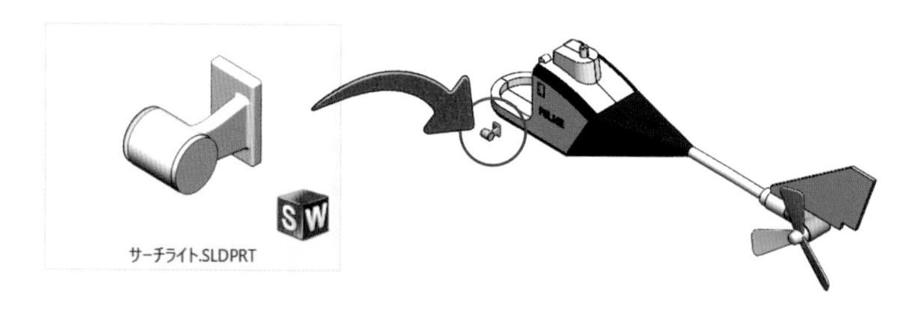

2. ［**一致**］を使用して《**(固定)メインボディ**》の**くぼみに合致**させます。
   面と 面で3回 ［一致］を追加して**完全定義**します。
   ｛ **合致**｝フォルダーに《 **一致 8**》《 **一致 9**》《 **一致 10**》が**追加**されます。

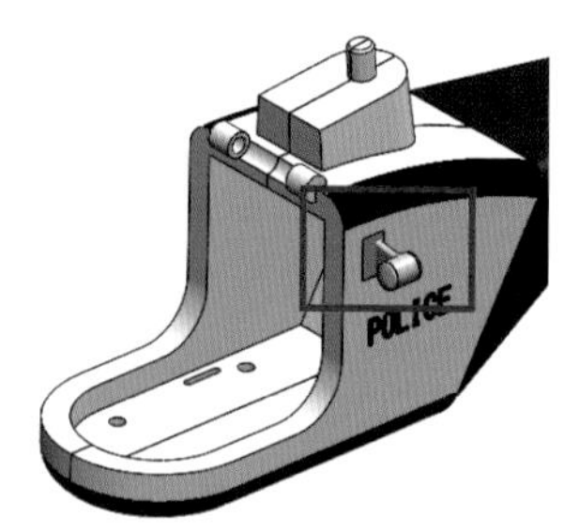

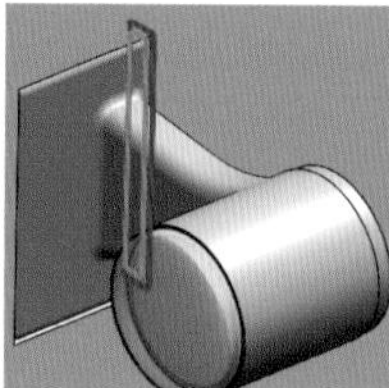

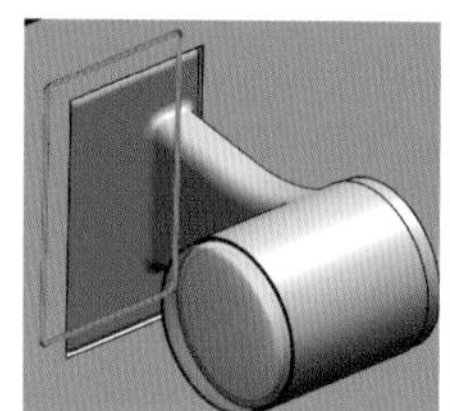

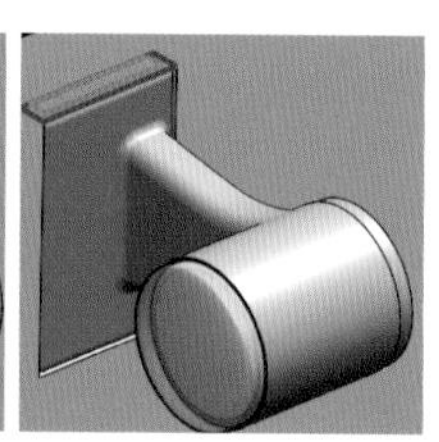

3. 《 **サーチライト**》は**反対側**にもあるので、**配置済みの構成部品をコピー**します。
   Feature Manager デザインツリーまたはグラフィックス領域から《 **サーチライト**》を CTRL を押しながら ドラッグし、グラフィックス領域内の**コピーする位置**で ドロップ。

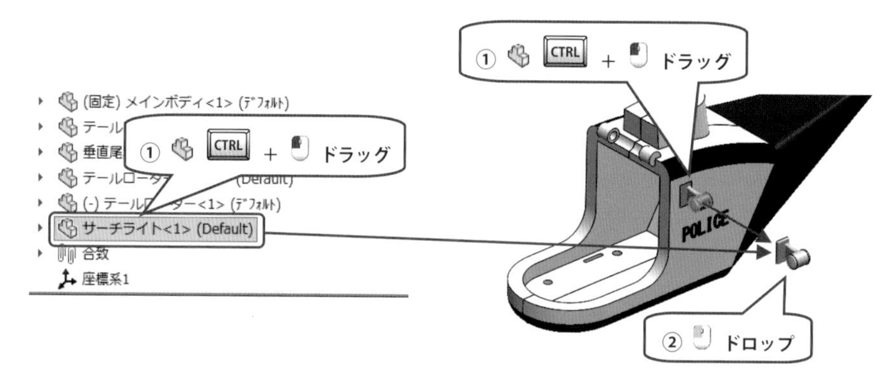

4. コピーした《**サーチライト**》の**インスタンス番号**が <**2**> になったことを確認します。

⚠ これは個数を意味するものではないので注意してください。（※2 以外の数字でも問題ありません。）

コピーした《**サーチライト**》を《**(固定)メインボディ**》の**反対側にあるくぼみに合致**させます。

{**合致**} フォルダーに《**一致 11**》《**一致 12**》《**一致 13**》が**追加**されます。

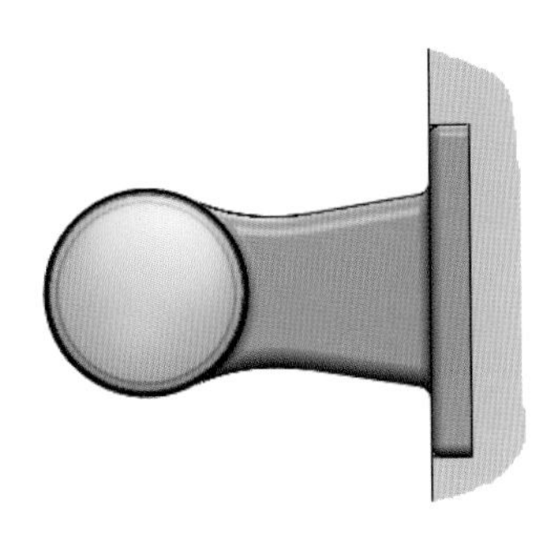

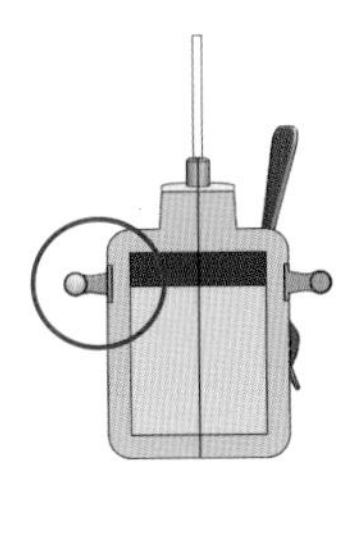

2.5 スマート合致

スマート合致は、**構成部品をドラッグ&ドロップして合致を追加**します。

通常のドラッグ&ドロップと ALT を組み合わせて使用します。

スマート合致のタイプ

スマート合致では、**ドラッグ&ドロップ**する**エンティティの種類**と、**表示されるポインタの種類**で追加される合致が確定します。「**ポインタ**」「**合致タイプ**」「**合致するエンティティ**」は、下表の通りです。

ポインタ	合致タイプ	合致するエンティティ	例
	[**一致**]	2つの 直線エッジ または 2つの 一時的な軸	
	[**一致**]	2つの平坦な 面	
	[**一致**]	2つの 頂点	
	[**同心円**]	2つの 円筒面 または 円筒面と 一時的な軸	

ポインタ	合致タイプ	合致するエンティティ	例
	[同心円] と [一致]	2つの 円形エッジ	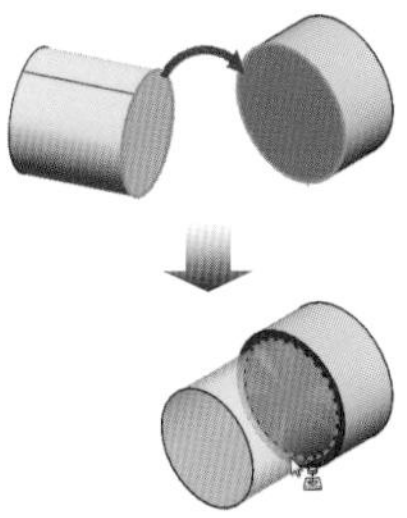
	[同心円] と [一致]	2つのフランジ上の円形パターン (円形エッジ)	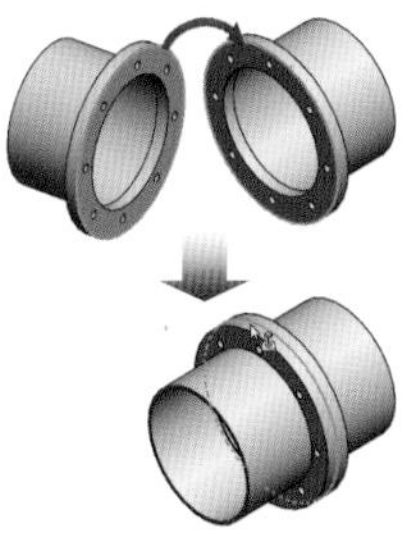
	[一致]	原点と 座標系	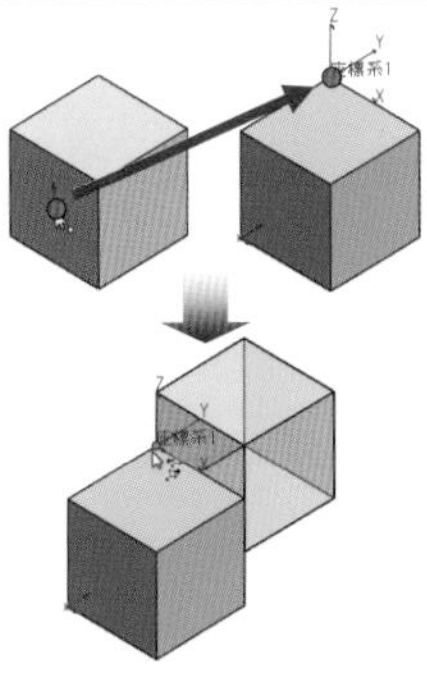

2.5.1 アセンブリ内でスマート合致

アセンブリ内に挿入した構成部品を**スマート合致**の手法で [**一致**] と [**同心円**] を**追加**します。

1. ダウンロードフォルダー｛**Chapter 2**｝より部品ファイル｛**スキッド**｝を**挿入**します。

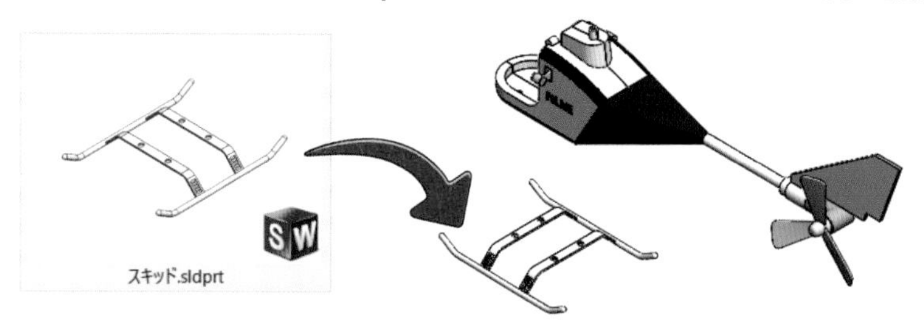

2. 《**(-)スキッド**》を**合致しやすい位置へ移動**し、**アセンブリ全体を回転**させて《**(固定)メインボディ**》の**底面**が見えるようにします。下図のように**取付穴の付近**を**拡大**します。

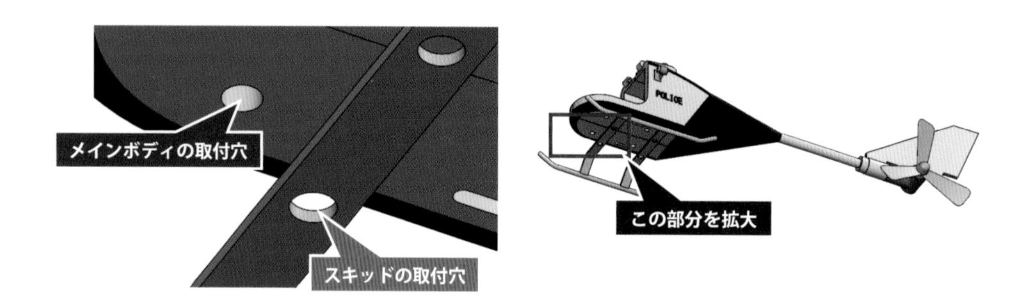

3. **スマート合致で2つの円形エッジを選択**すると、 [**一致**] と [**同心円**] を**追加**できます。
このスマート合致を「**穴にピン**」といいます。
下図に示す《**(-)スキッド**》の | **円形エッジ**を ALT を押しながら ドラッグし、
《**(固定)メインボディ**》の | **円形エッジ**（または 円筒面）に**移動**します。
《**(-)スキッド**》が**半透明**になり、**カーソル横にポインタ** **が表示**されるので ドロップ。

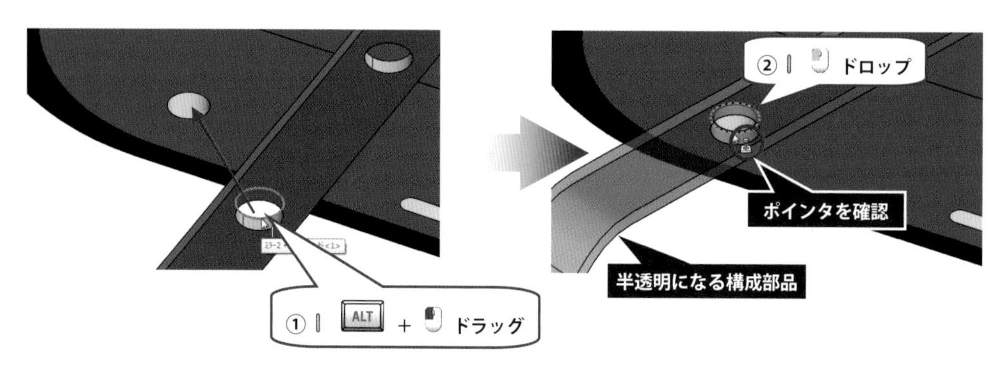

4. ｛**合致**｝フォルダーに《**同心円 4**》《**一致 14**》が**追加**されます。

5. 《(-)スキッド》には軸回りに自由度が残っているので、**合致を追加して完全定義**させます。
残り 3 つある取付穴のどれか 1 つに、**スマート合致**にて [**一致**] と [**同心円**] を**追加**します。

下図に示す《(-)**スキッド**》の **円形エッジ**を ALT を押しながら ドラッグし、
《**(固定)メインボディ**》の **円形エッジ**(または **円筒面**)で ドロップ。

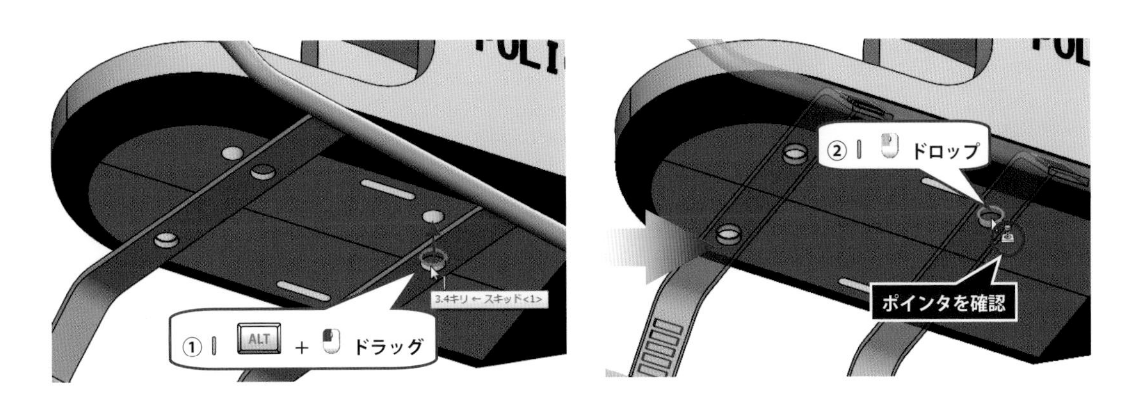

6. {**合致**} フォルダーに《**同心円 5**》《**一致 15**》が**追加**されます。
《**スキッド**》は**完全定義**です。

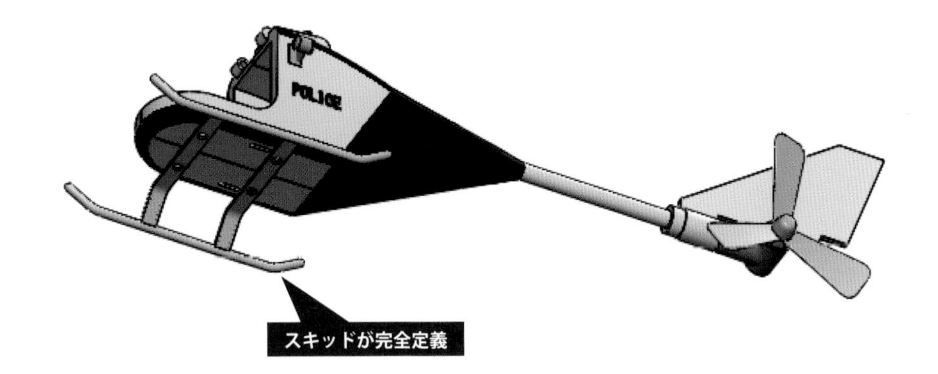

2.5.2 *別ウィンドウからスマート合致*

別ウィンドウにある部品をアセンブリ内に**挿入したと同時に合致を追加**できます。

1. ダウンロードフォルダー｛**Chapter 2**｝より部品ファイル｛**M3 ボルト**｝を開きます。

2. ｛**ヘリコプター**｝と｛**M3 ボルト**｝のウィンドウを左右に並べます。
   メニューバー［**ウィンドウ（W）**］＞［**左右に並べて表示（V）**］を クリック。

3. ｛**M3 ボルト**｝を**挿入すると同時**に［**一致**］と［**同心円**］を**追加**させます。
   下図に示す｛**M3 ボルト**｝の **円形エッジを** ドラッグし、《**スキッド**》の **円形エッジに移動して**
   ポインタ **が表示**されたときに ドロップ。

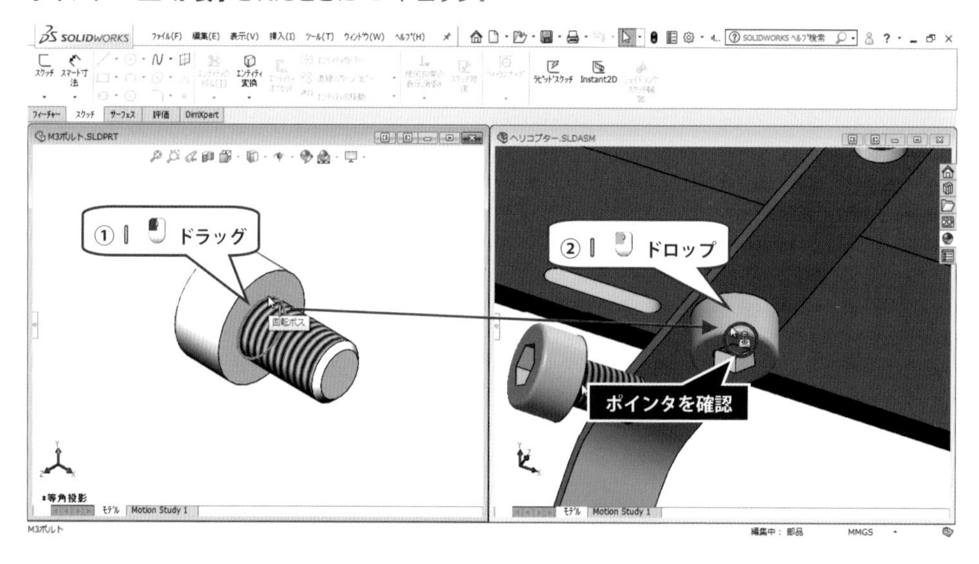

4. 同様の方法でほかの３つの穴にも《**(-)M3 ボルト**》を**追加**します。

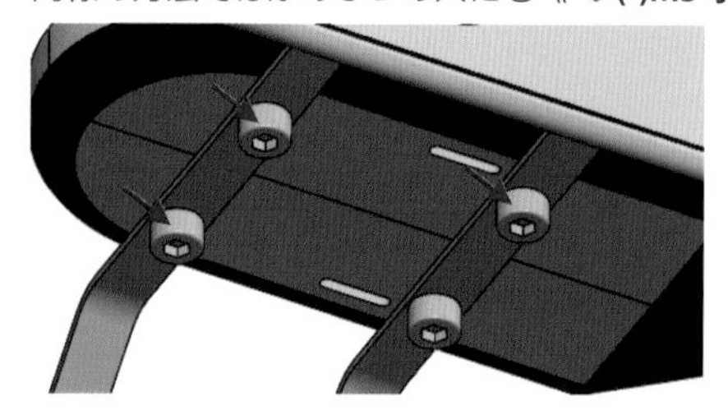

5. ｛**M3 ボルト**｝を［**クローズボックス**］を クリックして閉じます。

POINT スマートファスナー

[スマートファスナー挿入] は、**SOLIDWORKS Toolbox Library** を使用して ISO や JIS などの規格に準じた**標準部品**（ねじ）を**構成部品として挿入する機能**です。
穴ウィザードで作成した穴情報（種類や大きさなど）も基に、それに見合うサイズの**ねじを自動挿入**します。
ねじの「**規格**」「**種類**」「**大きさ**」「**長さ**」などはユーザーで変更できます。

1. 「**SOLIDWORKS Toolbox Library**」を**アドイン**します。
   メニューバーの［**ツール（T）**］＞［**アドイン（D）**］を クリック。

2. 『**アドイン**』ダイアログの「**SOLIDWORKS Toolbox Library**」をチェック ON（☑）にし、
   OK を クリック。

3. Command Manager【**アセンブリ**】タブより ［**スマートファスナー挿入**］を クリック。

4. メッセージダイアログが表示された場合は **OK** を クリック。

5. グラフィックス領域から**穴の円筒面を選択**し、**追加(D)** を クリック。
   すべて満たす(P) は、**アセンブリのすべての穴にファスナーを追加**します。

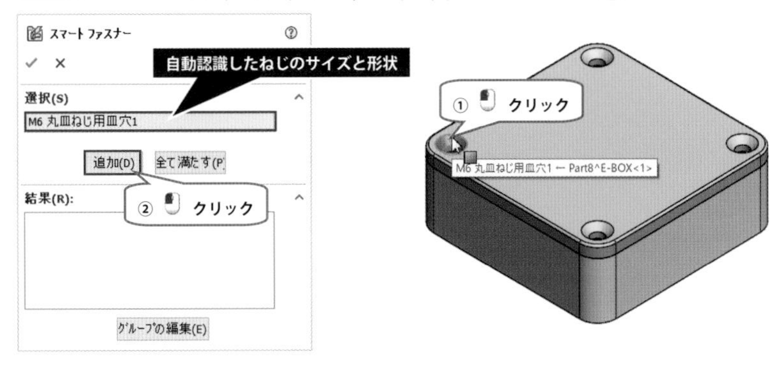

6. Property Manager で「**穴の選択**」「**ねじの規格や種類**」「**呼び**」「**長さ**」などを設定します。

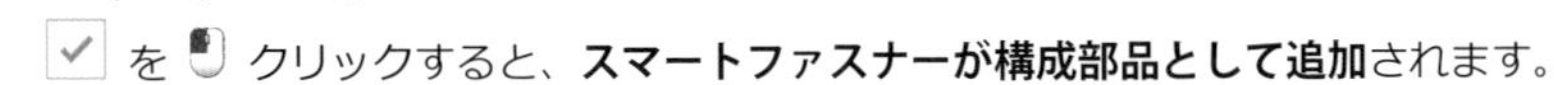

   ✓ を クリックすると、**スマートファスナーが構成部品として追加**されます。

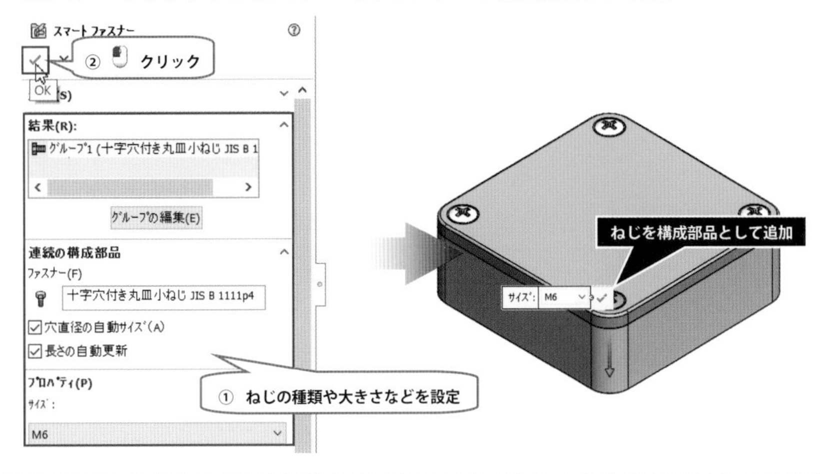

2.6 サブアセンブリ

アセンブリに挿入されたアセンブリを**サブアセンブリ**といいます。アセンブリは多くのケースで複数の部品で構成されていますが、トップアセンブリからすれば**単一の構成部品**として扱われます。

2.6.1 サブアセンブリの挿入

メインアセンブリにアセンブリ｛**メインローターユニット**｝を**挿入**してみましょう。

1. Command Manager【**アセンブリ**】より［**構成部品の挿入**］を クリック。

2. Property Manager に「**構成部品の挿入**」が表示され、『**開く**』ダイアログが表示されます。
「**ファイルの種類**」は［**SOLIDWORKS ファイル（*.sldprt;*.sldasm）**］または［**SOLIDWORKS Assembly（*.asm;*.sldasm）**］を選択します。

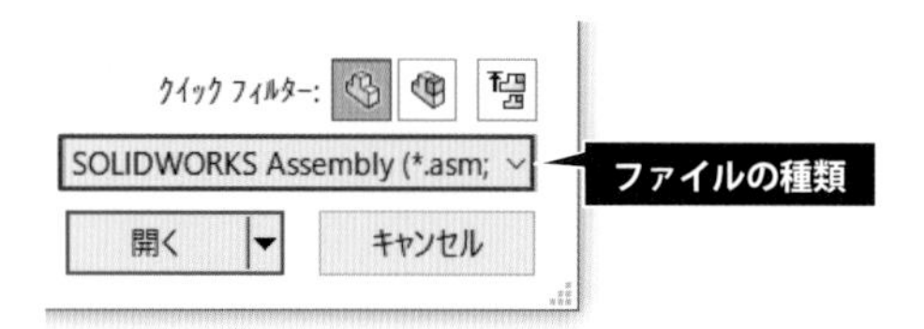

3. ダウンロードフォルダー｛**Chapter 2**｝よりアセンブリファイル｛**メインローターユニット**｝を選択して 開く ▼ を クリック。

4. 選択した構成部品｛**メインローターユニット**｝が **カーソル付近に表示**されるので、**任意の位置**で クリックして配置します。
Feature Manager デザインツリーに《**(-)メインローターユニット**》が**追加**されます。

5. 《(固定)メインボディ》と《(-)メインローターユニット》で [**同心円**] を**追加**します。
下図に示す **2 つの■ 円筒面を合致エンティティとして選択**します。

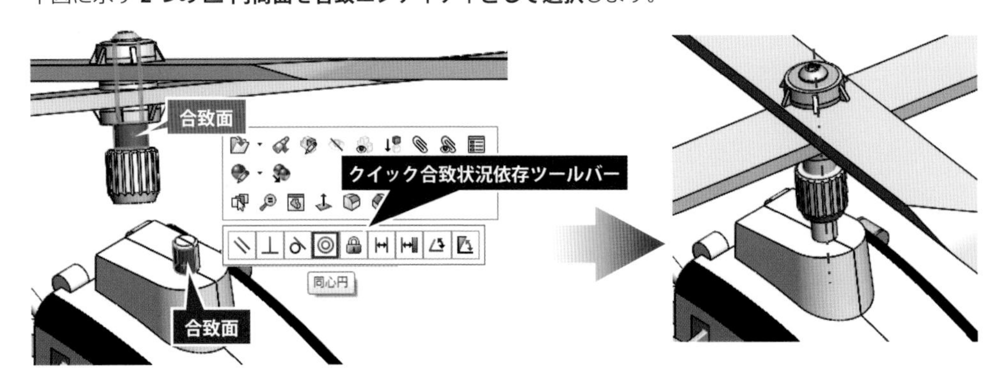

6. 《(固定)メインボディ》と《(-)メインローターユニット》で [**距離**] を**追加**します。
下図に示す《(-)メインローターユニット》の■ **面**を クリックし、《(固定)メインボディ》の■ **面**を CTRL を押しながら クリック。**クイック合致状況依存ツールバー**が**ポップアップ表示**されるので、[**距離**] を クリック。

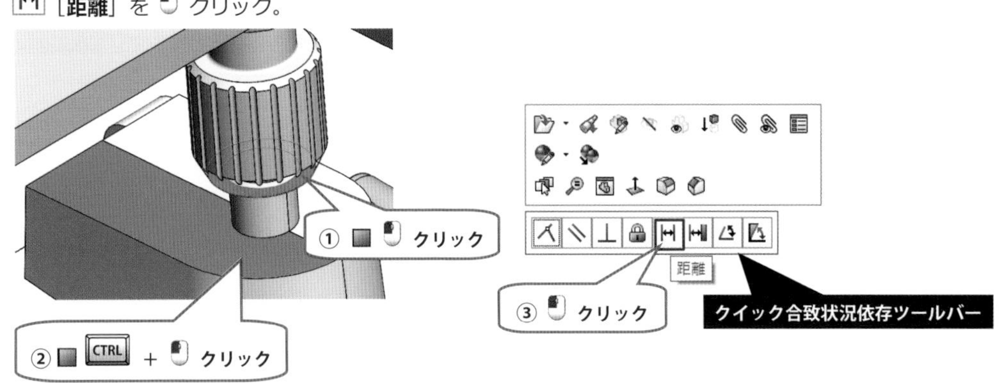

7. **距離**に<1 ENTER>と入力すると、《(固定)メインボディ》の**面から 1mm オフセットした位置**に《(-)メインローターユニット》の■ **面が移動**します。
[**合致の追加/終了**] ボタンを クリックすると、{**合致**} フォルダーには《**距離 1**》が**追加**されます。

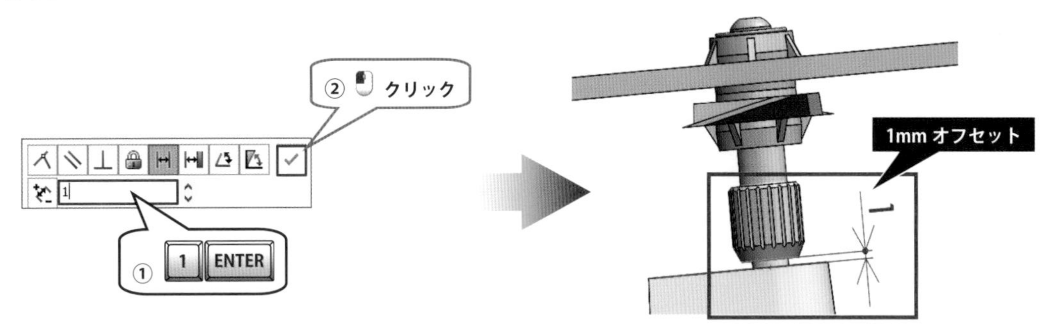

2.6.2 フレキシブルとリジッド状態の切り替え

デフォルトでは**サブアセンブリ内の構成部品はすべて固定**されており、構成部品を個別に移動できません。
この状態を**リジット**といい、これを**フレキシブル**という状態に切り替えると個別に移動できるようになります。
ここでは**サブアセンブリの状態の切り替え方法**について説明します。

1. ダウンロードフォルダー｛**Chapter 2**｝よりアセンブリファイル｛**コントロールユニット**｝を開きます。

2. ｛**コントロールパネル**｝と ｛**コントロールスティック**｝の２つの部品で構成されています。
   ｛**コントロールパネル**｝は**固定**されています。
   ｛**コントロールスティック**｝は［**角度制限**］により**指定された範囲の中で可動**します。

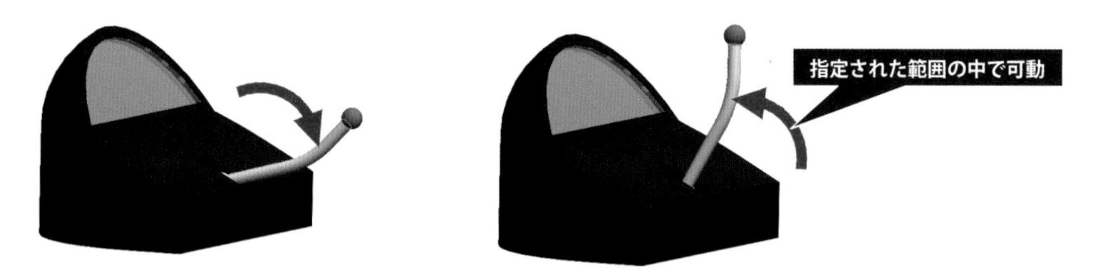

3. ｛**ヘリコプター**｝と｛**コントロールユニット**｝のウィンドウを左右に並べます。
   メニューバー［**ウィンドウ（W）**］＞［**左右に並べて表示（V）**］をクリック。

4. ｛**コントロールユニット**｝のFeature Managerデザインツリーの**トップレベル**にある《**コントロールユニット**》をドラッグし、**アセンブリウィンドウ内**でドロップ。

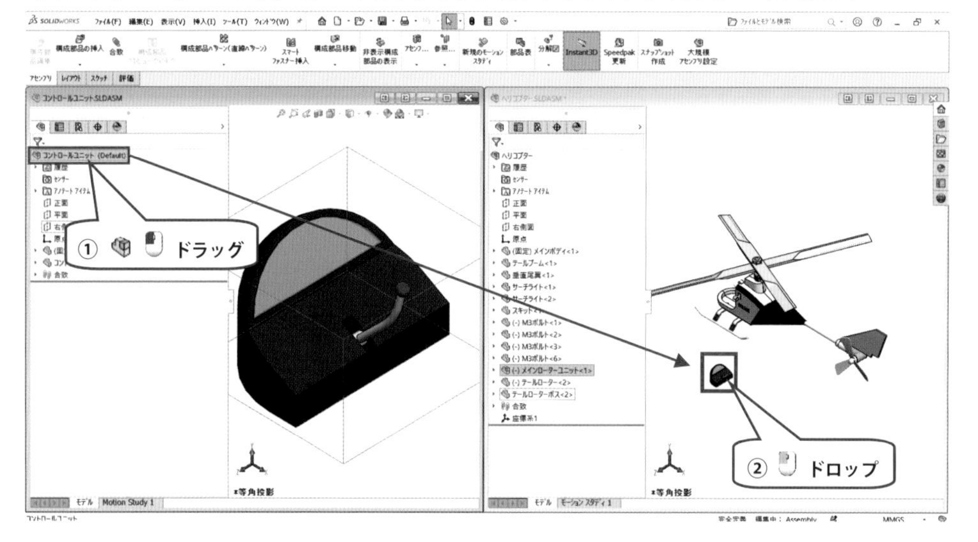

5. Feature Manager デザインツリーに《(-)**コントロールユニット**》が**追加**されます。

6. {**コントロールユニット**} を [**クローズボックス**] を クリックして閉じます。
メッセージボックスでは、モデルに変更を加えていないので、**いいえ(N)** を クリック。
続けて表示されるメッセージボックスでは **→ 変更をアセンブリで破棄(D)** を クリック。

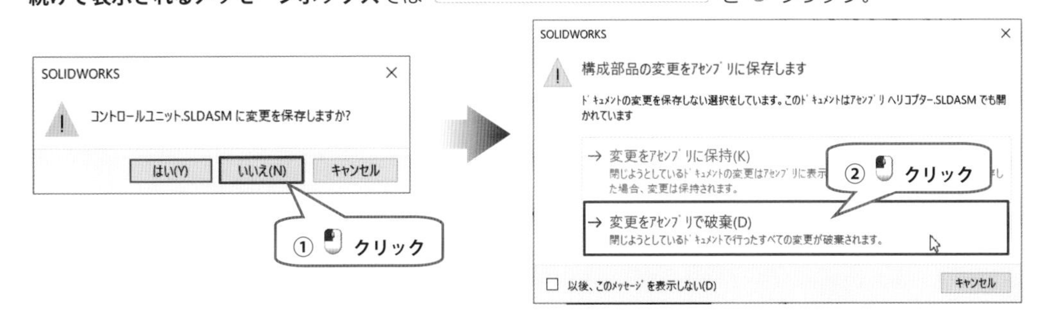

7. 《(-)**コントロールユニット**》を《(**固定**)**メインボディ**》に組み付けます。
下図に示す**合致エンティティ**（■ **面**）を選択して [**一致**] と [**同心円**] を**追加**します。

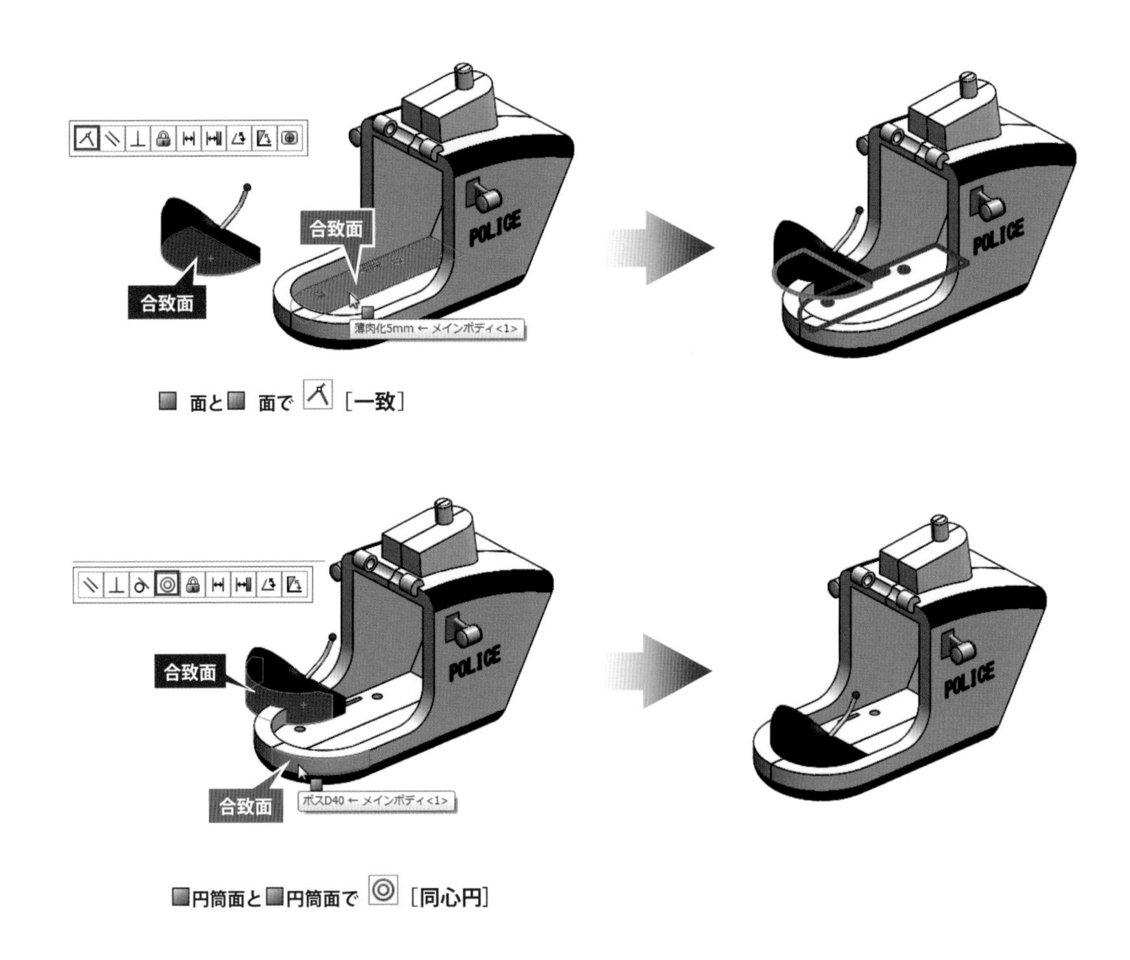

8. **未定義**の《(-)コントロールユニット》を**完全定義**させます。
下図に示す《**(-)コントロールユニット**》の **平らな面**と｛**ヘリコプター**｝の《**右側面**》で
［**平行**］を**追加**します。

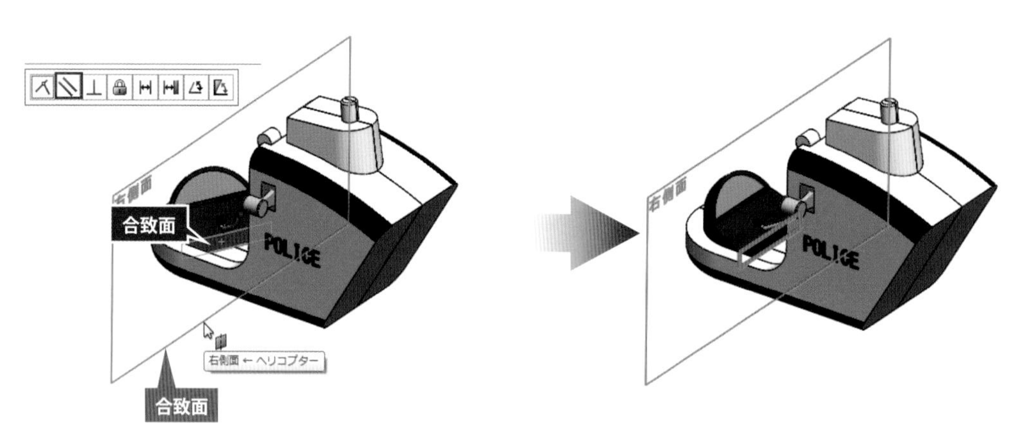

9. ｛**コントロールスティック**｝を ドラッグしても**可動できないことを確認**します。
これはサブアセンブリ《**コントロールユニット**》が**リジット状態**であることを意味しています。

10. **サブアセンブリ内の未定義な構成部品を可動**させるには、**サブアセンブリの状態**を**フレキシブル**にする必要があります。Feature Manager デザインツリーの《**コントロールユニット**》を クリックし、
コンテキストツールバーから ［**構成部品プロパティ**］を クリック。

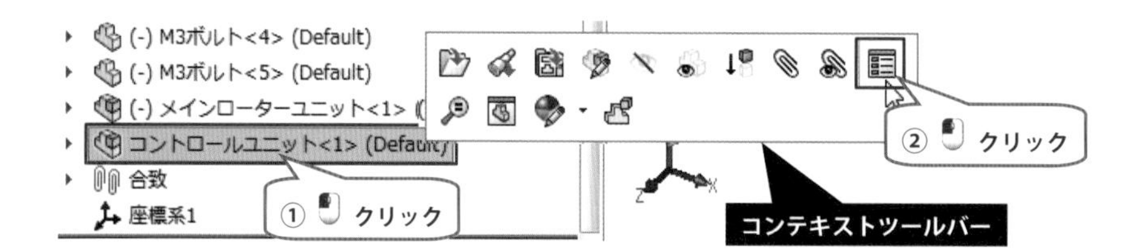

11. 『**構成部品プロパティ**』ダイアログが表示されます。

「**次のように解決**」から「**フレキシブル（F）**」を◉選択し、 OK(K) を クリック。

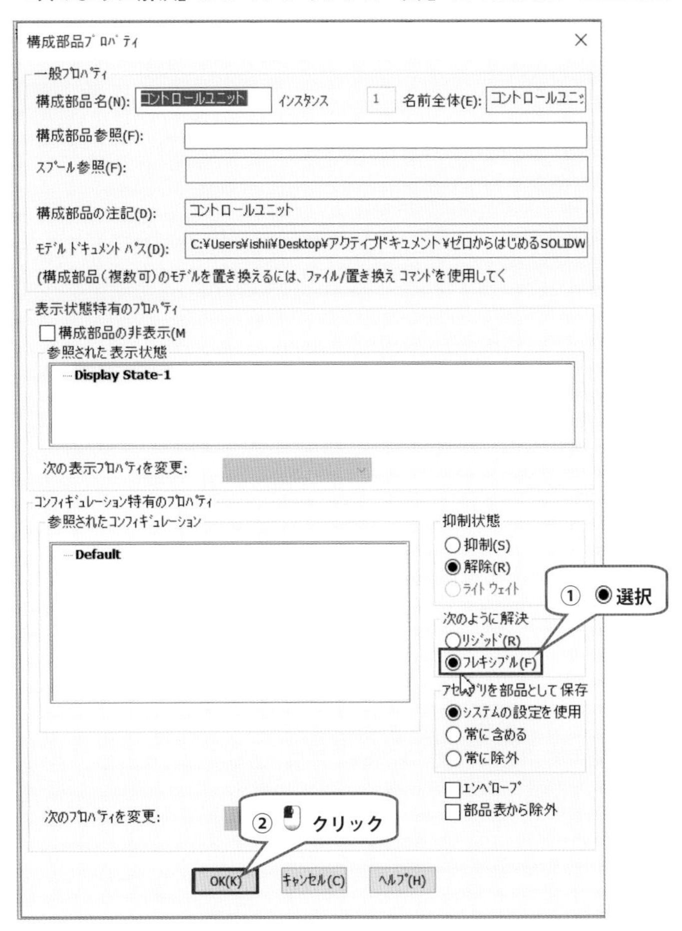

12. Feature Manager デザインツリーの**アイコンが** から **に変化**します。

{**コントロールスティック**} を ドラッグして**可動できることを確認**します。

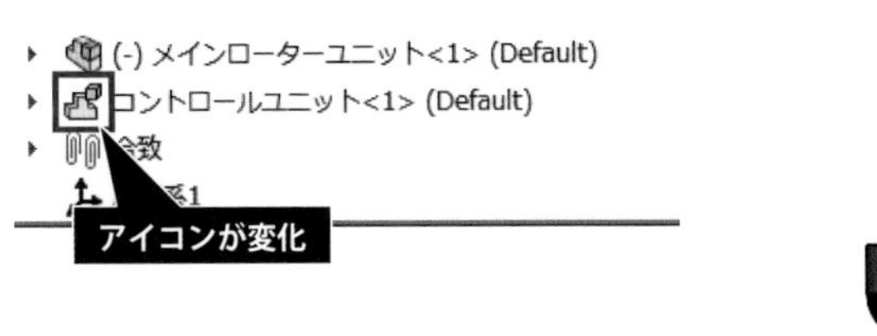

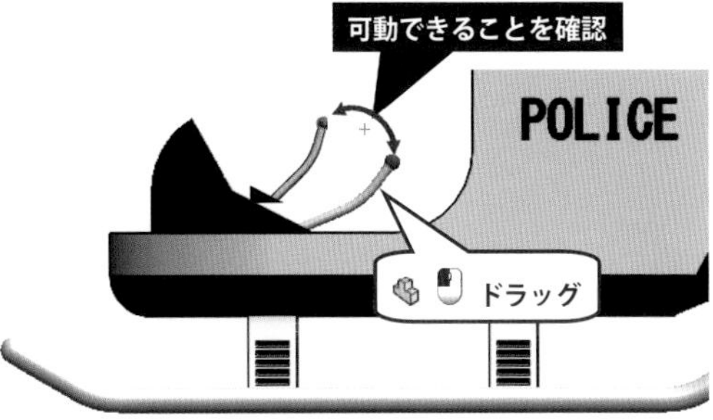

POINT

サブアセンブリをフレキシブルに指定／サブアセンブリをリジットに指定

フレキシブルにする場合

Feature Manager デザインツリーより **サブアセンブリを選択**し、**コンテキストツールバー**より [**サブアセンブリをフレキシブルに指定**] を クリックします。

Feature Manager デザインツリーの**アイコンが** **に変化**します。

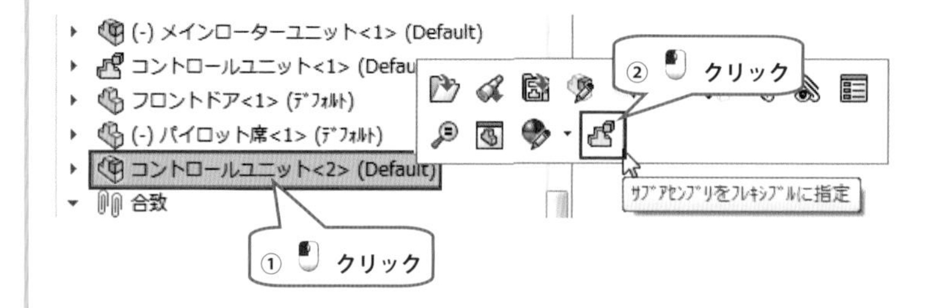

リジットにする場合

Feature Manager デザインツリーより **サブアセンブリを選択**し、**コンテキストツールバー**より [**サブアセンブリをリジットに指定**] を クリックします。

Feature Manager デザインツリーの**アイコンが** **に変化**します。

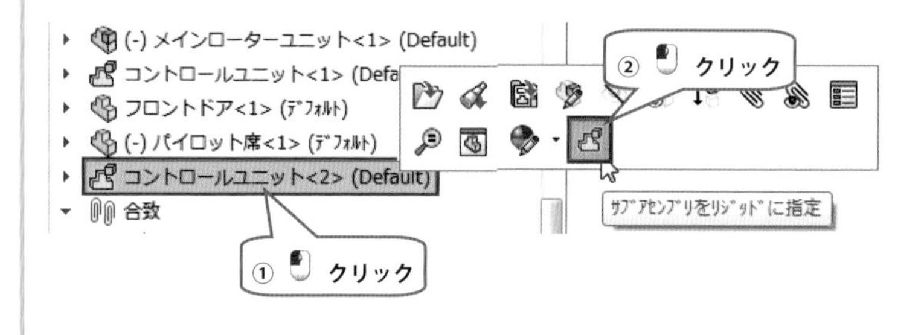

2.7 詳細設定合致

「詳細設定合致」のタイプ、**[幅]** と **[角度制限]** の追加方法について説明します。

詳細設定合致のタイプ

詳細設定合致のタイプには、下表のものがあります。

タイプ	説　明	定義例
[距離制限]	指定した距離の範囲で構成部品の動きを制限します。	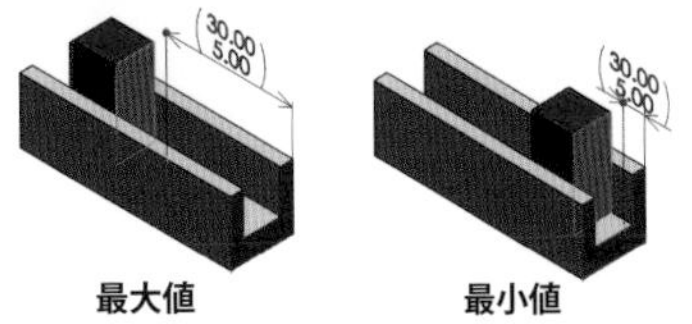30.00 5.00 最大値 最小値
[角度制限]	指定した角度の範囲で構成部品の動きを制限します。	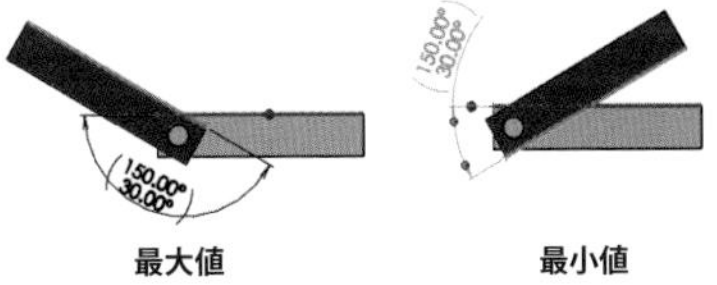150.00° 30.00° 最大値 最小値
[パス合致]	構成部品の移動と別の構成部品の移動との間の関係を確立します。	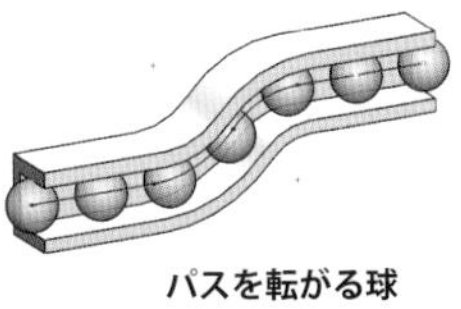パスを転がる球
[直線／直線カプラー]	構成部品の移動と別の構成部品の移動との間の関係を確立します。	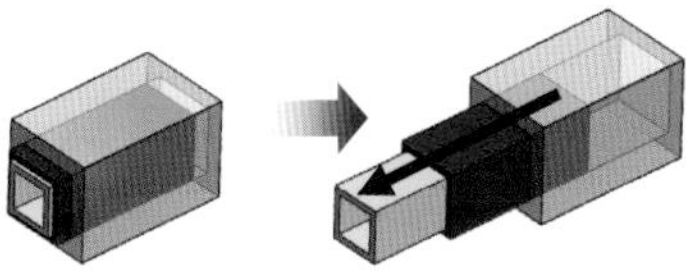
[輪郭中心]	輪郭中心合致は、ジオメトリ輪郭を相互に自動的に中央揃えします。（※SOLIDWORKS2015 以降の機能です。）	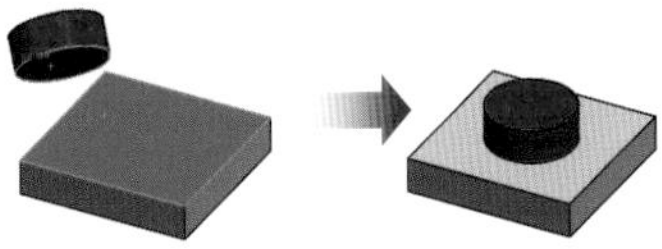
[対称]	2 つの同じ種類のエンティティを選択面に対し、対称となるように保持します。	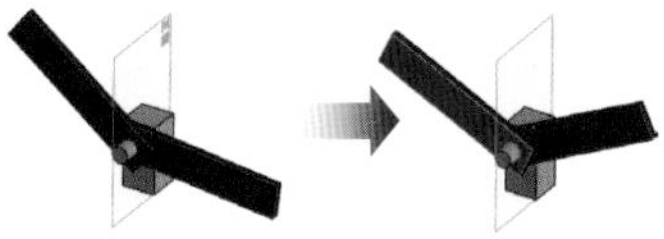
[幅]	2 つの平坦面間でタブを拘束します。	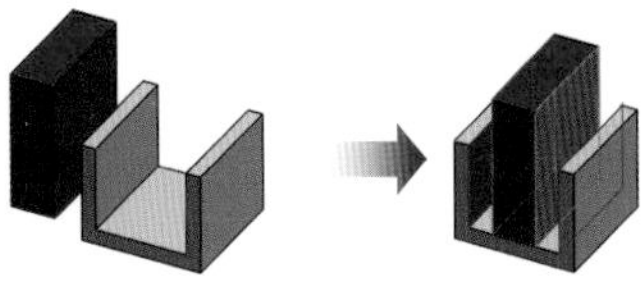

2.7.1 幅合致の追加

［幅］は、**2つの構成部品をお互いの中間の位置で配置**するような場合に使用します。

1. ダウンロードフォルダー｛**Chapter 2**｝より部品ファイル｛**フロントドア**｝を**挿入**します。

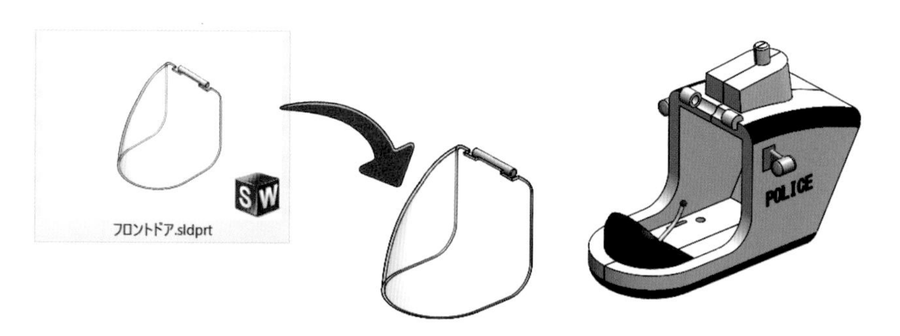

2. 《**(-)フロントドア**》を《**(固定)メインボディ**》に組み付けます。
下図に示す**合致エンティティ**（**2つの■円筒面**）で［**同心円**］を**追加**します。
（※下図の赤い中心線は表示されません。）

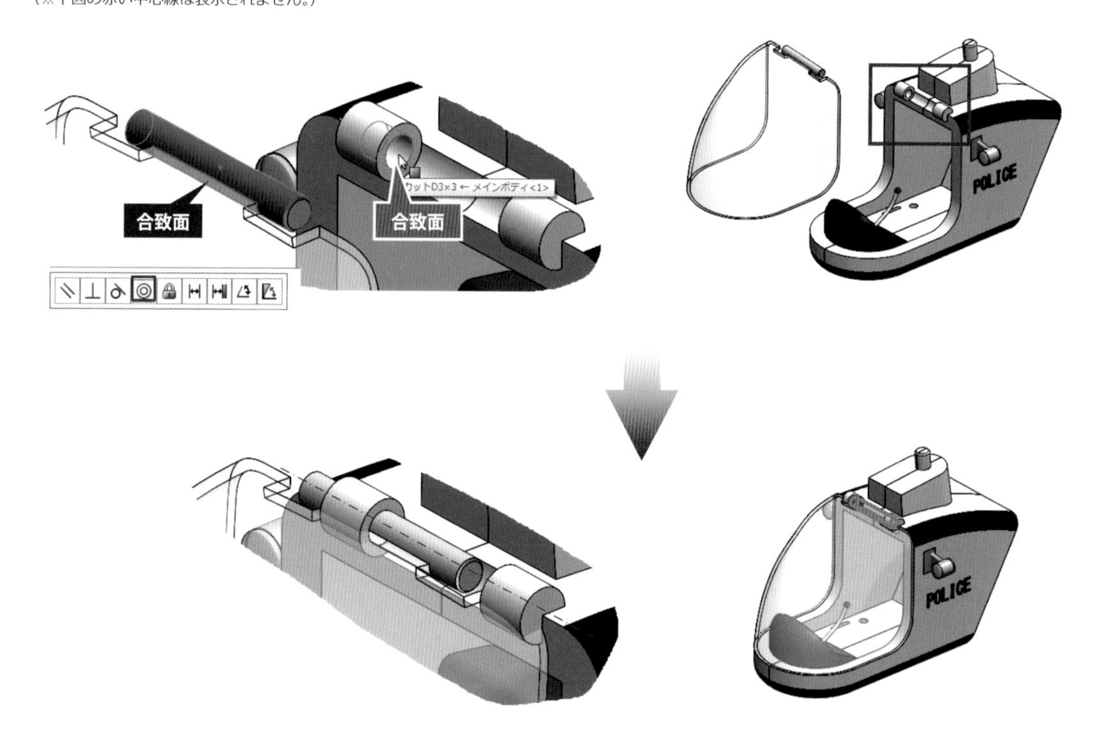

3. 《(-)**フロントドア**》を ドラッグして**外側に移動**します。

Command Manager または**ショートカットツールバー**より ［**合致**］を クリック。

グラフィックス領域で を押すと、**ショートカットツールバー**が表示されます。

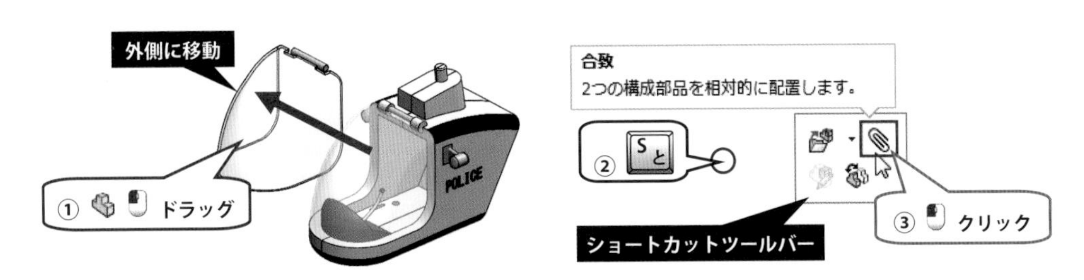

4. Property Manager の「**詳細設定合致（D）**」を クリックして**展開**し、［**幅（I）**］を クリック。

「**幅の選択**」の**選択ボックス**がアクティブになるので、下図に示す《(**固定)メインボディ**》の

2つの 平らな面を クリック。

アイテム（ **面**）の選択は、**モデルを回転**または ［**順次選択**］を使用してください。

参照 2.4.5 順次選択により合致アイテムを選択する (P33)

5. **「タブ選択」**の**選択ボックス**がアクティブになります。
   下図に示す《(-)**フロントドア**》の**2つの平らな面**を クリック。

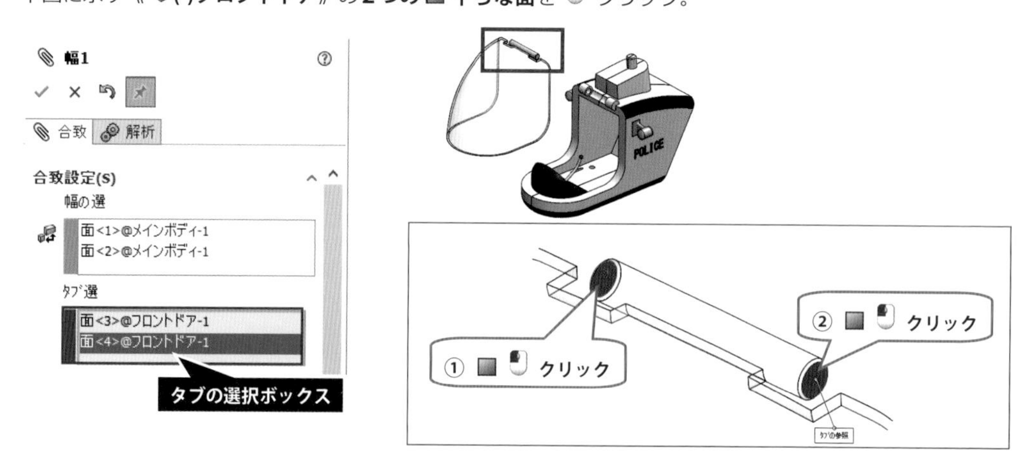

6. 《**(固定)メインボディ**》と《**(-)フロントドア**》で**選択した2面間の中心位置が一致**します。
   [**OK**] ボタンを クリック。(※下図の赤い中心線は表示されません。)

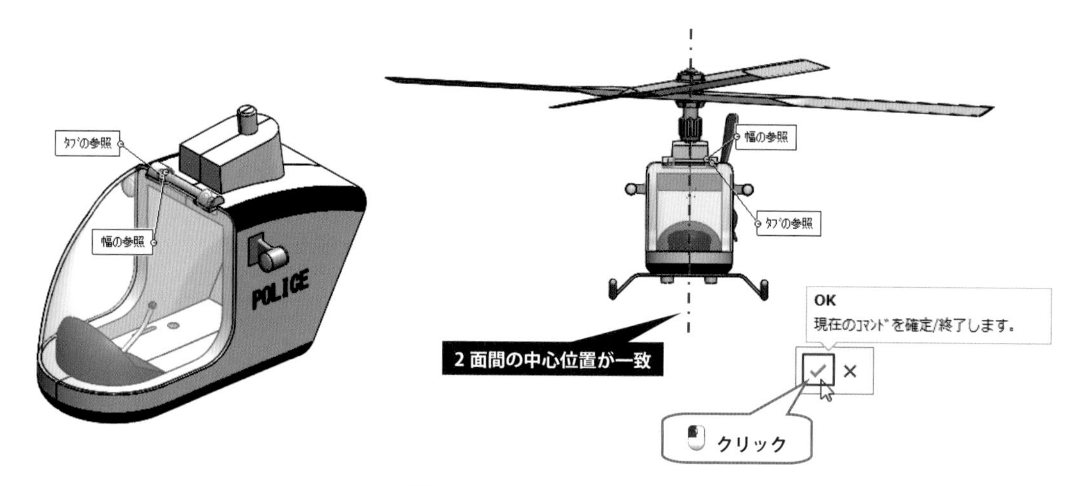

7. Property Manager または**確認コーナー**の [**OK**] ボタンを クリック。
   {**合致**} フォルダーに《**幅1**》が**追加**されます。

8. 《**(-)フロントドア**》を ドラッグして**動きを確認**します。

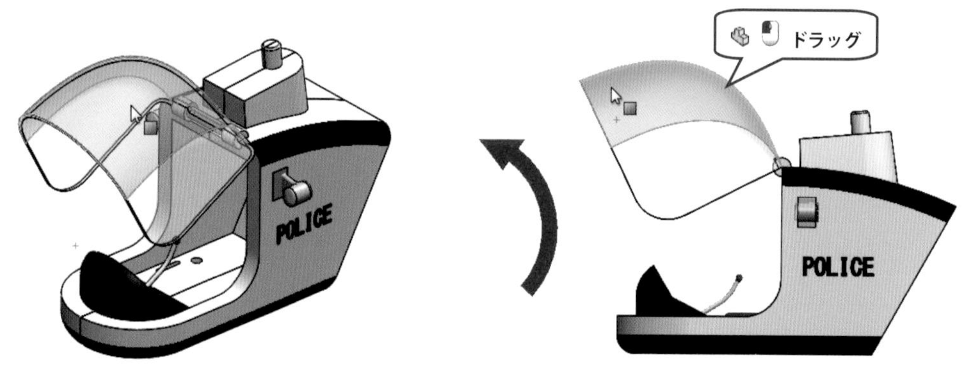

幅合致オプション

次のオプションを選択して合致の制限を設定できます。（※SOLIDWORKS2015 以降の機能です。）

中央整列	タブと幅の中心を一致させます。（※デフォルトで選択されるオプションです。） タブと幅の中心を一致
フリー	選択セットの制限内で構成部品を自由に動かせます。 この間を自由移動
寸　法	選択セットの面からの距離または角度寸法を設定して位置決めします。 幅(I) 拘束: 寸法 20.00mm 寸法反転 距離を 入力 タブの参照 幅の参照
パーセント	選択セットの面からの距離または角度寸法をパーセント指示で位置決めします。 幅(I) 拘束: パーセント 50.000000% 寸法反転 比率を 入力 タブの参照 幅の参照

2.7.2 角度制限合致の追加

［**角度制限**］は、「**最大値**」および「**最小値**」を指定して構成部品の**可動範囲を制限**します。

《(-)**フロントドア**》の**可動範囲を制限**してみましょう。

1. Command Manager または**ショートカットツールバー**より［**合致**］をクリック。

2. Property Manager の「**詳細設定合致（D）**」をクリックして**展開**し、［**制限角度**］をクリック。
   「**合致エンティティ**」として下図で示す《(-)**フロントドア**》と《(**固定**)**メインボディ**》の**面**をクリック。

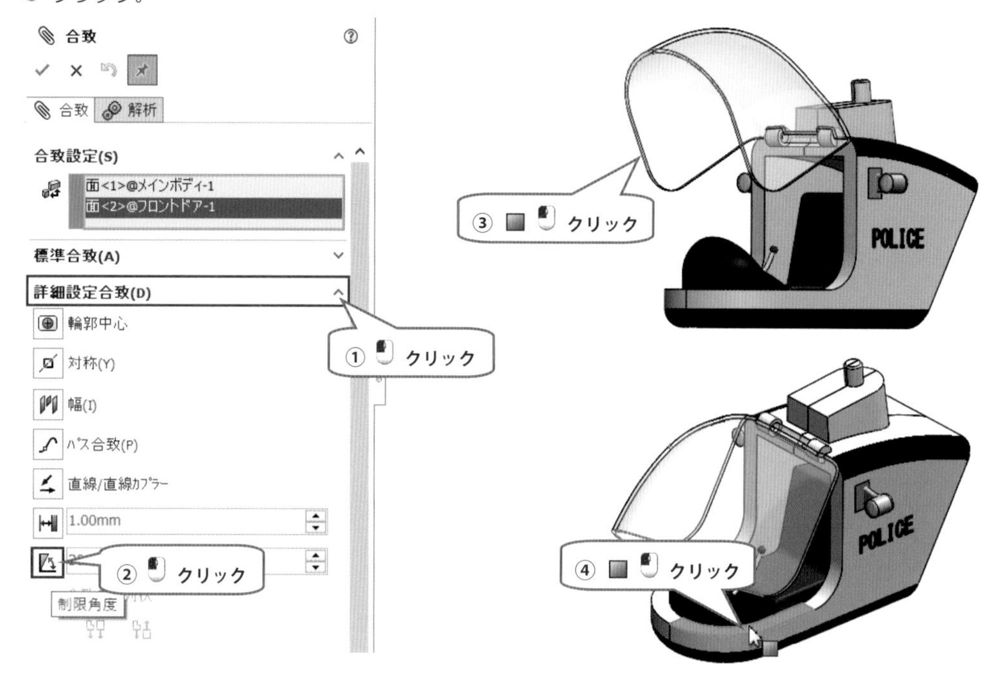

3. 選択した面間の「**現在の角度**」「**最大角度**」「**最小角度**」を設定します。
   角度（現在の角度）に<4 5>、「**最大値**」に<9 0>、「**最小値**」に<0>と入力し、［**OK**］ボタンをクリック。（※**反転した場合**には「**寸法反転**」または「**合致の整列状態**」を使用します。）

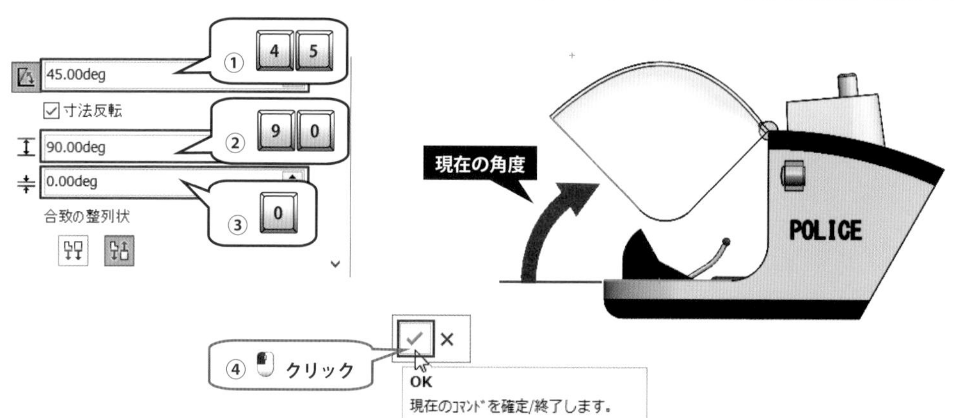

4. Property Manager または**確認コーナー**の [**OK**] ボタンを クリック。
   {**合致**} フォルダーに《**角度制限 1**》が**追加**されます。

5. 《**(-)フロントドア**》を ドラッグし、**動きが制限されたことを確認**します。

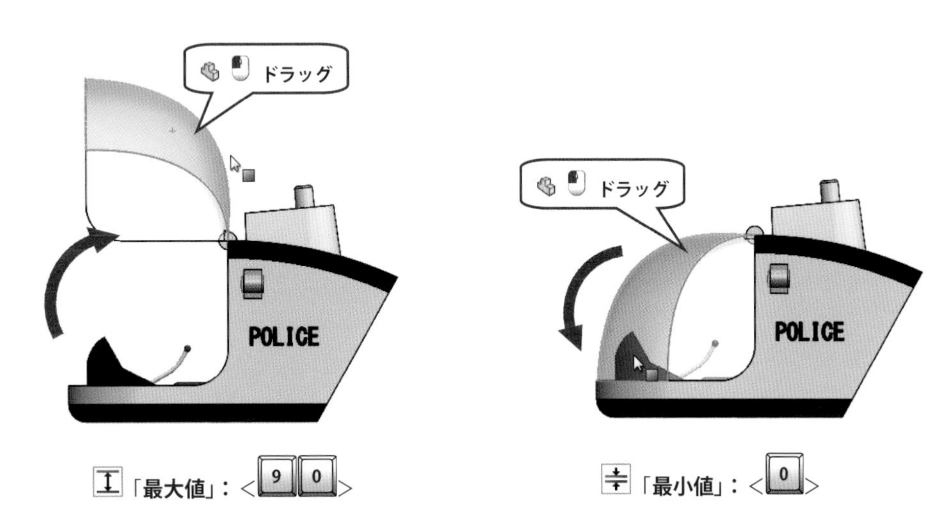

2.8 機械的な合致

「機械的な合致」のタイプ、[**スロット**]と [**ギア**]の追加方法について説明します。

機械的な合致のタイプ

機械的な合致のタイプには、下表のものがあります。

タイプ	説　明	定義例
[**カムフォロワー**]	構成部品の円筒面、平面、点を一連の正接した面に一致または正接します。	
[**スロット**]	ボルト（軸）またはスロットの動きをスロット内に限定します。右図はボルトをスロット穴に合致しています。 （※SOLIDWORKS2014 以降の機能です。）	
[**ヒンジ**]	同心円と一致拘束を 1 つの合致で定義できます。	
[**ギア**]	構成部品の回転に合わせて、もう一方の構成部品を回転できます。 ギア比は円の直径で決まります。	
[**ラックピニオン**]	ラック構成部品（直線移動）がもう 1 つの構成部品（円形）に回転運動を与えます。	
[**ねじ**]	構成部品が回転したときにもう一方の構成部品が軸に沿って移動します。	
[**ユニバーサルジョイント**]	2 つの構成部品の軸を一致させ、お互いに回転させます。	

2.8.1 スロットの合致の追加

[**スロット**] を使用して {**パイロット席**} を**スロット穴の範囲で前後にスライド**させます。
(※SOLIDWORKS2014 以降の機能です。)

1. ダウンロードフォルダー { **Chapter 2**} より部品ファイル {**パイロット席**} を**挿入**します。

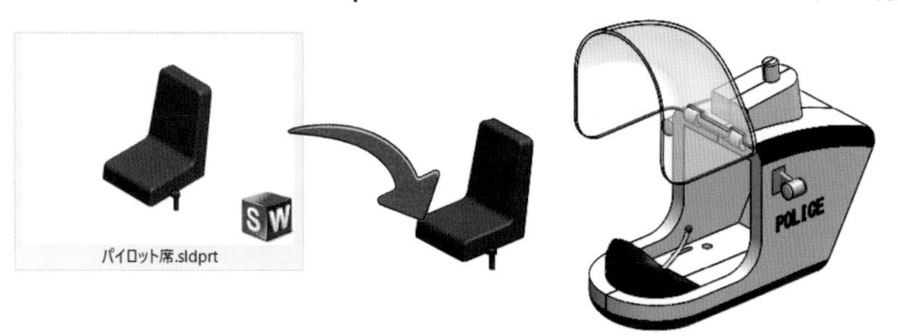

2. 《**(-)パイロット席**》を《**(固定)メインボディ**》に組み付けます。
下図に示す**合致エンティティ (2つの 平らな面)** で [**一致**] を**追加**します。

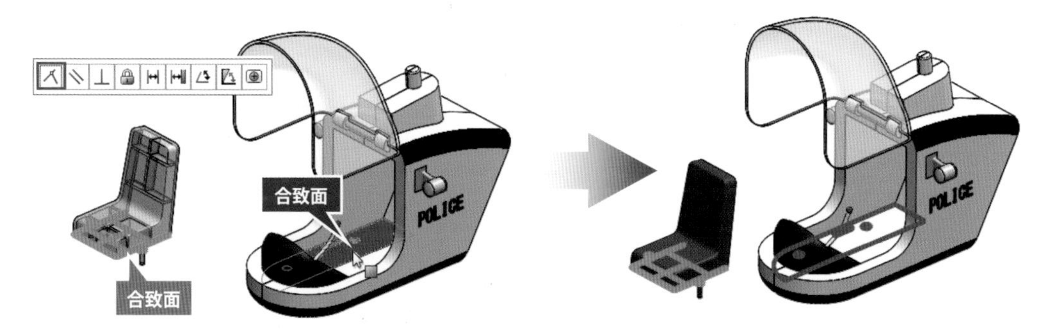

3. Command Manager または**ショートカットツールバー**より [**合致**] を クリック。

4. Property Manager の「**機械的な合致 (A)**」を クリックして**展開**し、 [**スロット (O)**] を クリック。「**合致エンティティ**」として下図で示す《**(-)パイロット席**》の **円筒面**と《**(固定)メインボディ**》の**スロット穴**の **面**を クリック。

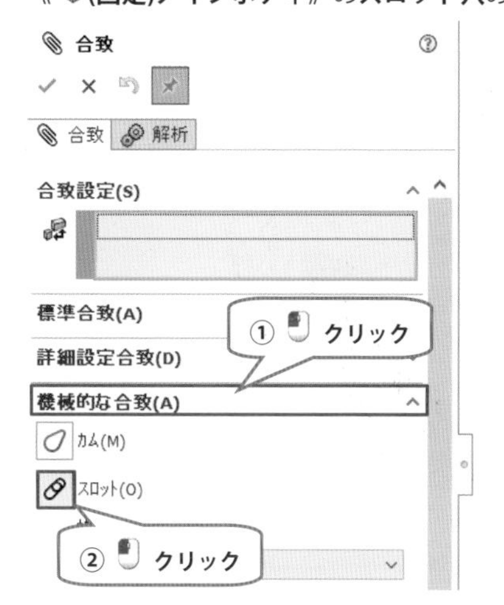

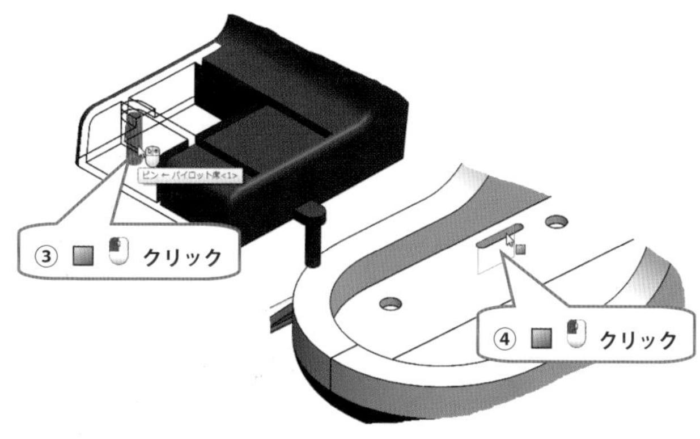

5. 《(-)**パイロット席**》で選択した **円筒面**が《**(固定)メインボディ**》で選択した**スロット穴の中へ移動**します。 [**OK**] ボタンを クリック。

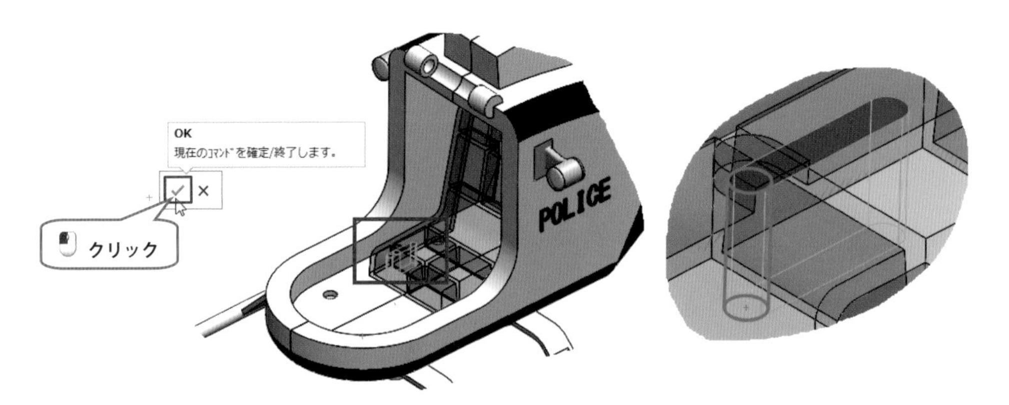

6. 反対側も同様の方法で [**スロット (O)**] を**追加**します。

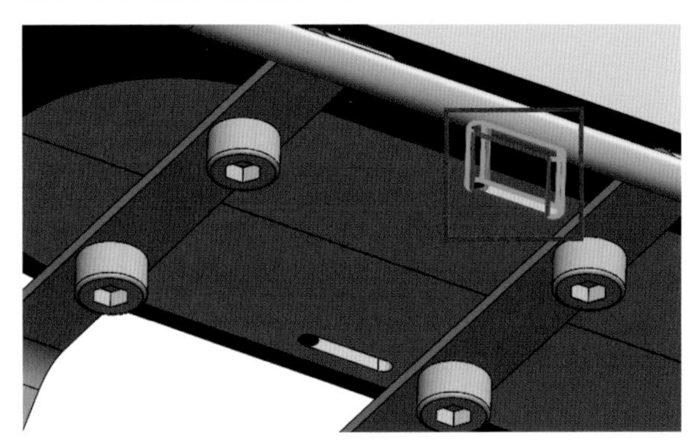

7. Property Manager または**確認コーナー**の [**OK**] ボタンを クリック。
{**合致**} フォルダーに《**スロット 1**》《**スロット 2**》が**追加**されます。

8. 《(-)**パイロット席**》を ドラッグして**前後にスライドすることを確認**します。
(※SOLIDWORKS2013 以前のバージョンは、《(-)**パイロット席**》の《**右側面**》と**アセンブリ**の《**正面**》を**一致**させます。)

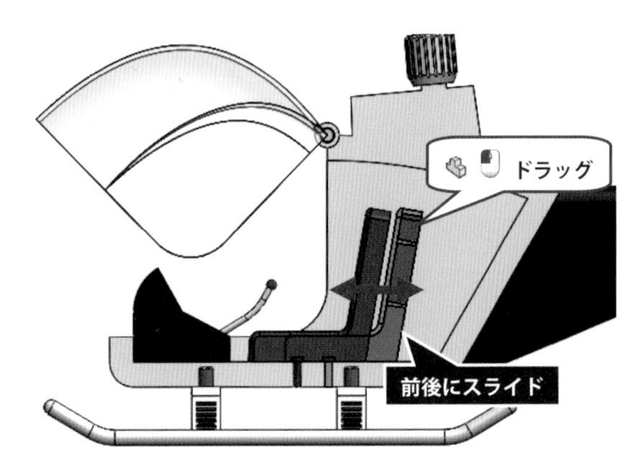

2.8.2 位置決めのみに合致を使用する

「位置付けのみ使用」は、**位置決め**（移動）のみで**合致を追加したくないときに使用**します。

《**(-)テールローター**》と《**(-)メインローターユニット**》に［**ギア**］を追加する前に位置決めをしておきます。

1. ［**平行**］を使用して**位置決め**をしてみましょう。
   Command Manager または**ショートカットツールバー**より［**合致**］をクリック。

2. Property Manager の「**標準合致（A）**」にある［**平行（R）**］をクリック。
   「**オプション（O）**」の「**位置付けのみ使用（U）**」をチェック ON（☑）にします。

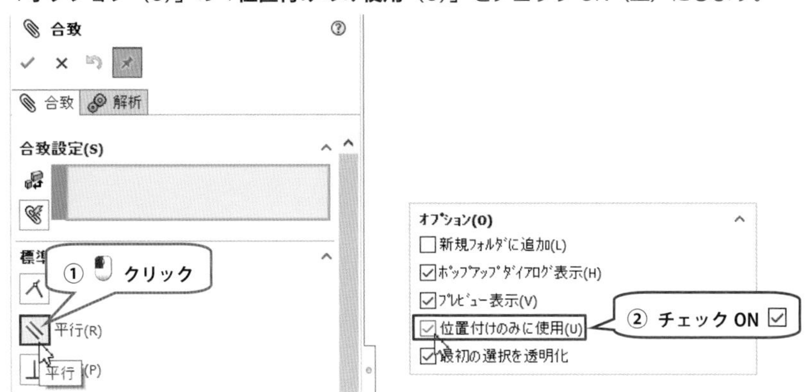

3. 「**合致エンティティ**」を選択します。グラフィックス領域左上の**フライアウトツリー**を▼**展開**し、アセンブリの《**右側面**》と《**(-)テールローター**》の《**正面**》をクリック。
   クイック合致状況依存ツールバーの［**合致の追加／終了**］をクリック。

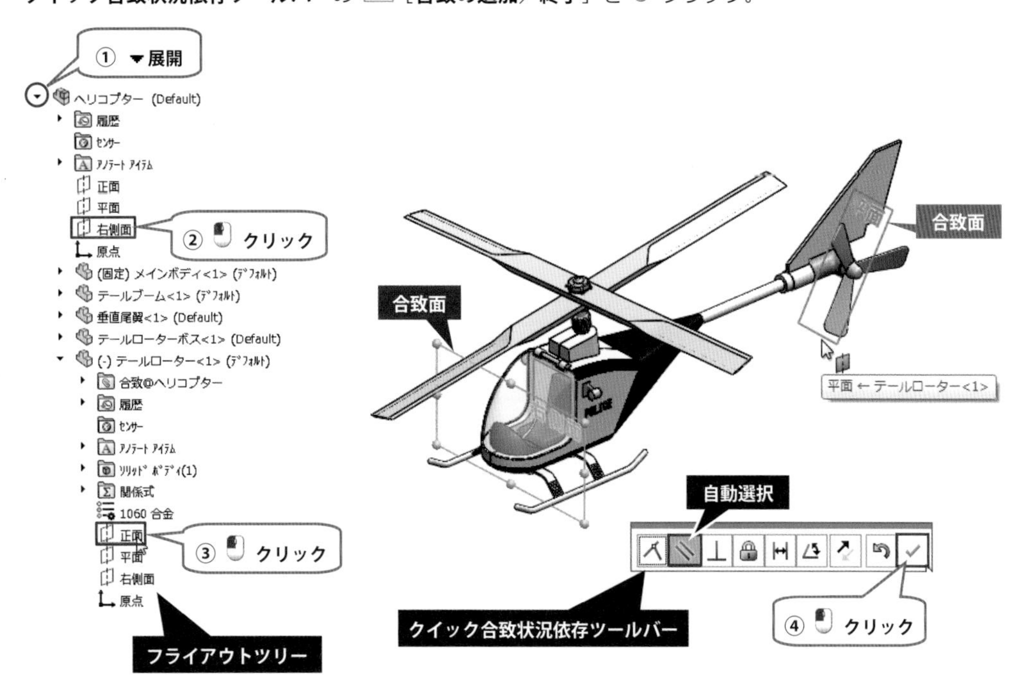

4. 《(-)テールローター》は**合致位置まで回転移動**しますが、{**合致**} フォルダーに合致は追加されません。

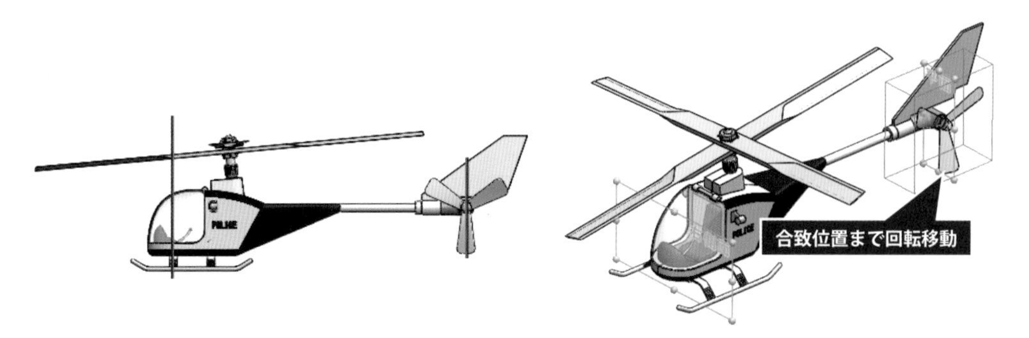

5. 続けて位置決めをします。

アセンブリの《**正面**》と《**(-)メインローターユニット**》の《**正面**》を クリック。

クイック合致状況依存ツールバーの [**合致の追加/終了**] を クリック。

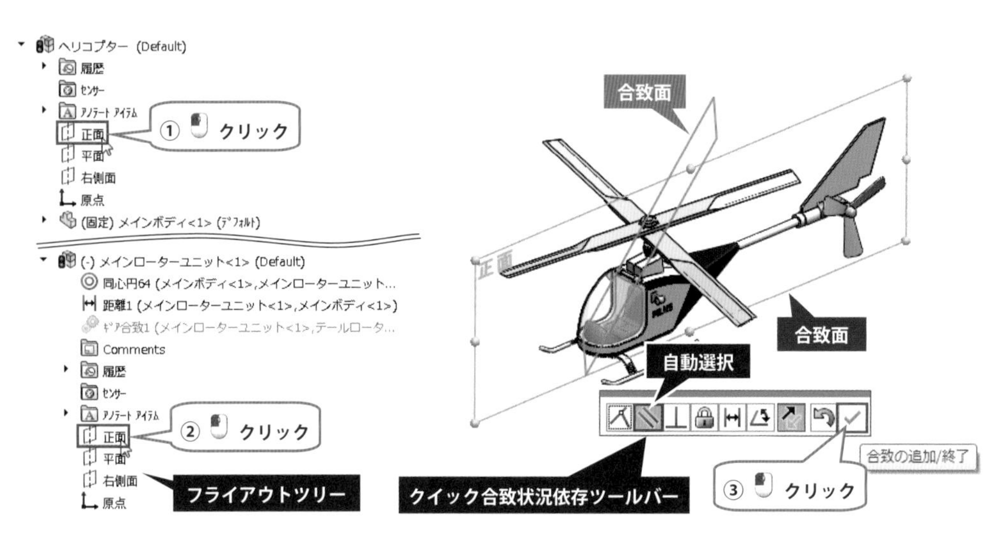

6. Property Managerまたは**確認コーナー**の [**OK**] ボタンを クリック。

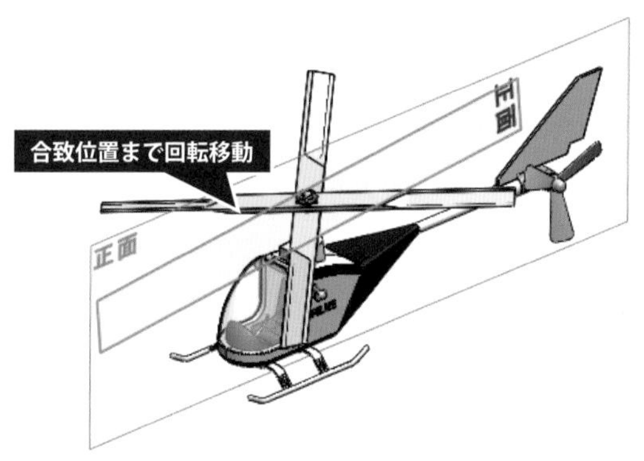

2.8.3 ギア合致の追加

《(-)テールローター》と《(-)メインローターユニット》に [**ギア**] を**追加**します。

1. Feature Manager デザインツリーの > を クリックし、「**表示パネル**」を表示させます。

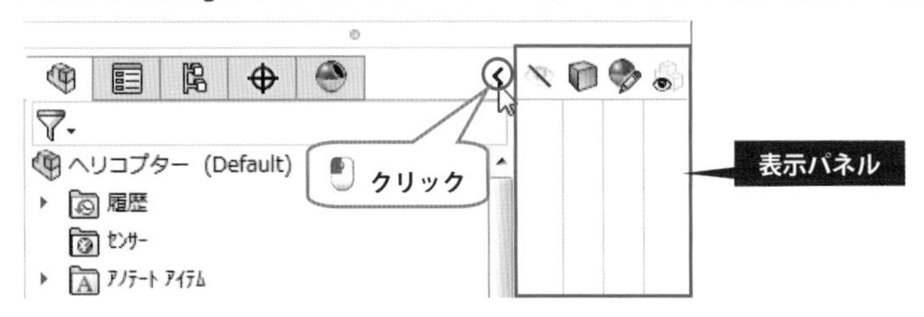

2. Feature Manager デザインツリーより《(-)**テールローター**》を▾**展開**します。
《**合致エンティティ D70**》の を クリックすると、**円（直径 70mm）が表示**されます。
この円はギアでいう**基礎円**に相当します。

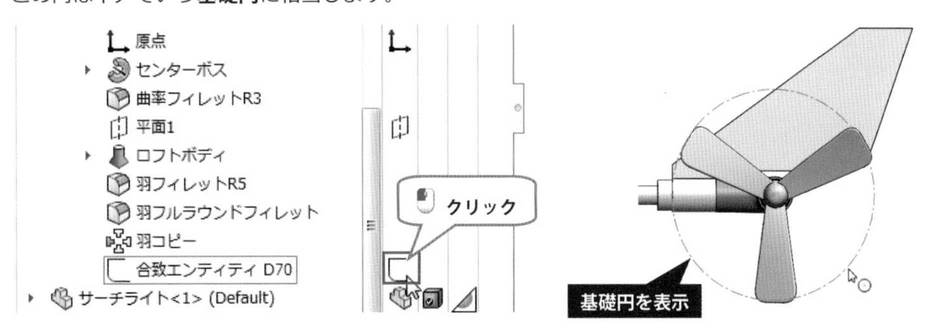

スケッチがグラフィックス領域に表示されない場合は、**ヘッズアップビューツールバー**の 横の [**アイテムを表示／非表示**] を クリックし、 [**スケッチを表示**] を クリック。

3. Feature Manager デザインツリーより《(-)**メインローターユニット**》を▾**展開**します。
《**合致エンティティ D310**》の を クリックすると、**円（直径 310mm）が表示**されます。

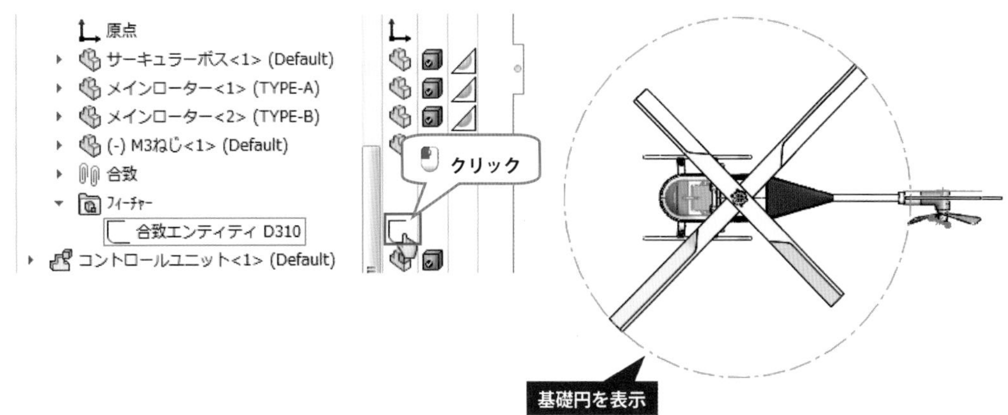

4. Command Manager または**ショートカットツールバー**より [**合致**] を クリック。

5. Property Manager の「**機械的な合致（A）**」を クリックして**展開**し、 [**ギア（G）**] を クリック。
「**合致エンティティ**」として《 **合致エンティティ D70**》と《 **合致エンティティ D310**》の **円**をグラフィックス領域より クリックして選択します。「**歯数**」には**選択した 2 つの円の直径値が表示**され、**円の直径比**が**ギア比**となります。 [**OK**] ボタンを クリック。

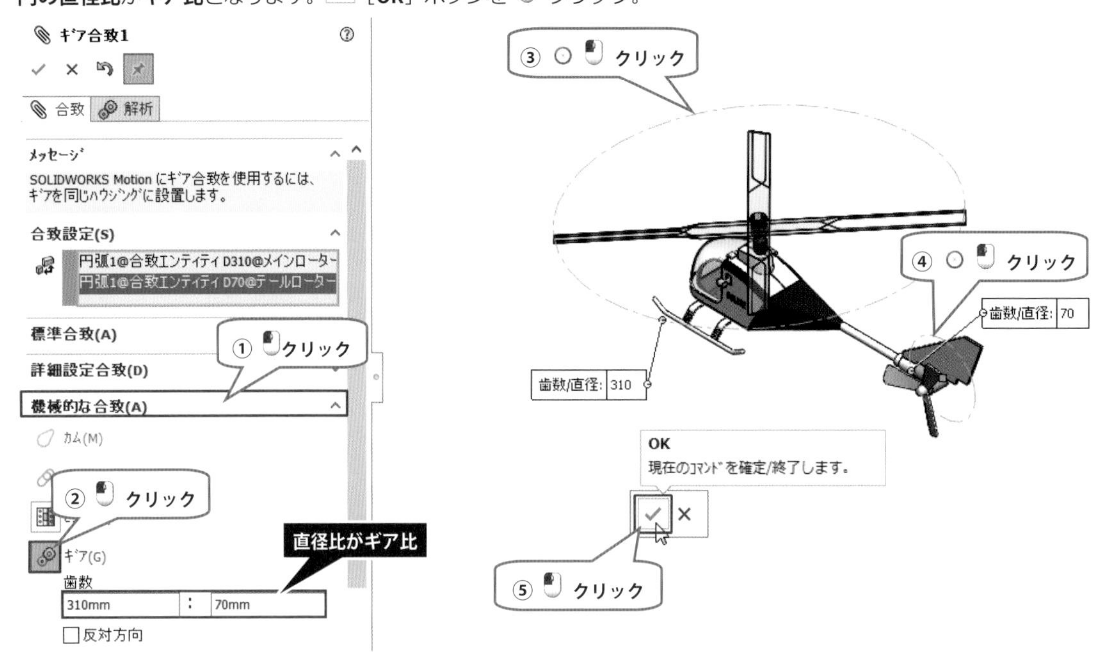

6. Property Manager または**確認コーナー**の [**OK**] ボタンを クリック。
{ **合致**} フォルダーに《 **ギア合致 1**》が**追加**されます。

7. 《 **(-)テールローター**》または《 **(-)メインローターユニット**》を ドラッグし、**ギア比に応じて回転することを確認**します。

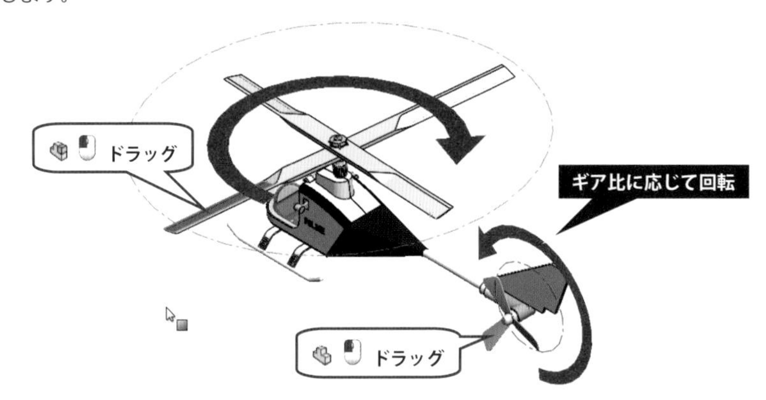

8. これでアセンブリモデル { **ヘリコプター**} の完成です。
[**保存**] をし、関連するすべてのドキュメントを閉じます。
(※完成モデルはダウンロードフォルダー { **Chapter 2**} > { **FIX**} に保存されています。)

Chapter3
アセンブリの基礎（2）

ヘリコプターのアセンブリモデルを使用して下記の機能の理解を深めます。

合致操作

- 合致の編集
- 合致の抑制／抑制解除
- 合致の削除
- 合致の表示

構成部品の編集

- アセンブリ内で編集
- 部品を開いて編集
- 所定の位置で部品を開く
- 別の部品に置き換える

構成部品の表示

- 構成部品の表示／非表示
- 構成部品の透明化
- 隔離して表示する
- 構成部品プレビューウィンドウ

最近使ったドキュメント

パック＆ゴー

3.1 合致操作

「合致の編集」「抑制／抑制解除」「削除」「表示」などの操作について説明します。

3.1.1 合致の編集

ヘリコプターモデルを開き、**既存の合致を編集**してみましょう。［**フィーチャー編集**］を使用します。

1. ダウンロードフォルダー｛**Chapter 3**｝よりアセンブリファイル｛**ヘリコプター**｝を開きます。

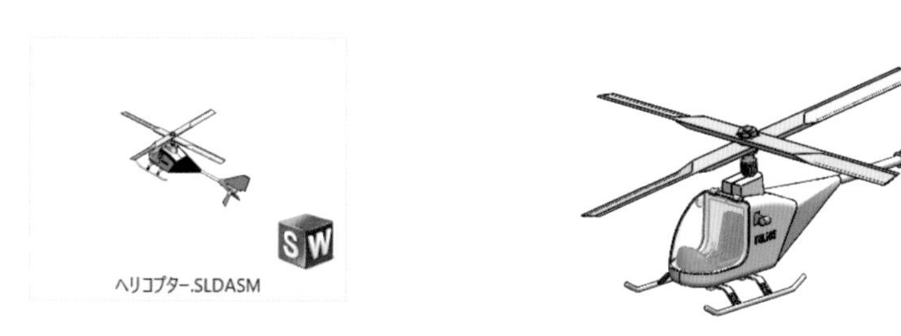

2. ｛**合致**｝フォルダーを▾**展開**します。
《**角度制限 1**》を クリックし、**コンテキストツールバー**から［**フィーチャー編集**］を クリック。

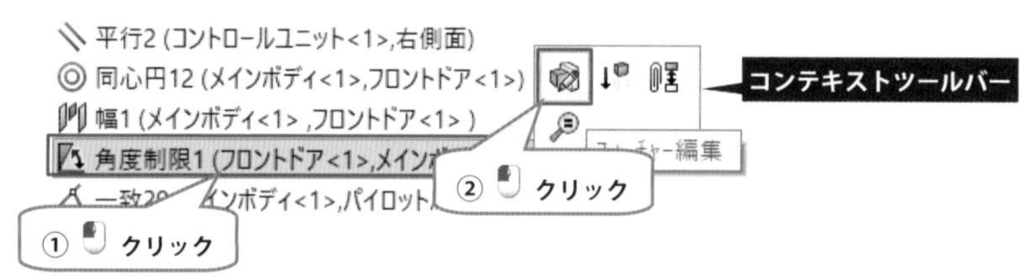

3. 「**最大値**」を＜4 5＞に**変更**し、［**OK**］ボタンを クリック。

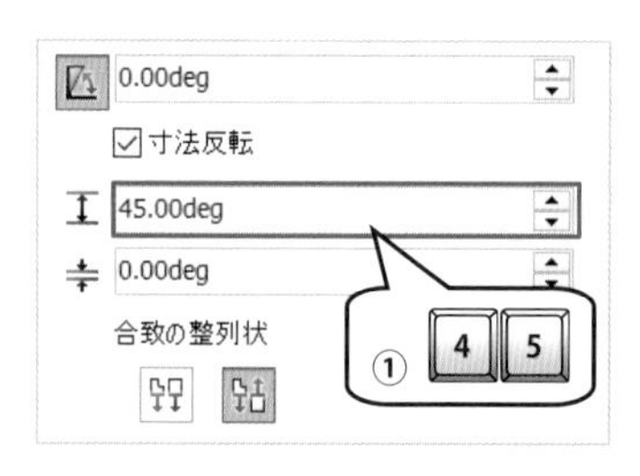

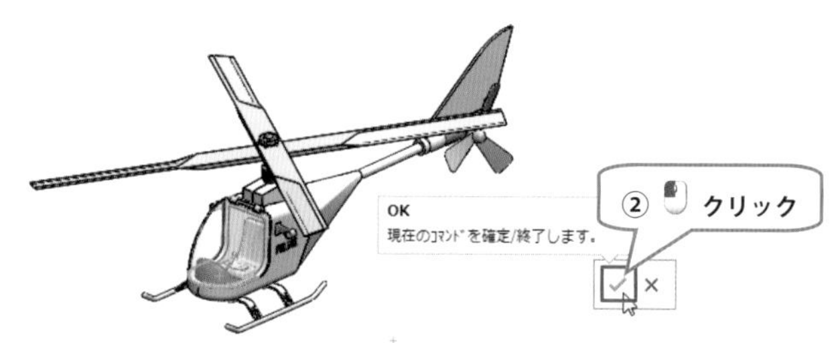

4. Property Managerまたは**確認コーナー**の［**OK**］ボタンを クリック。

5. 《**(-)フロントドア**》を ドラッグして**動きを確認**します。「**最大値**」の**45°**で止まります。

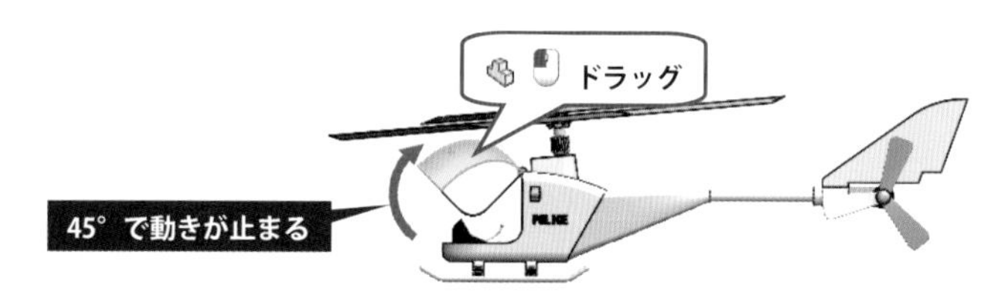

3.1.2 合致の抑制／抑制解除

合致もフィーチャーやスケッチ等と同様に「**抑制**」「**抑制解除**」ができます。

1. 《**メインローターユニット**》は**完全定義**されており、ドラッグしても回転できません。
   《**メインローター**》の**平らな面**とアセンブリの《**正面**》に［**平行**］が作成されているので、これを**抑制**します。{**合致**} フォルダーより《**平行 3**》をクリックし、**コンテキストツールバー**から［**抑制**］をクリック。

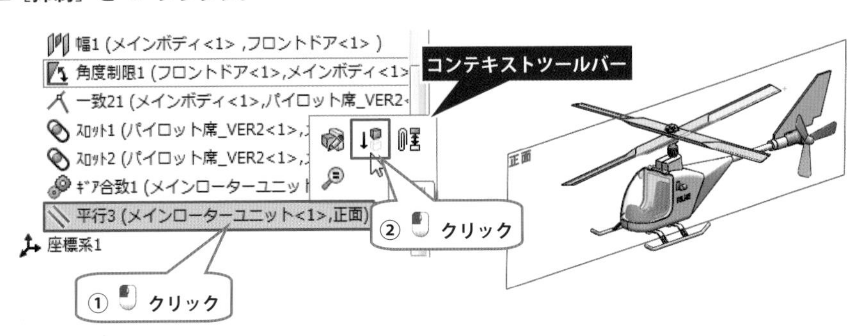

2. 《**平行 3**》を**抑制**したことで、《**メインローターユニット**》が**未定義**になります。
   《**メインローターユニット**》をドラッグすると**回転**できます。

3. **抑制解除する場合**は、**コンテキストツールバー**から［**抑制解除**］をクリック。

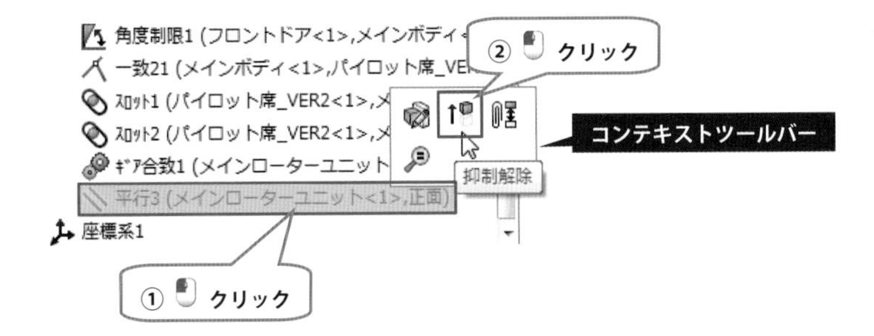

3.1.3 合致の削除

合致もフィーチャーやスケッチ等と同様に [削除] または Delete を使用して**削除**できます。

1. {**合致**} フォルダーより《**平行 3**》を 右クリックし、メニューより [**削除（G）**] を クリック。

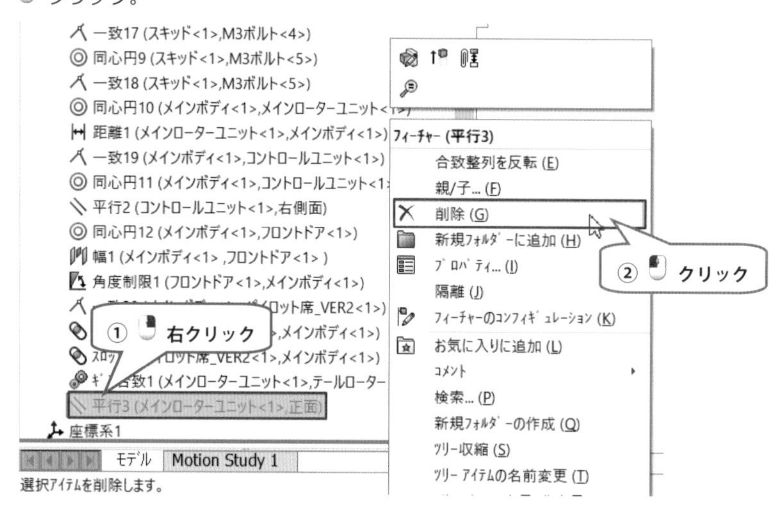

2. 『**削除確認**』ダイアログが表示されます。

   合致もフィーチャーやスケッチ同様に、合致にも**親／子関係**が存在します。

   はい(Y) を クリックすると《**平行 3**》が**削除**され、《**メインローターユニット**》が**未定義**になります。《**メインローターユニット**》を ドラッグすると**回転**できます。

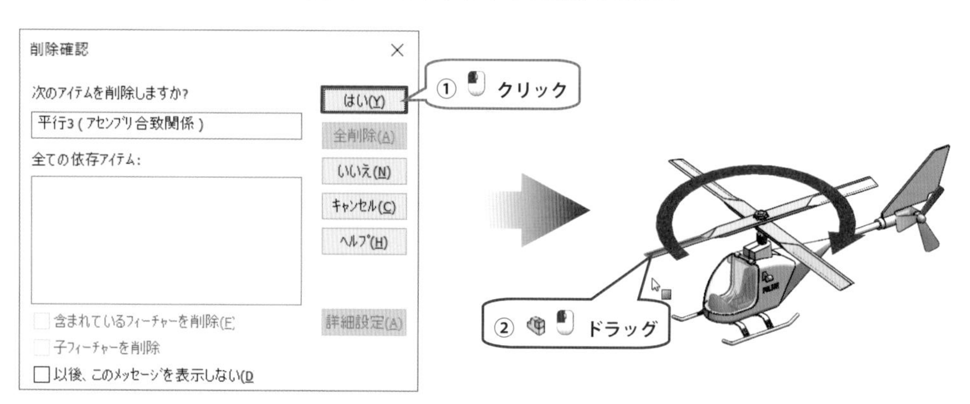

3.1.4 合致の表示

［**合致の表示**］は、構成部品に追加した**合致をリスト表示**します。

リストから合致を選択すると、グラフィックス領域に**吹き出しを表示**します。

1. Feature Manager デザインツリーから《**(固定)メインボディ**》を クリックし、
   コンテキストツールバーより［**合致の表示**］を クリック。
   階層選択リンクには、**定義した合致のアイコンが表示**されます。

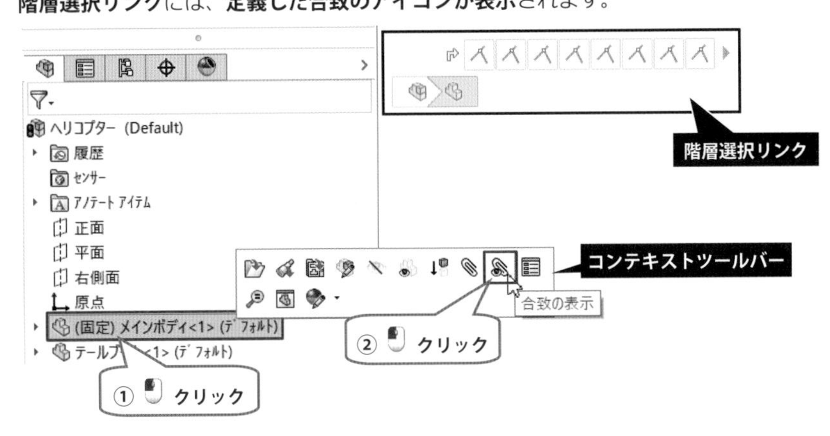

2. 『**合致表示ウィンドウ**』が表示され、**関連する合致をリスト表示**します。
   グラフィックス領域では《**(固定)メインボディ**》の**合致に関連する構成部品が透明表示**され、
   それ以外の構成部品は**非表示**になります。
   『**合致表示ウィンドウ**』から**合致**を クリックして選択すると、**合致エンティティに対する吹き出しが表示**されます。［**合致整列の反転**］、［**編集**］、［**抑制／抑制解除**］を実行できます。

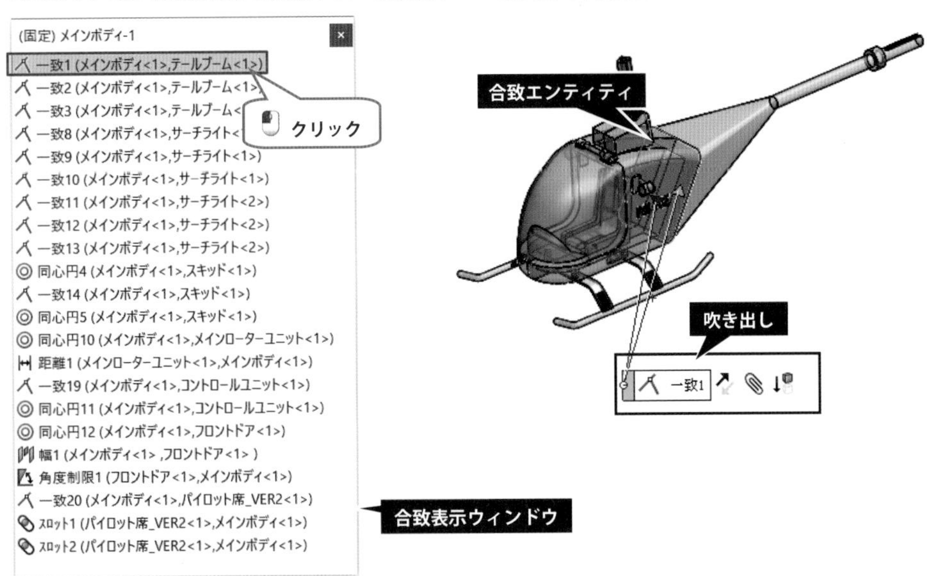

3. を クリックして『**合致表示ウィンドウ**』を閉じます。

3.2 構成部品の表示

アセンブリに挿入した**構成部品**の**表示状態**について説明します。

3.2.1 構成部品の表示／非表示

［**構成部品非表示**］は、アセンブリに挿入した構成部品をグラフィックス領域から**一時的に非表示**にします。

1. Feature Manager デザインツリーまたはグラフィックス領域から《**(-)フロントドア**》を クリックし、**コンテキストツールバー**より ［**構成部品非表示**］を クリック。

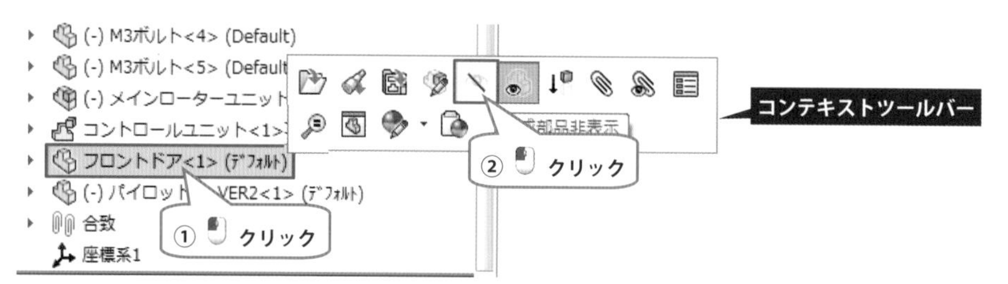

2. グラフィックス領域から《**(-)フロントドア**》が消えます。

   Feature Manager デザインツリーのアイコンが に変わり、これは**非表示**を意味しています。

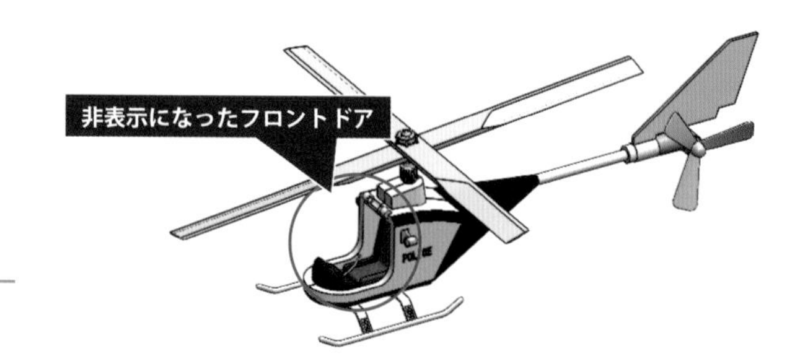

3. **非表示にした構成部品を表示**させます。

   Feature Manager デザインツリーまたはグラフィックス領域から《**(-)フロントドア**》を クリックし、**コンテキストツールバー**より ［**構成部品を表示**］を クリック。

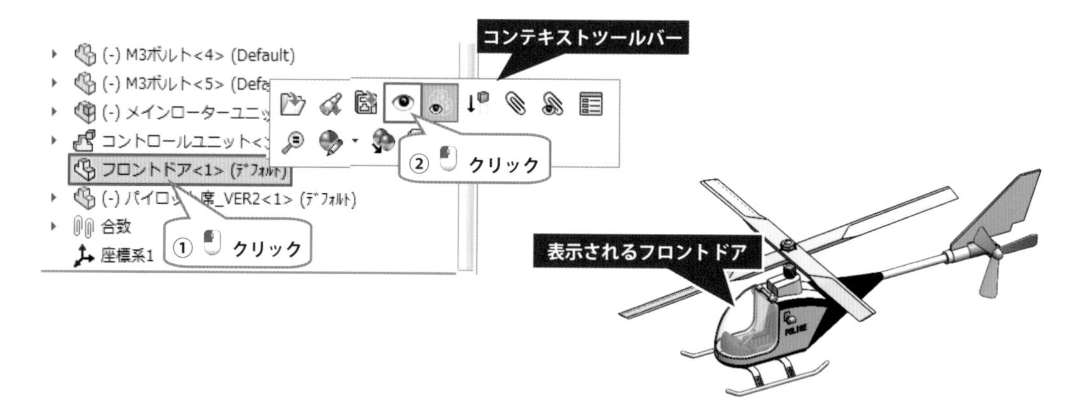

3.2.2 構成部品の透明化

［**透明度変更**］は、アセンブリに挿入した**構成部品を透明に表示**できます。

1. Feature Manager デザインツリーまたはグラフィックス領域から《**(固定)メインボディ**》を クリックし、**コンテキストツールバー**より ［**透明度変更**］を クリック。

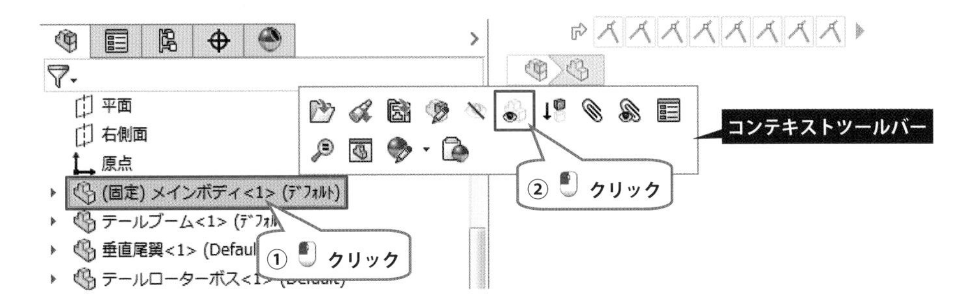

2. グラフィックス領域の《**(固定)メインボディ**》が**透明**になります。

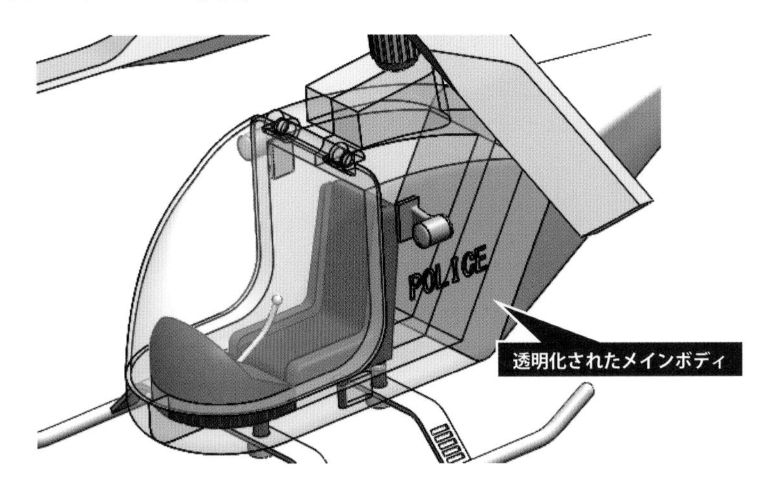

3. **透明表示を解除**します。

   Feature Manager デザインツリーまたはグラフィックス領域から《**(固定)メインボディ**》を クリックし、**コンテキストツールバー**より ［**透明度変更**］を クリック。

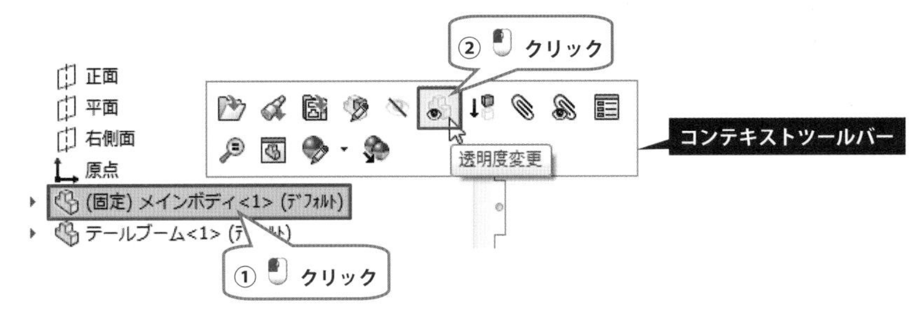

3.2.3 隔離して表示する

隔離は、選択した**構成部品以外の表示状態**を「**非表示**」「**透明表示**」「**ワイヤフレーム表示**」に**変更**します。

1. Feature Manager デザインツリーまたはグラフィックス領域から《(-)**テールローター**》を 右クリックし、メニューより［**隔離（E）**］を クリック。

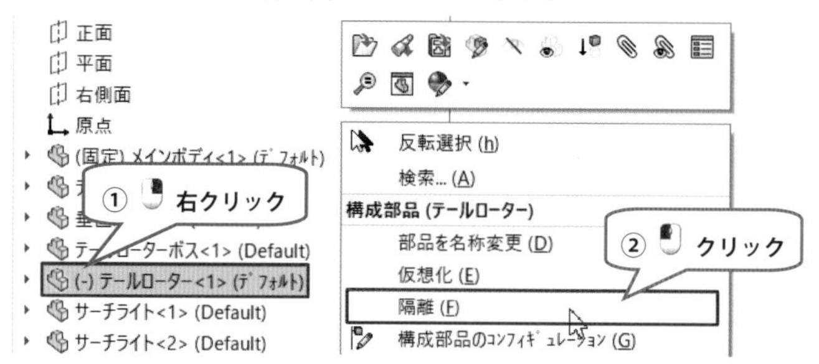

2. 《(-)**テールローター**》**以外の構成部品は非表示**になり、**隔離ツールバーが表示**されます。
   隔離された状態では、「**ズーム／回転での形状確認**」「**合致の追加**」「**計測**」などの操作が可能です。

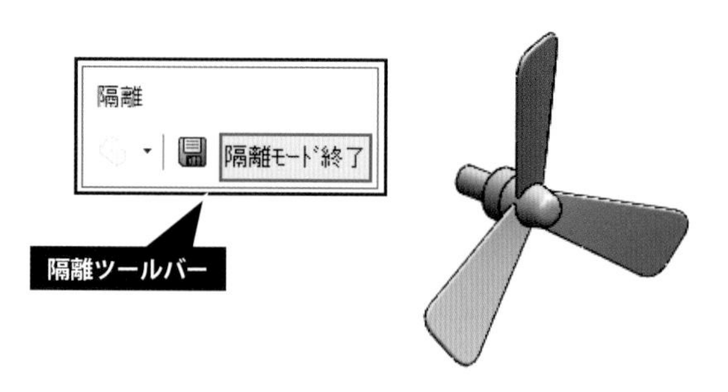

3. **隔離ツールバー**より、**ほかの構成部品の表示状態の切り替え**ができます。
   を クリックし、［**ワイヤフレーム**］、［**透明**］、［**非表示**］のいずれかを クリック。

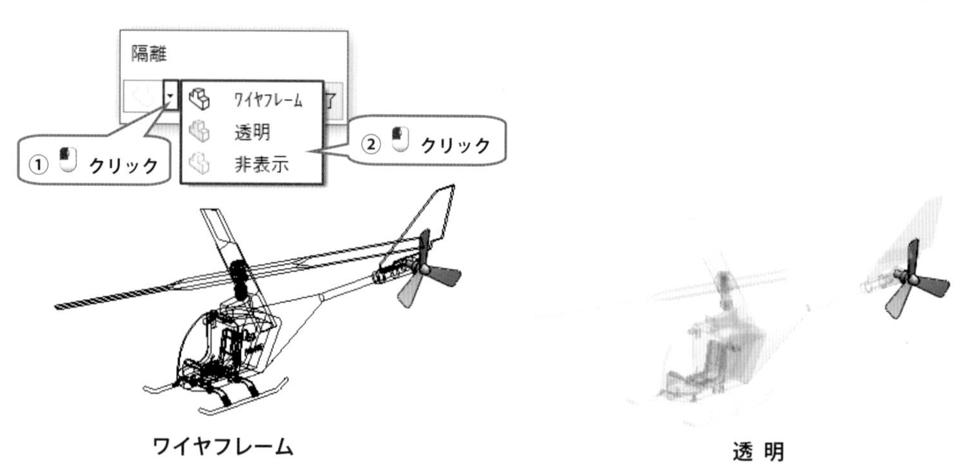

ワイヤフレーム　　透 明

4. **隔離ツールバー**の 隔離モード終了 を クリックして**隔離モードを終了**します。

3.2.4 構成部品プレビューウィンドウ

［**構成部品プレビューウィンドウ**］は、独立した**プレビュービューポート**で構成部品をプレビューできます。これは合致するアイテム（面やエッジなど）の選択を容易にします。（※SOLIDWORKS2016 以降の機能です。）

1. Feature Manager デザインツリーまたはグラフィックス領域から《**サーチライト**》をクリックし、**コンテキストツールバー**より［**構成部品プレビューウィンドウ**］をクリック。

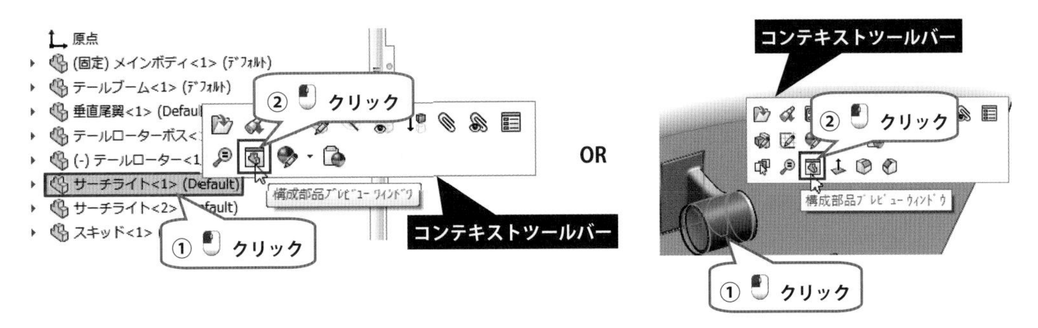

2. 《**サーチライト**》のみ**別ウィンドウに表示**され、アセンブリウィンドウと**左右に並べて表示**されます。別ウィンドウで表示された構成部品は、「**ズーム／回転での形状確認**」「**合致の追加**」などの操作が可能です。

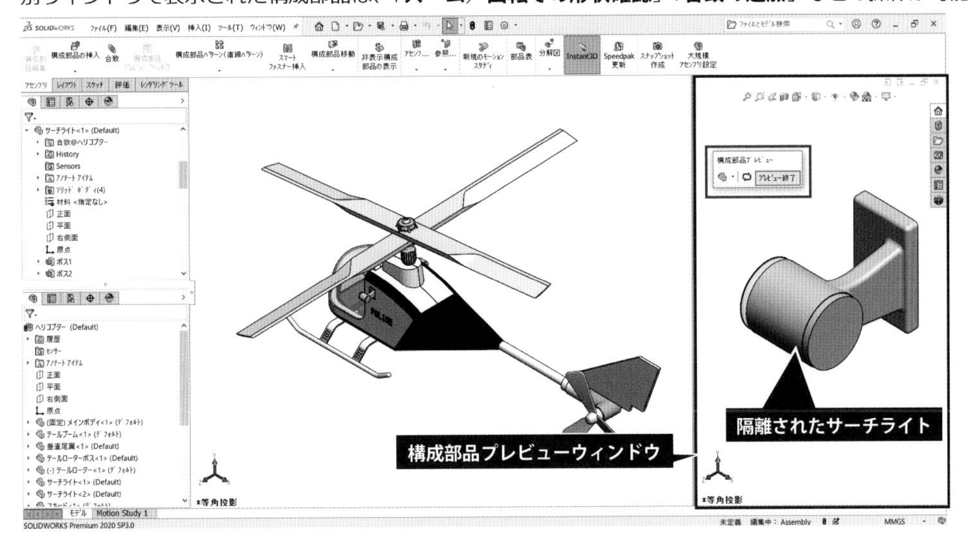

3. ［プレビュー終了］をクリックし、**構成部品プレビューウィンドウを終了**します。

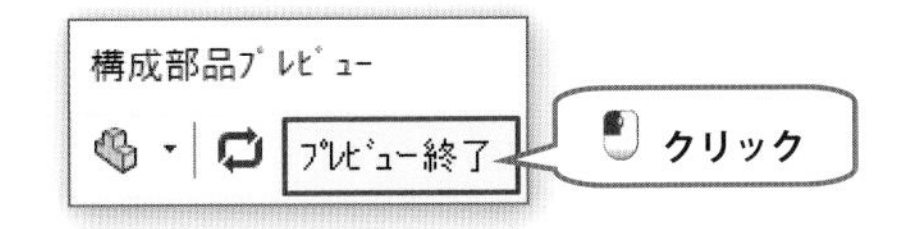

3.3 構成部品の編集

アセンブリに挿入した構成部品の編集方法について説明します。

3.3.1 アセンブリ内で編集

［**部品の編集**］は、挿入した構成部品を**アセンブリドキュメントの中で編集**します。

1. Feature Manager デザインツリーまたはグラフィックス領域より《**サーチライト**》を クリックし、**コンテキストツールバー**より ［**部品の編集**］を クリック。

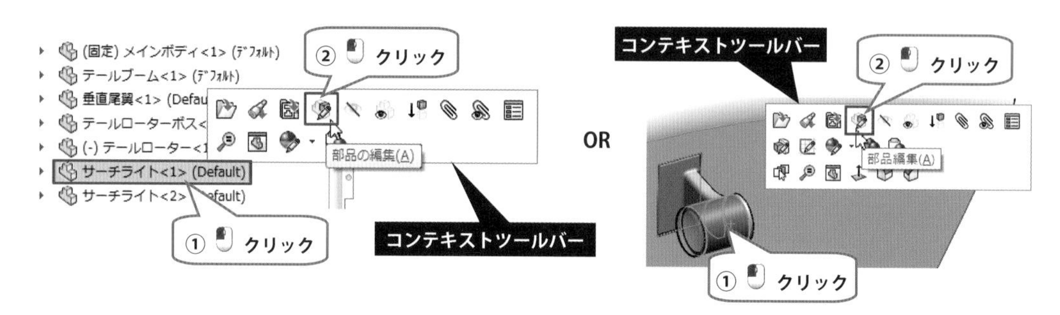

2. 《**サーチライト**》**以外の構成部品が透明**になります。

確認コーナーには ［**構成部品編集**］**が表示**され、Feature Manager デザインツリーでは**編集中の構成部品が青色のテキストで表示**されます。

下図は ［**表示スタイル**］を ［**シェイディング**］で表示しています。

3. 下図に示す 寸法を<12>に変更し、 [**再構築**]、 [**OK**] を クリック。

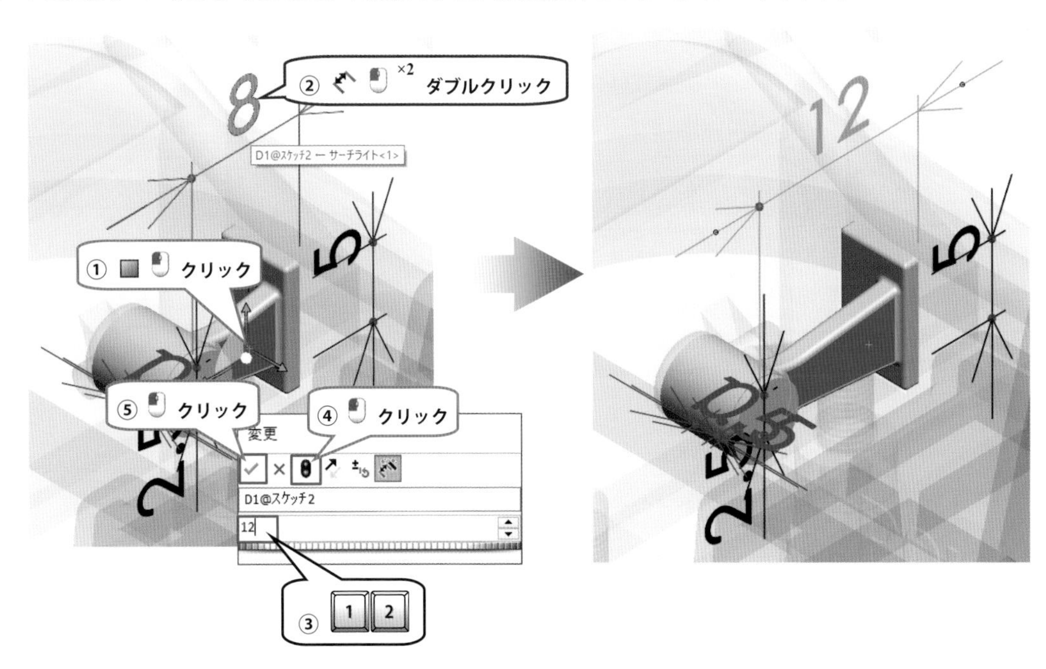

4. Command Manager の [**構成部品編集**] を クリック、または**確認コーナー**の を クリックして**部品の編集を終了**します。

編集状態が解除され、**アセンブリモデルの編集状態**に戻ります。

反対側の《**サーチライト**》も**更新**されます。

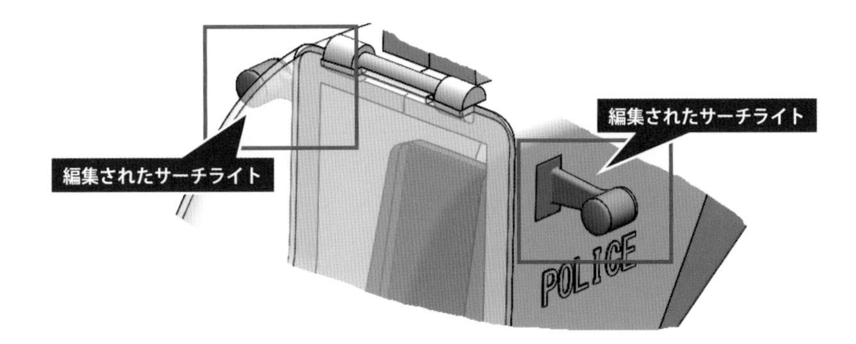

3.3.2 部品を開いて編集

［**部品を開く**］は、アセンブリで選択した**構成部品を別ウィンドウで開きます**。

1. Feature Manager デザインツリーまたはグラフィックス領域より《**垂直尾翼**》を クリックし、**コンテキストツールバー**より ［**部品を開く**］を クリック。

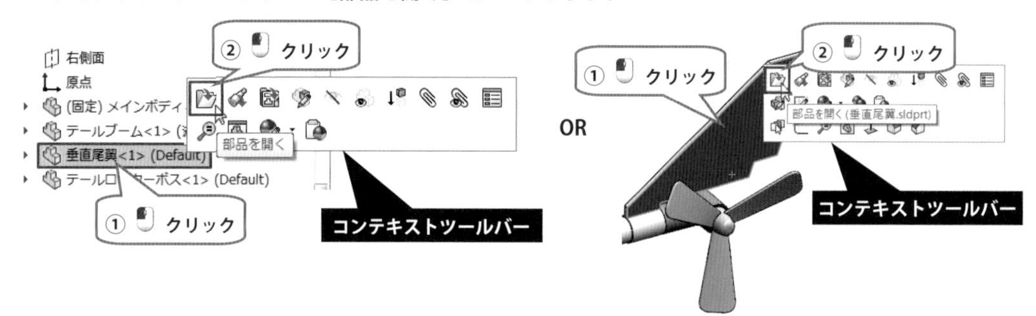

2. 部品ファイル｛**垂直尾翼**｝を**別ウィンドウ**で開きます。
下図に示す**エッジ**に ［**固定サイズフィレット**］で**半径**<5 0>の**フィレット**を**追加**します。

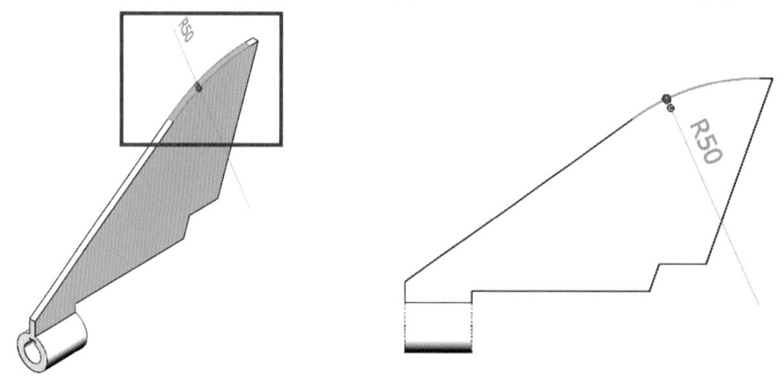

3. ［**保存**］にて**上書き保存**し、｛**垂直尾翼**｝を ［**クローズボックス**］を クリックして閉じます。

4. **メッセージボックス**が表示されるので はい(Y) を クリックすると、**変更**が**適用**されます。
表示されなかった場合は、［**再構築**］を クリック。

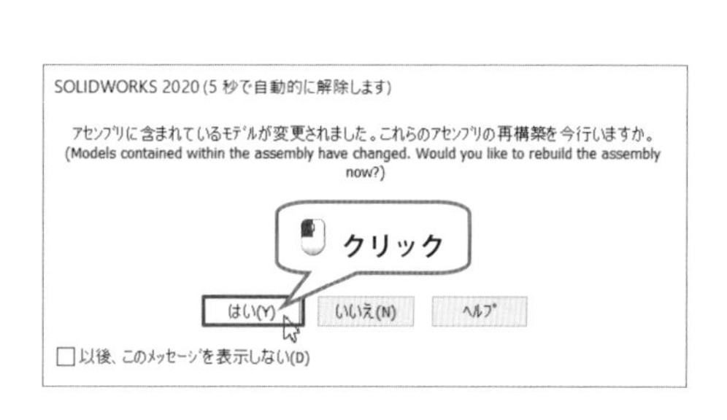

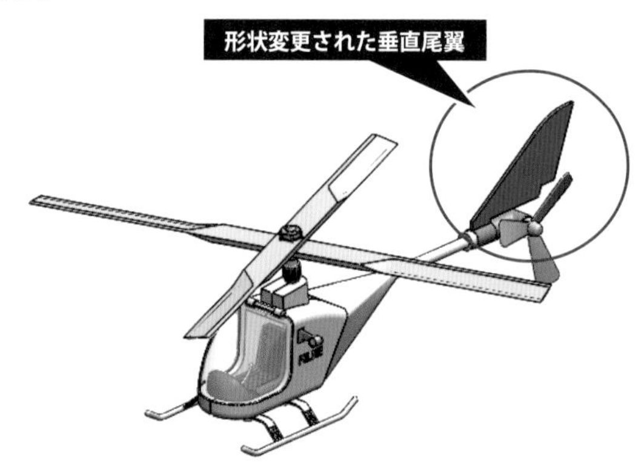

3.3.3　所定の位置で部品を開く

［**所定の位置でサブアセンブリを開く**］は、アセンブリや図面から部品やサブアセンブリを開く際、**アセンブリや図面のビューで表示されている表示方向**で開きます。（※SOLIDWORKS2015 以降の機能です。）

1. Feature Manager デザインツリーより《**(-)メインローターユニット**》をクリックし、**コンテキストツールバー**より［**所定の位置でサブアセンブリを開く**］をクリック。
   部品の場合は、［**所定の位置で部品を開く**］になります。

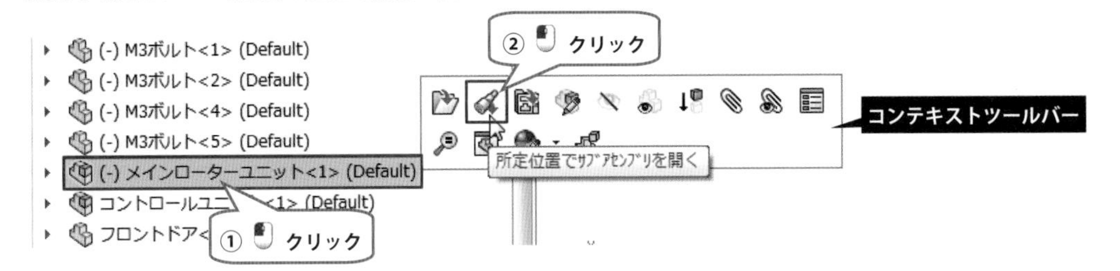

2. ｛**メインローターユニット**｝を**アセンブリと同じ表示方向**で開きます。

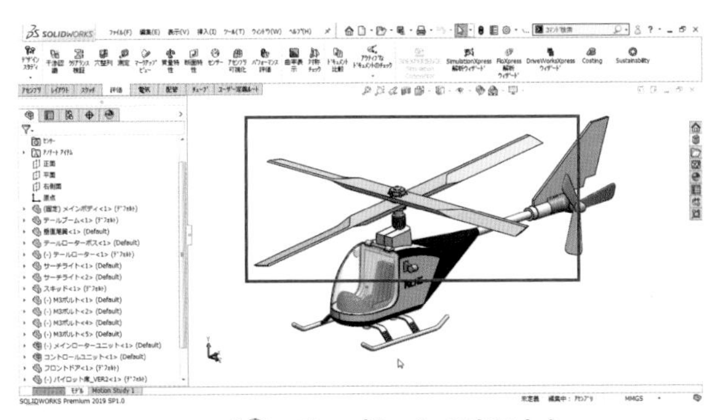

｛ヘリコプター｝の表示方向

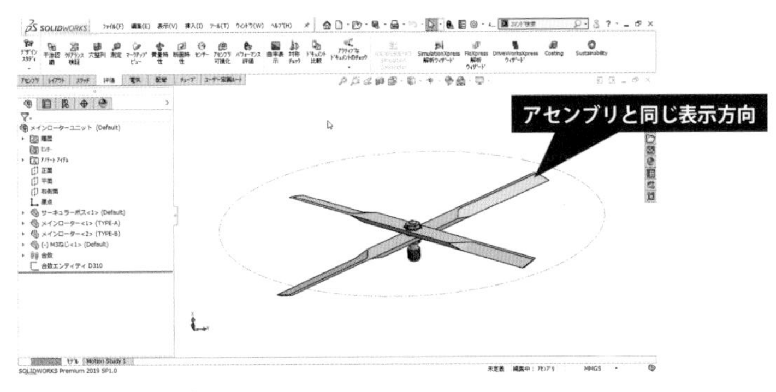

｛メインローターユニット｝の表示方向

3. 今回は編集作業しないので、｛**メインローターユニット**｝を［**クローズボックス**］をクリックして閉じます。

3.3.4 別の部品に置き換える

[構成部品の置き換え] は、**アセンブリに挿入して合致した構成部品をほかの部品に置き換え**ます。

1. Feature Manager デザインツリーより《**(-)パイロット席_VER2**》を 右クリックし、**メニュー最下部**にある を クリック。

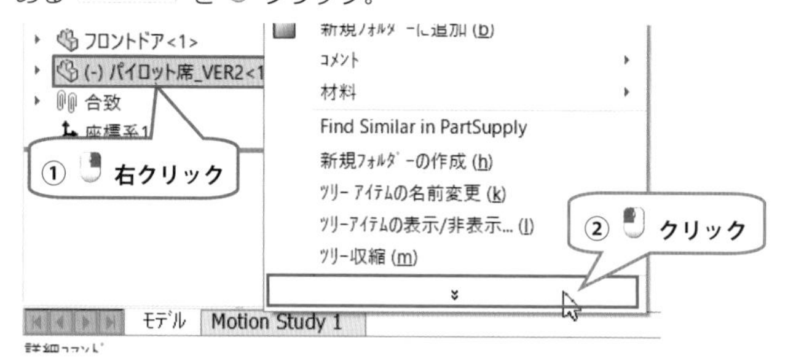

2. メニューより [**構成部品の置き換え (Z)**] を クリック。(※SOLIDWORKS2010／2011 は [**置き換え**] です。)

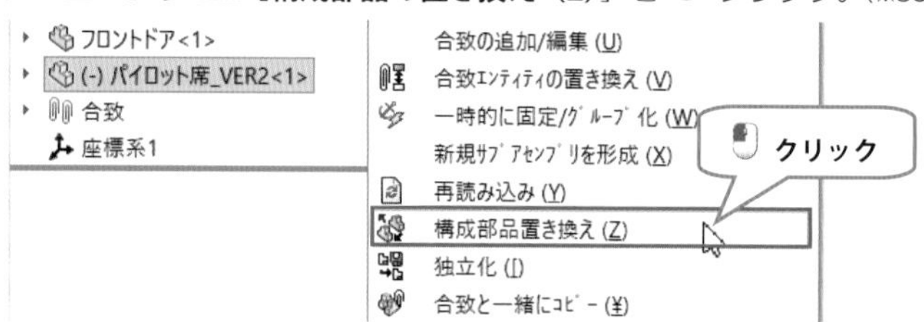

3. Property Manager に「**置き換え**」が表示されます。
「**次の構成部品の置き換え**」には {**パイロット席_VER2**} が選択されているので、これを別の部品に置き換えます。 参照(B) を クリックすると『**開く**』ダイアログが表示されるので、ダウンロードフォルダー {**Chapter 3**} より部品ファイル {**パイロット席_VER3**} を選択して 開く ▼ を クリック。

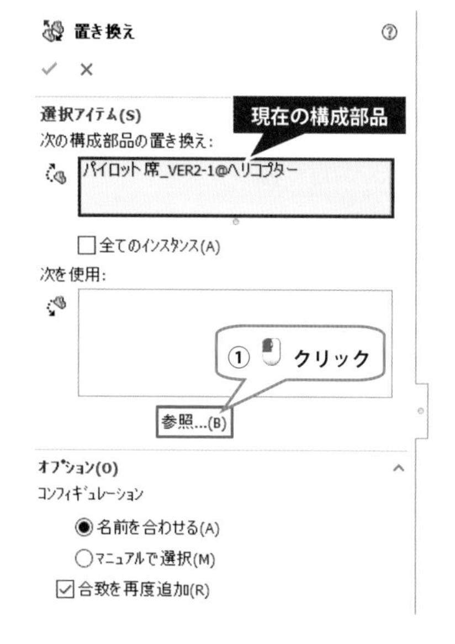

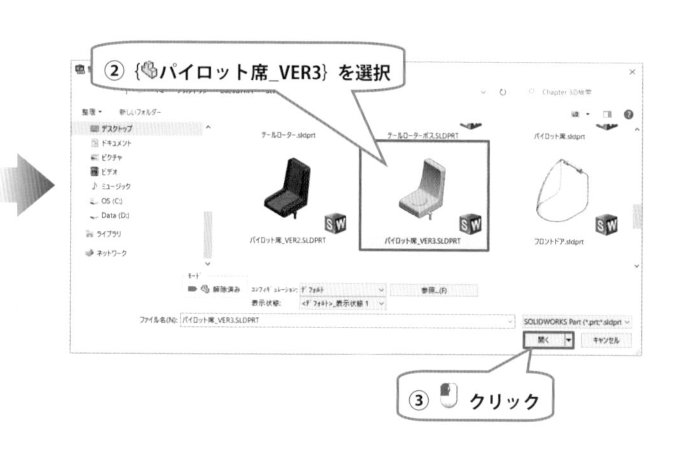

4. Property Manager または**確認コーナー**より ✓ [**OK**] ボタンを クリック。

5. Property Manager に「**合致エンティティ**」が表示されます。
「**合致エンティティ (E)**」のリストには**3 つの合致が表示**されており、それぞれ✓**マークが表示**されています。これは**置き換えた構成部品の合致に問題がない**ことを意味しています。

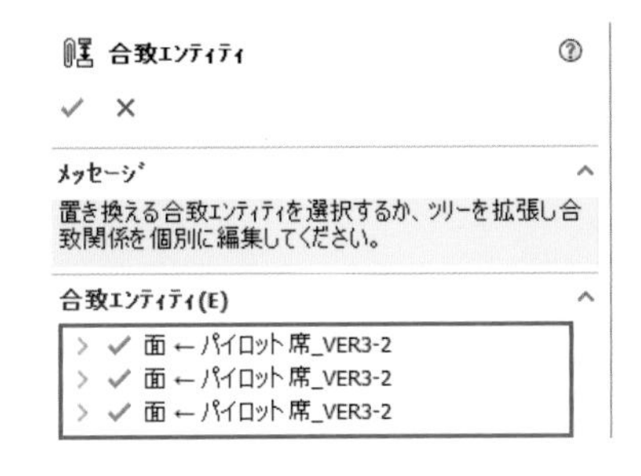

構成部品のモデリング手法が大きく違う場合には、合致エンティティの置き換えに問題が発生する可能性が高くなります。
このような場合には合致を削除して再定義する、または合致を編集する必要があります。

6. 「**合致エンティティ (E)**」の「✓**面**」にある > を クリックして**展開**すると、[**一致**] と**2つの** [**スロット**] を使用していることが確認できます。
[**一致**] を クリックすると、**ツールバーが表示**されます。

ツールバーの 隔離 を クリックすると、**メニューを表示**します。

- [**選択エンティティ**] は**構成部品のみを表示**し、合致エンティティがハイライトします。
- [**エンティティと合致部品**] は**合致に関連する構成部品を表示**し、合致エンティティがハイライトします。
- [**アセンブリ全体**] は**すべての構成部品を表示**し、合致エンティティがハイライトします。

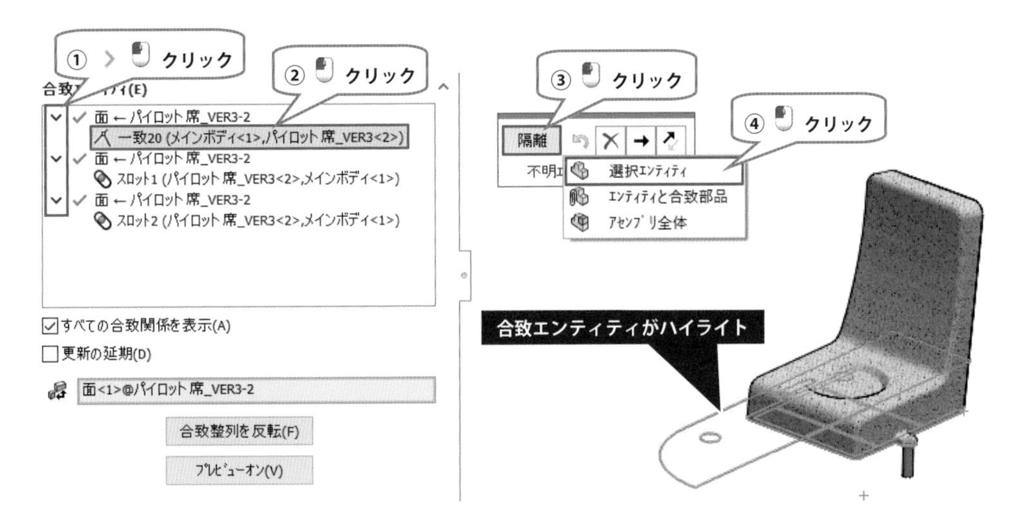

7. Property Manager または**確認コーナー**より ✓ [**OK**] ボタンを クリック。

8. [**保存**] にて**上書き保存**します。

（※完成モデルはダウンロードフォルダー { **Chapter 3**} ＞ { **FIX**} に保存されています。）

3.4 最近使ったドキュメント

SOLIDWORKS では、最近開いたドキュメントと現在開いているドキュメントのリストが保持されます。

これらのドキュメントは、ショートカット R す を押すと『**ようこそ - SOLIDWORKS**』ダイアログに**サムネイル画像として表示**します。

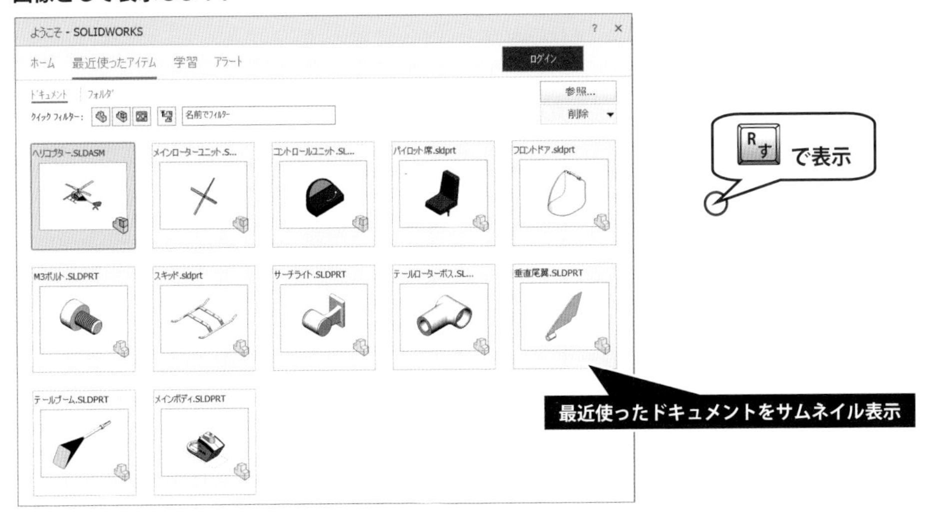

サムネイル画像を固定

サムネイル画像の表示を固定する場合は、**サムネイル画像のピン**「」を クリックする、

または **サムネイル画像**を 右クリックして表示されるメニューより［**ピン止め（P）**］を クリック。

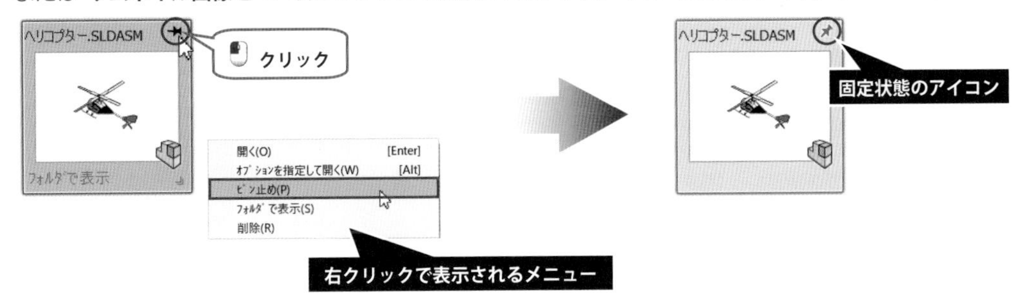

フォルダで表示

サムネイル画像の <u>**フォルダで表示**</u> を クリックすると、**Windows エクスプローラ**でドキュメントの**保存フォルダー**を開きます。

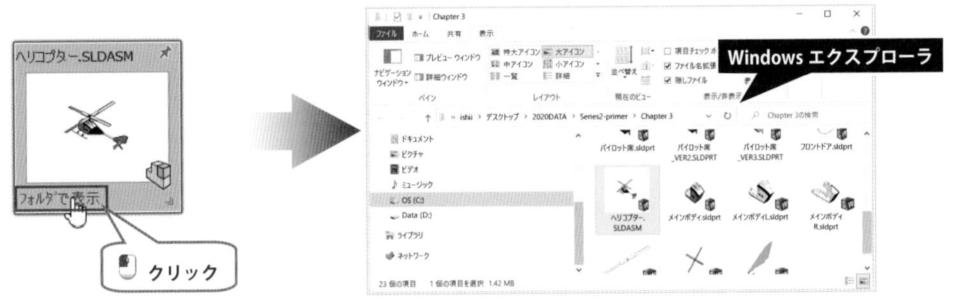

3.5 パック&ゴー

パック&ゴーは、**アセンブリモデルで使用するすべてのドキュメント**（部品、アセンブリ、図面、テーブル、外観、SOLIDWORKS Simulation の結果など）を**1つのフォルダー**、または**ZIP ファイルにまとめる機能**です。

1. **メニューバー**の［**ファイル（F）**］>［**Pack and Go（K）**］を クリック。

2. 『**Pack and Go**』ダイアログに**関連するドキュメントの名前、フォルダー、種類などが表示**されます。
   「**保存先 ZIP ファイル（Z）**」を◉選択し、**参照(W)** を クリックして**保存先フォルダーを選択**します。
   保存(S) を クリックすると、**選択したフォルダーに ZIP ファイルが作成**されます。

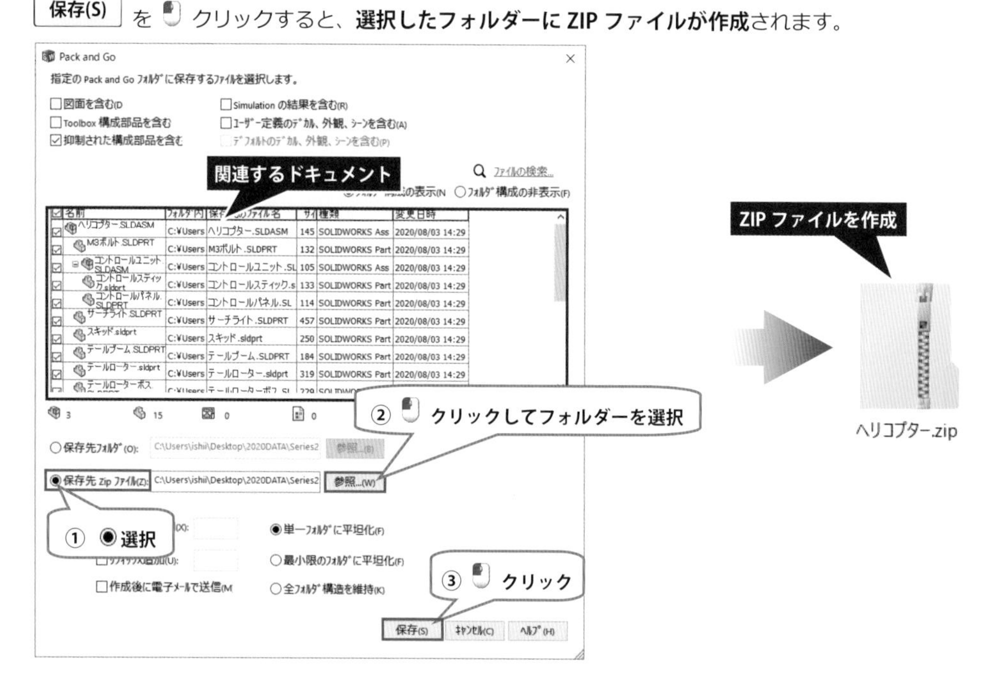

3. ［**保存**］にて**上書き保存**し、関連するすべてのファイルを閉じます。

POINT プレフィックスとサフィックス

プレフィックスは**ファイル名の先頭**、**サフィックス**は**ファイル名の末尾に追加する文字**のことです。SOLIDWORKS では、**同じ名前の部品やアセンブリがあるとリンク関係に問題が発生**します。これを防ぐために、パック&ゴーで保存するときは、プレフィックスまたはサフィックスどちらかを使用して文字を追加しておきましょう。「**プレフィックス追加（X）**」または「**サフィックス追加（U）**」をチェック ON（☑）にし、**入力ボックス**に**文字**を **入力**します。

ﾌﾟﾚﾌｨｯｸｽ追加(X):
ｻﾌｨｯｸｽ追加(U): Ver1.0_
① チェック ON ☑
② 入力
M3ねじVer1.0_.SLDPRT
M3ボルトVer1.0_.SLDPRT
コントロールスティックVer1.0_.sldprt
コントロールパネルVer1.0_.SLDPRT
コントロールユニットVer1.0_.SLDASM
ファイル名に文字を追加

Chapter4
アセンブリ機能

ヘリコプターのアセンブリモデルを使用して下記の機能の理解を深めます。

アセンブリの解析

- アセンブリの質量特性
- 干渉認識
- クリアランス検証
- 衝突検知

分解図

- 分解図の作成
- 分解と分解解除
- 分解図の編集
- 分解／分解解除のアニメーション

分解ライン

- スマート分解ライン
- スマート分解ラインの解除
- 分解ラインの削除
- 分解ラインスケッチ

アセンブリの部品表

- 部品表の挿入
- 新規ウィンドウでテーブル表示
- 部品表の編集

3D PDF

- 3D PDF 出力
- 回転、拡大／縮小、画面移動
- 3D ものさしツール
- 初期ビューの表示
- ビューの管理
- 投影法の切り替え
- レンダリングモードの切り替え
- 照明のタイプの切り替え
- クロスセクションの切り替え（断面表示）

eDrawings

- eDrawings 作成
- eDrawings ユーザーインターフェース
- eDrawings の画面操作
- アニメーション
- 断面表示
- eDrawings 実行可能ファイル

アセンブリを部品として保存

レンダリング（PhotoView 360）

- 部品からアセンブリ作成
- PhotoView 360 基本操作

4.1 アセンブリの解析

アセンブリの解析機能である「**質量特性**」「**干渉認識**」「**クリアランス検証**」「**衝突検知**」について説明します。

4.1.1 アセンブリの質量特性

部品と同様に 3D モデルのプロパティは [**質量特性**] で**確認**できます。

ヘリコプターのアセンブリモデルを開き、**質量**と**重心**を確認してみましょう。

1. ダウンロードフォルダー {**Chapter 4**} よりアセンブリファイル {**ヘリコプター**} を開きます。

2. Command Manager【**評価**】タブより [**質量特性**] を クリック。

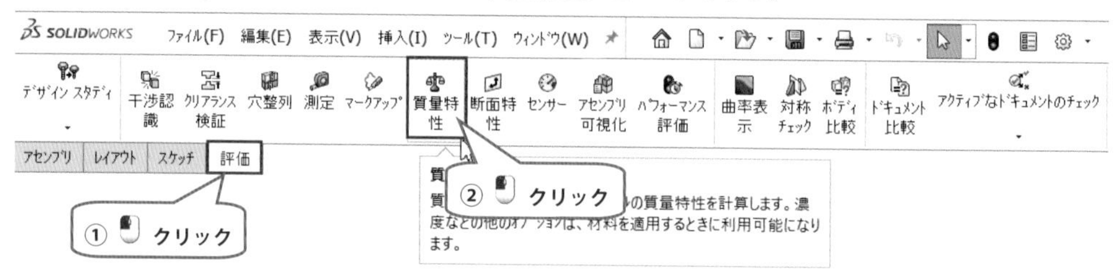

3. **計算結果**が『**質量特性**』ダイアログに表示されます。
「**次に関連する出力座標系をレポート**」より [**座標系 1**] を選択すると、**重心**や**慣性モーメント**は [**座標系 1**] を基に計算されます。

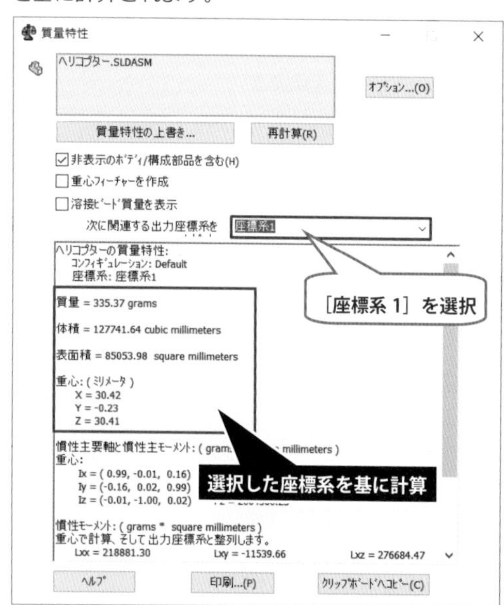

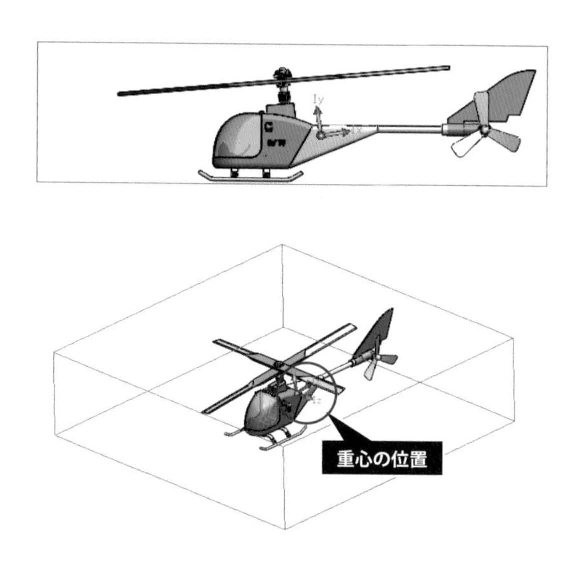

4. を クリックして『**質量特性**』ダイアログを閉じます。

4.1.2 干渉認識

[干渉認識] は、**静止した構成部品間で干渉がないかをチェック**します。

1. Command Manager **【評価】** タブより [**干渉認識**] を クリック。

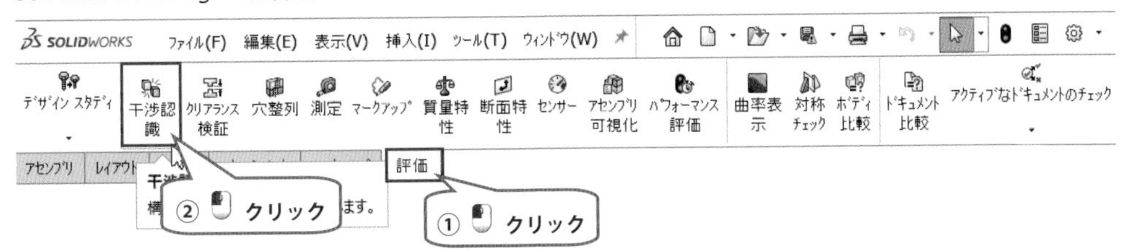

2. Property Manager に「**干渉認識**」が表示されます。

   デフォルトでは**すべての構成部品**が**計算対象**です。 計算(C) を クリック。

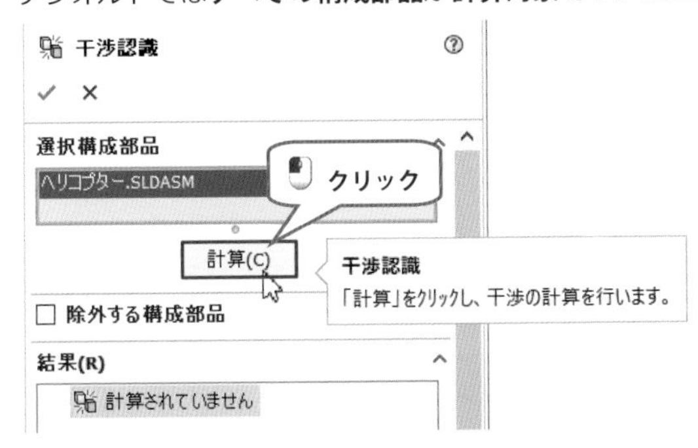

3. **干渉チェック**が実行され、**干渉がある場合**は「**結果（R）**」に**干渉箇所をリスト表示**します。

   [**干渉 1**] の > を クリックして**展開**すると、**干渉している構成部品を表示**します。

   干渉部分をグラフィックス領域に**赤色で表示**します。

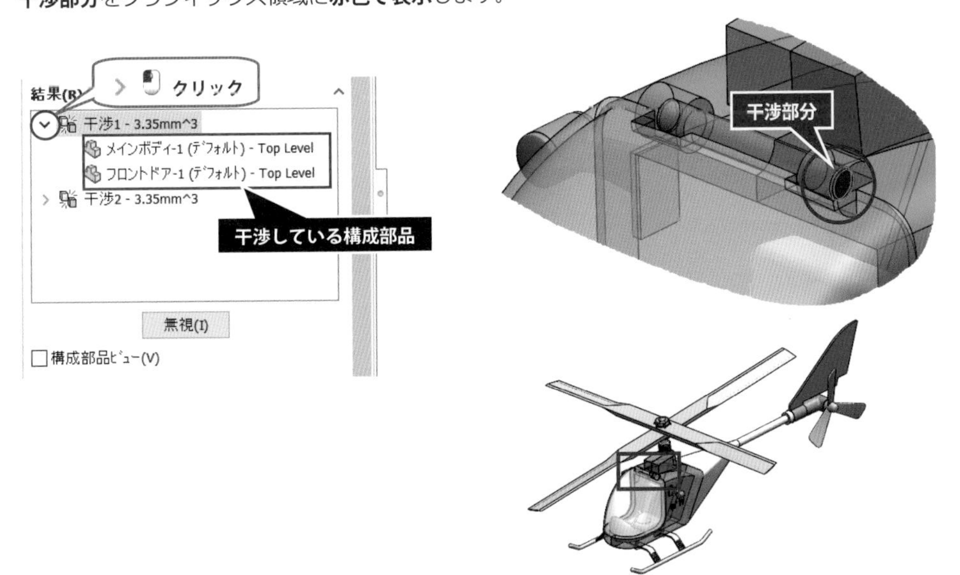

4. Property Manager または**確認コーナー**より [**OK**] ボタンを クリック。

5. **部品を編集**し、**干渉を回避**します。

《(-)**フロントドア**》の下図の**円筒面**を ×2 ダブルクリックして **寸法を表示**させます。

（※円筒面を ×2 ダブルクリックできない場合は、周辺の構成部品を非表示にしてください。）

長さ寸法<**22**>を ×2 ダブルクリック。

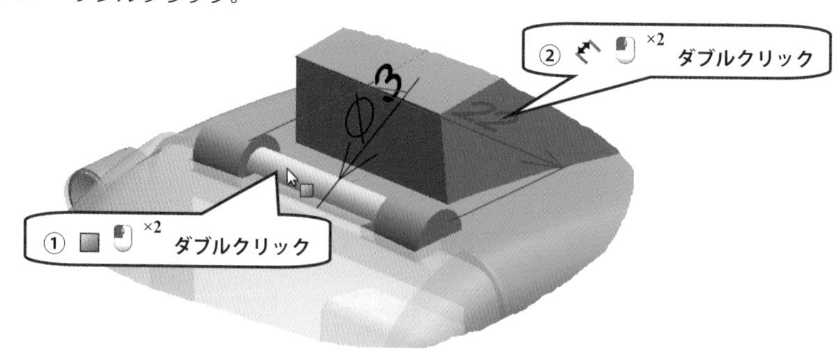

6. **寸法**を<18>に**変更**し、[**再構築**]、[**OK**] を クリック。

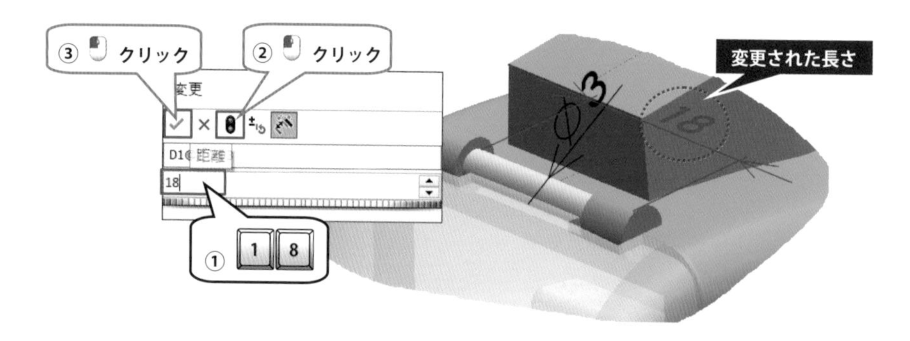

7. 再度、Command Manager【**評価**】タブより、[**干渉認識**] を クリック。

8. **計算(C)** を クリックすると、「**結果（R）**」に「**干渉部分なし**」が表示されます。

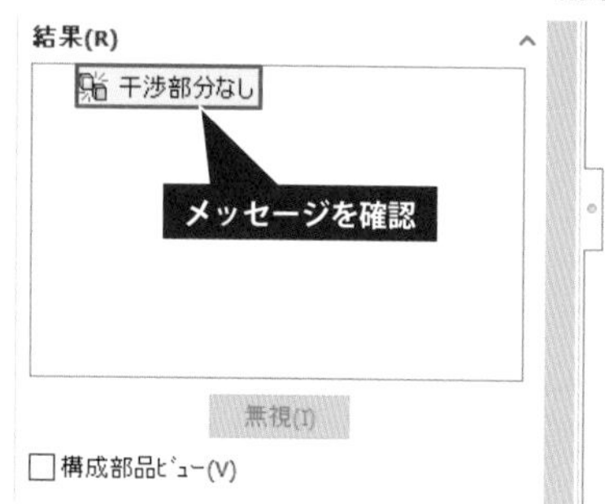

9. Property Manager または**確認コーナー**より [**OK**] ボタンを クリック。

4.1.3 クリアランス検証

[**クリアランス検証**] は、アセンブリ内の選択された**構成部品間のクリアランスを検証**できます。
構成部品間の**最小距離**をチェックし、設定した最小クリアランスに満たないクリアランスを**レポート**します。
選択された構成部品間のみをチェック、選択された構成部品と残りのアセンブリとの間のクリアランスがチェックできます。

1. 《**(-)フロントドア**》を ドラッグして**上限**まで**持ち上げ**ます。

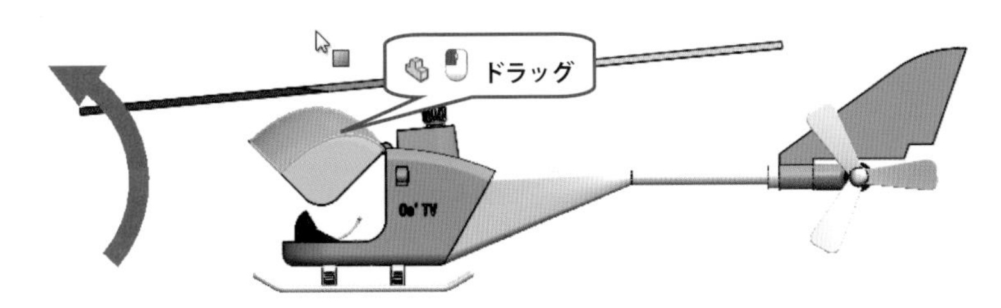

2. Command Manager【**評価**】タブより [**クリアランス検証**] を クリック。

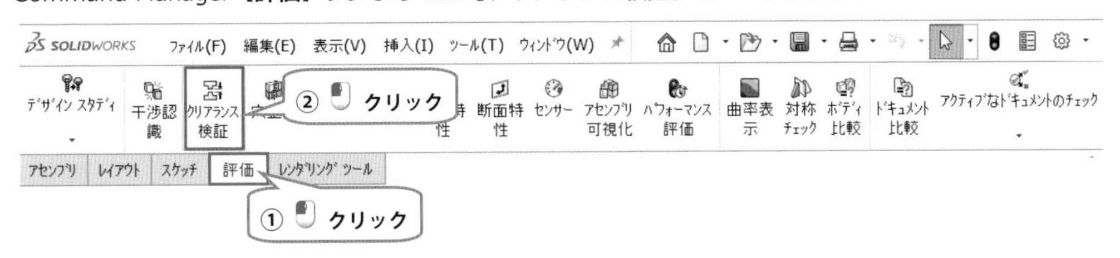

3. Property Manager に「**クリアランス検証**」が表示されます。
   「**次のアイテム間のクリアランスをチェック**」は「**選択アイテム**」を◉選択します。
   グラフィックス領域より《**(-)フロントドア**》と《**メインローター**》を クリック。
   「**最小許容クリアランス値**」に<1 0>と入力し、**計算(C)** を クリック。

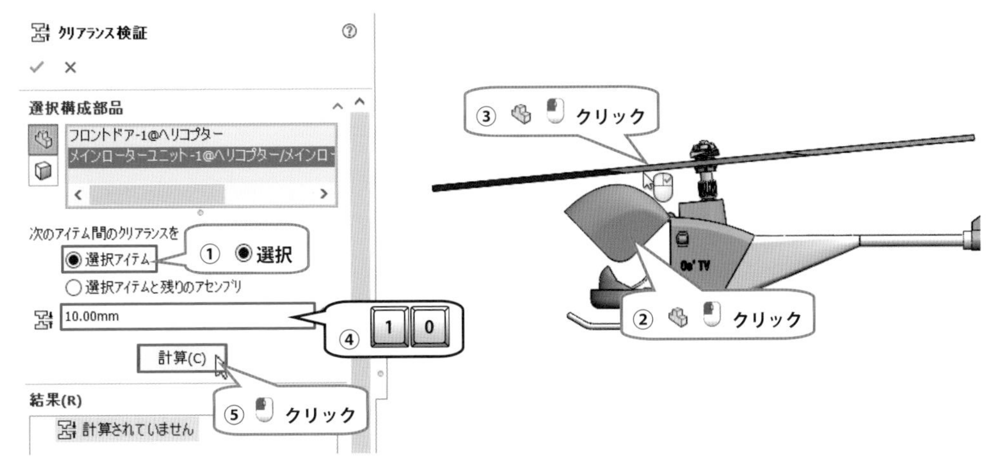

4. 「**最小許容クリアランス値**」に設定した数値「**10mm**」以下のクリアランスがある場合、「**結果（R）**」にその箇所をリスト表示し、グラフィックス領域に**クリアランス寸法を表示**します。
「**結果（R）**」の > を クリックして**展開**すると、クリアランスに関連する**構成部品を表示**します。

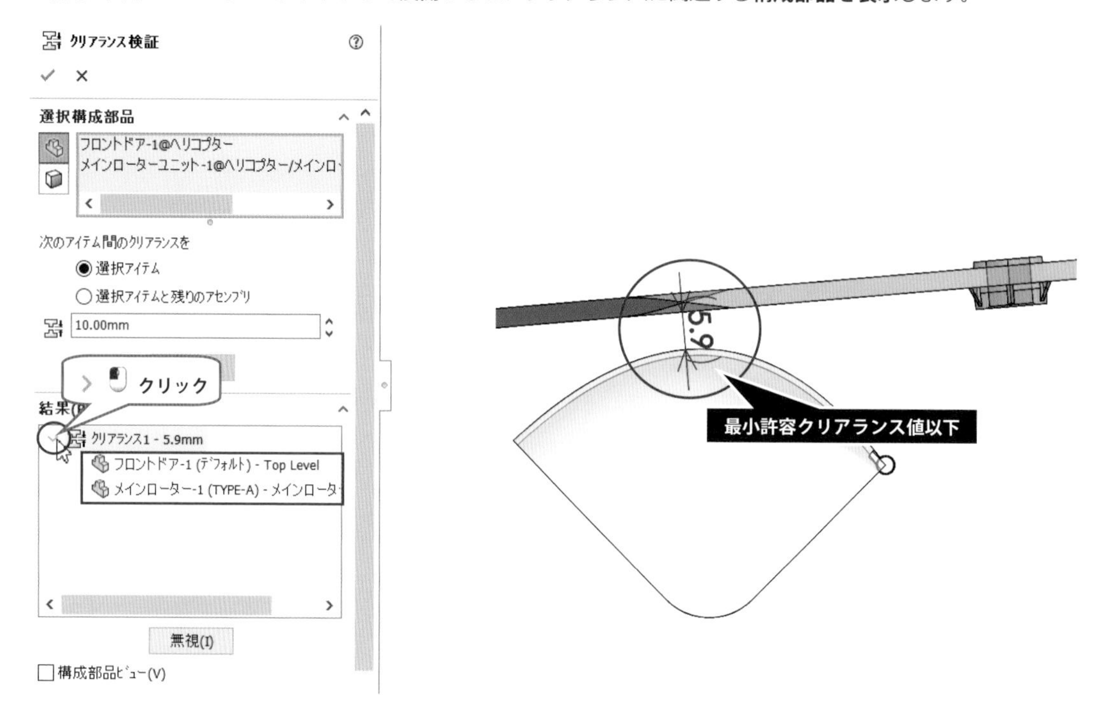

5. Property Manager または**確認コーナー**より [**OK**] ボタンを クリック。

4.1.4 衝突検知

[構成部品移動] の**オプション**である「**衝突検知**」を使用すると、アセンブリの**構成部品をマウスで連続的に動かして動的な干渉をチェック**できます。

1. {合致} フォルダーより《角度制限1》を クリックし、**コンテキストツールバー**から [**抑制**] を クリック。これで《(-)フロントドア》の開閉方向の動きに制限がなくなります。

3.1.2 合致の抑制／抑制解除 (P67)

2. Command Manager【**アセンブリ**】タブより [**構成部品移動**] を クリック。

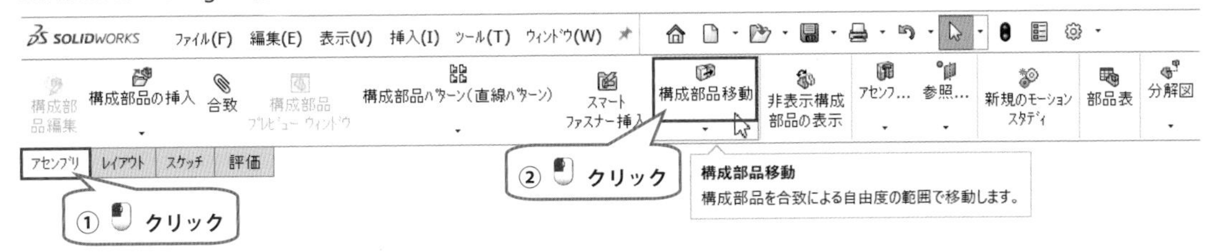

3. Property Manager に「**構成部品移動**」を表示します。
「**オプション (P)**」の「**衝突検知**」を◉選択し、「**衝突面で停止 (T)**」をチェック ON (☑) します。
《(-)フロントドア》を ドラッグしてゆっくり動かし、《(-)メインローターユニット》と《(固定)メインボディ》に**衝突した位置で停止することを確認**します。
これで《(-)フロントドア》の**可動範囲**を知ることができます。

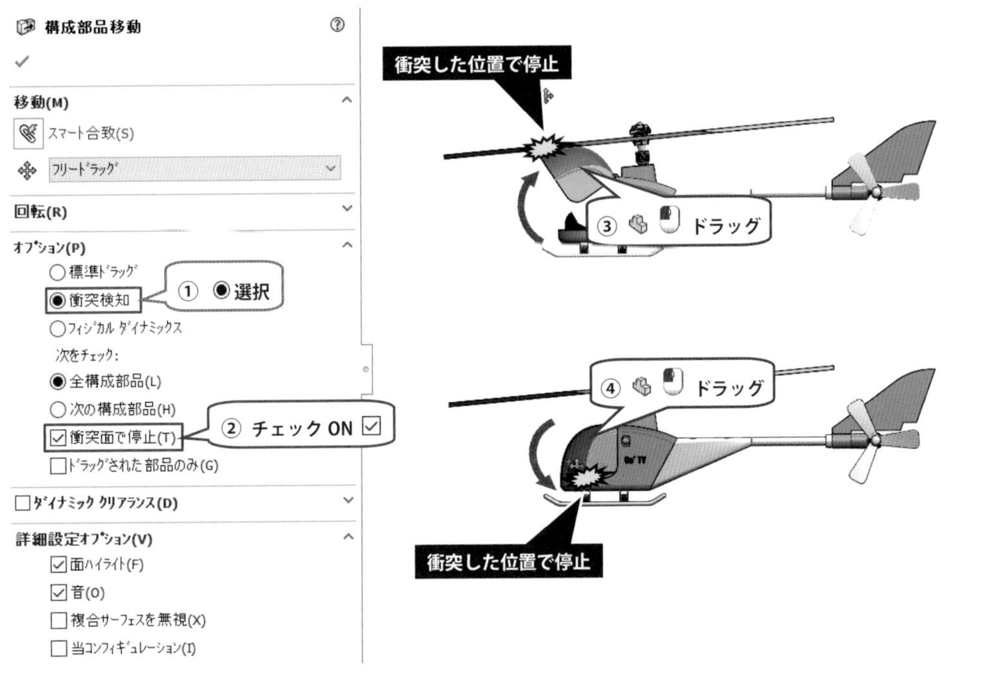

4. [**OK**] ボタンを クリックして**構成部品移動を終了**します。

4.2 分解図

分解図は、アセンブリの**構成部品を移動または回転して作成**します。

アセンブリを通常の表示状態から分解表示へと簡単に切り替えができ、分解する様子を動画として保存できます。

ヘリコプターモデルの**分解図**、それを補足する**分解ライン**、**分解動画**の保存方法について説明します。

4.2.1 分解図の作成

ヘリコプターモデルの**分解図**の**作成方法**について説明します。

分解コンフィギュレーションの作成

分解図を作成する前に、**分解図用**の**コンフィギュレーション**を作成します。

1. [**Configuration Manager**] を クリックしてマネージャーパネルを切り替えます。

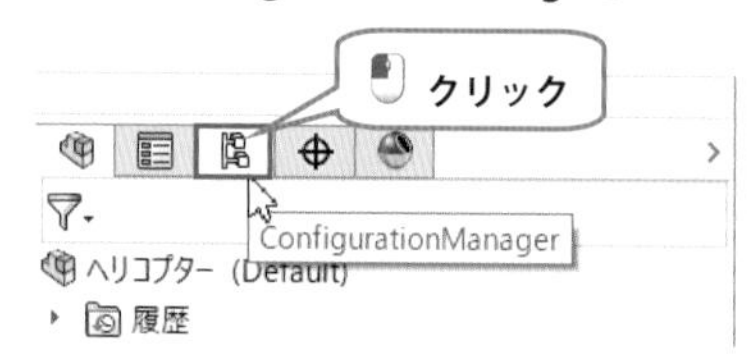

2. 《✓ **Default**》という**コンフィギュレーション**があります。

   余白部分を 右クリックし、メニューより [**コンフィギュレーションの追加（A）**] を クリック。

   Property Manager が「**コンフィギュレーションの追加**」に切り替わります。

   「**コンフィギュレーション名（N）**」に<**分解図**>と入力し、 [**OK**] ボタンを クリック。

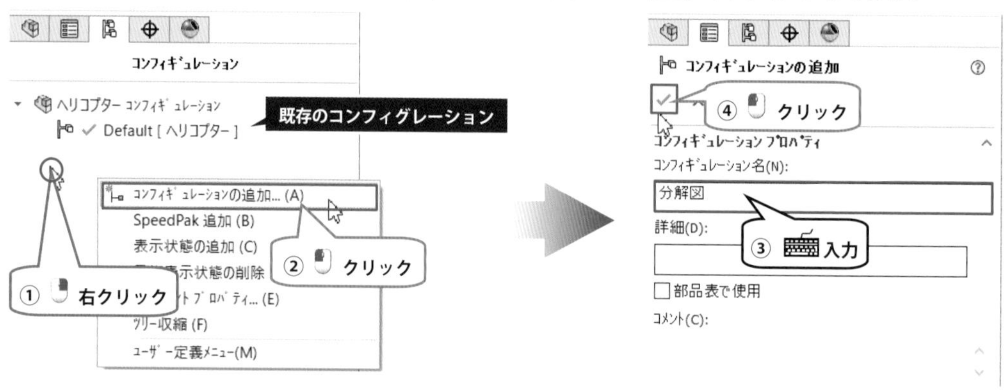

3. Configuration Manager にコンフィギュレーション《✓ **分解図**》が**追加**されます。

   ✓マークは、**アクティブコンフィギュレーション**を意味しています。

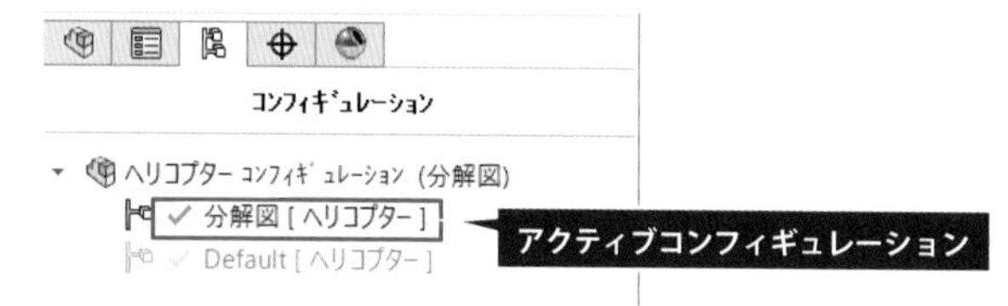

標準ステップで分解する

選択した構成部品を**移動および回転**し、**アセンブリを分解**していきます。

1. Command Manager【**アセンブリ**】タブより [**分解図**] を クリック。

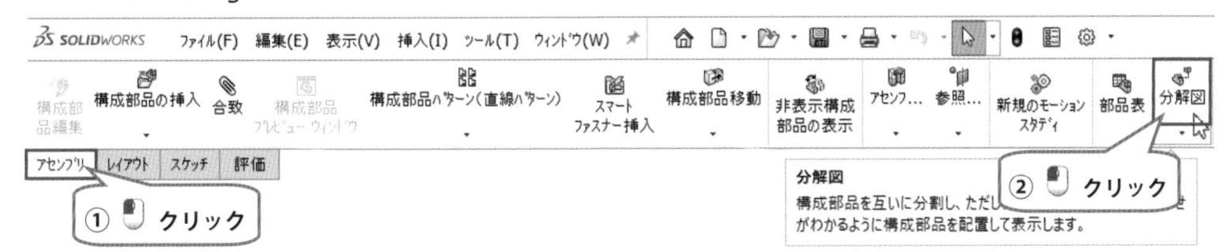

2. Property Manager に「**分解**」を表示します。

「**分解ステップタイプ**」は [**標準ステップ（移動と回転）**] が選択されています。

「**オプション（O）**」の「**回転リングを表示（O）**」はチェック OFF（□）にします。

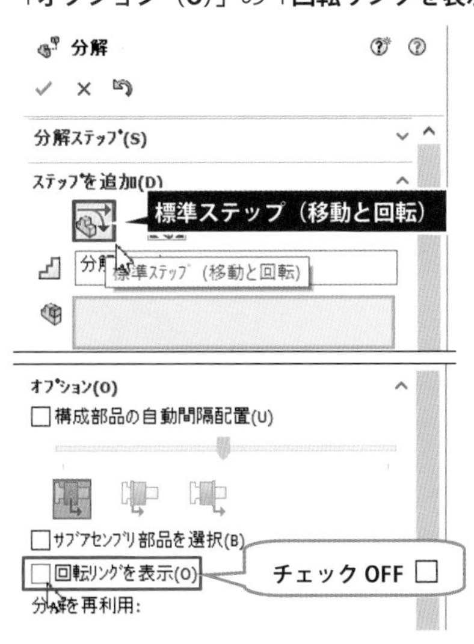

3. 「**分解ステップの構成部品**」の**選択ボックス**がアクティブになっています。

分解する部品は 1 度に複数選択できます。グラフィックス領域より《**テールブーム**》《**テールローターボス**》《**(-)テールローター**》《**垂直尾翼**》を クリックまたは**ボックス選択**すると、**移動マニピュレータ（オレンジ色の 矢印）が表示**されます。

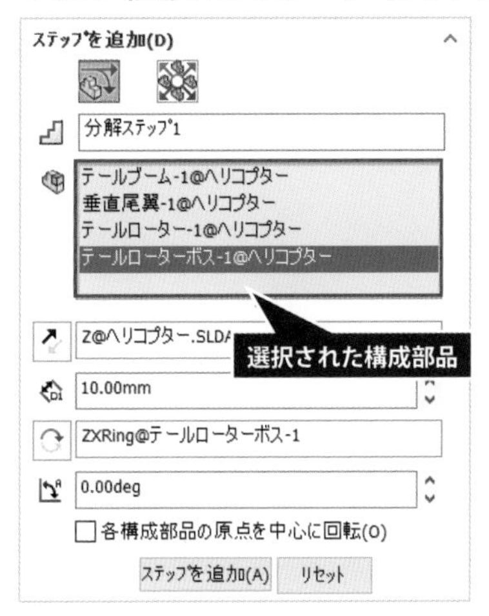

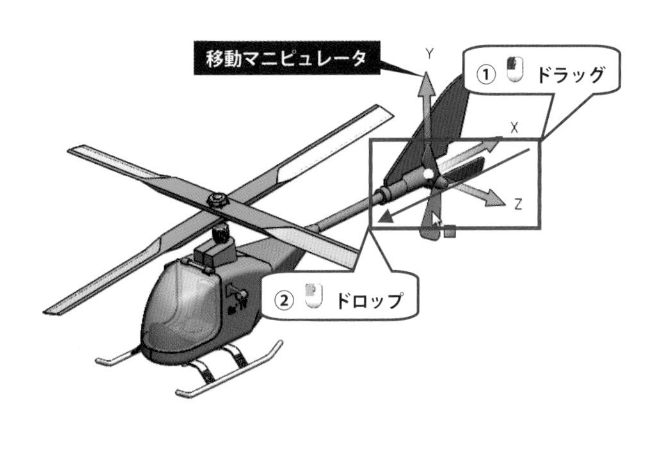

4. **移動マニピュレータ**の **矢印**は**分解方向**を意味します。
X 軸の矢印を ドラッグして**分解する位置**で ドロップ。

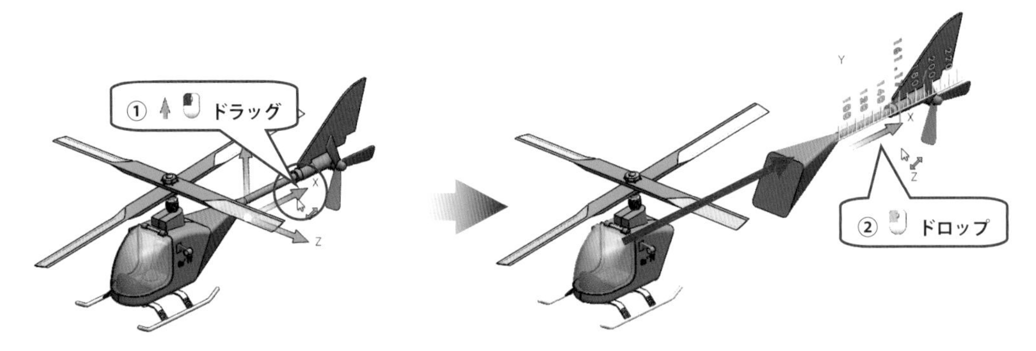

5. 完了(D) を クリックすると、「**分解ステップ（S）**」に［ **分解ステップ 1**］が作成されます。

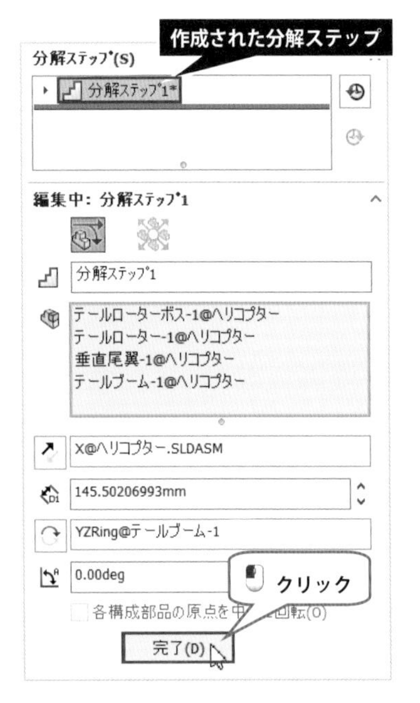

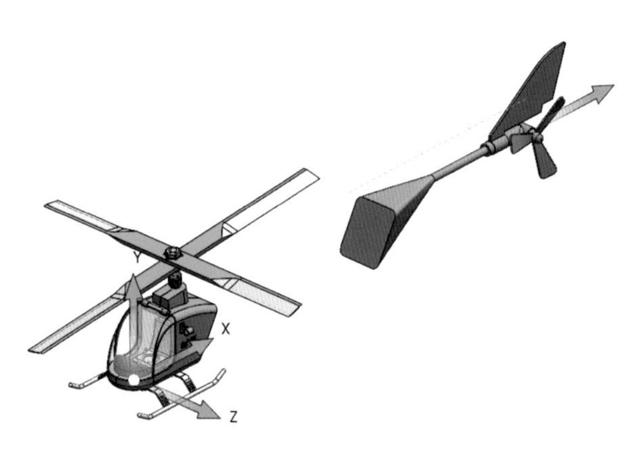

6. **分解した構成部品をさらに分解**します。
《 **テールローターボス**》と《 **(-)テールローター**》を選択し、**移動マニピュレータ**の **X 軸の矢印**を ドラッグして**分解する位置**で ドロップ。 完了(D) を クリックすると、「**分解ステップ（S）**」に［ **分解ステップ 2**］が作成されます。

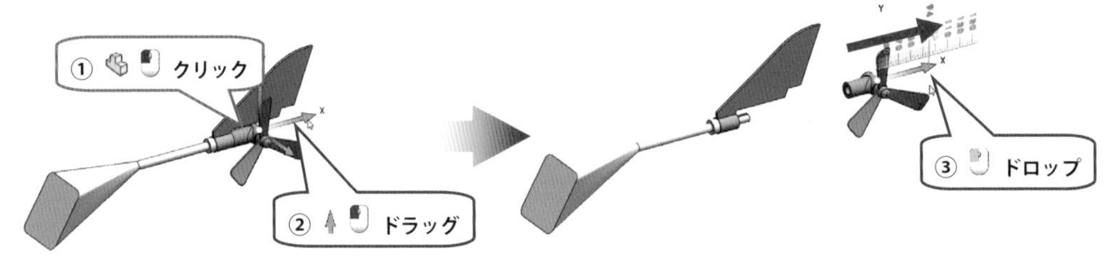

7. 《垂直尾翼》を選択し、**移動マニピュレータ**の**X 軸の矢印**を ドラッグして**分解する位置**で ドロップ。 完了(D) を クリックすると、「**分解ステップ（S）**」に［**分解ステップ 3**］が作成されます。

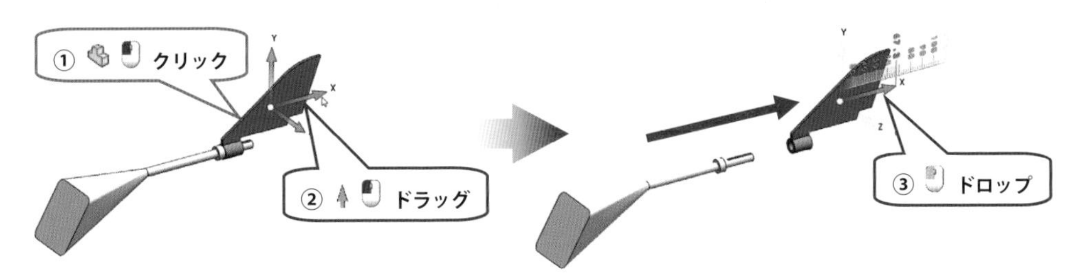

8. 《(-)テールローター》を選択し、**移動マニピュレータ**の**Z 軸の矢印**を ドラッグして**分解する位置**で ドロップ。 完了(D) を クリックすると、「**分解ステップ（S）**」に［**分解ステップ 4**］が作成されます。

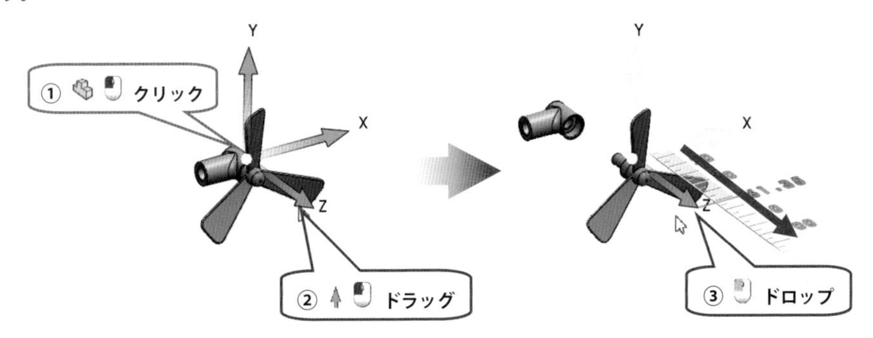

9. **4 つ**の《(-)M3 ボルト》を選択し、**移動マニピュレータ**の**Y 軸の矢印**を ドラッグして**分解する位置**で ドロップ。 完了(D) を クリックすると、「**分解ステップ（S）**」に［**分解ステップ 5**］が作成されます。

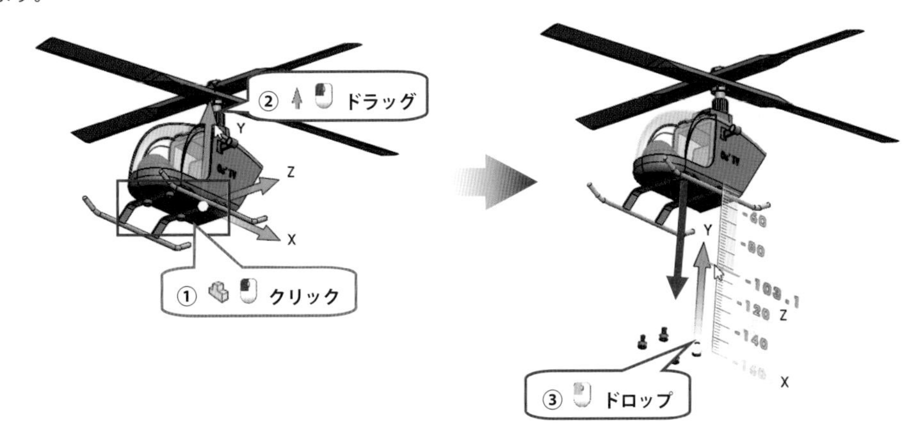

10. 《スキッド》を選択し、**移動マニピュレータ**の **Y 軸の矢印**を ドラッグして**分解する位置**で ドロップ。 完了(D) を クリックすると、「**分解ステップ（S）**」に［ **分解ステップ 6**］が作成されます。

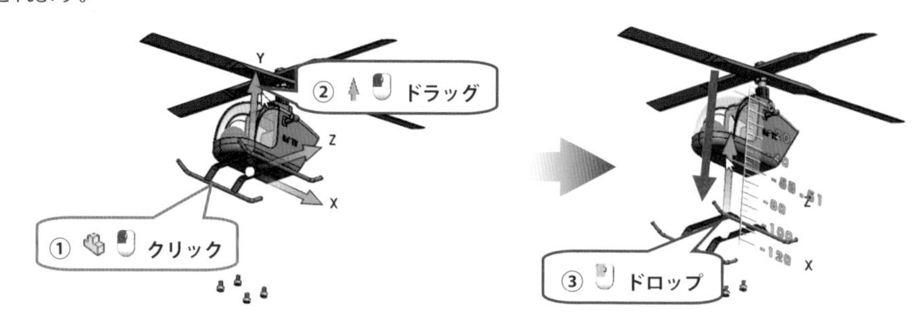

11. 《**(-)フロントドア**》を選択し、**移動マニピュレータ**の **X 軸の矢印**を ドラッグして**分解する位置**で ドロップ。 完了(D) を クリックすると、「**分解ステップ（S）**」に［ **分解ステップ 7**］が作成されます。

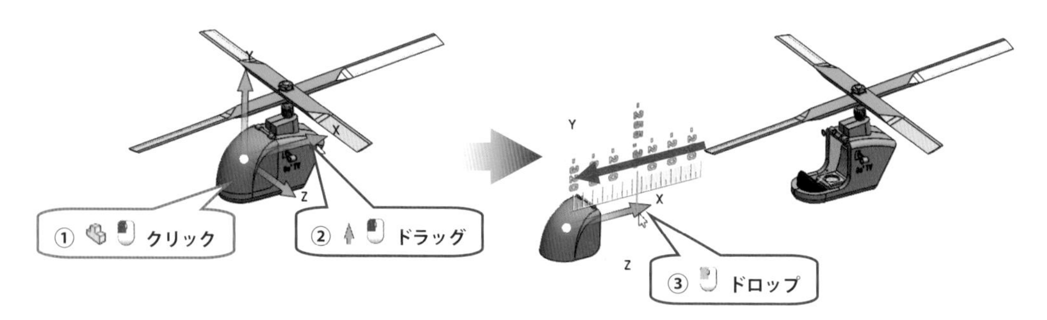

12. 《**コントロールユニット**》を分解します。

「**オプション（O）**」の「**サブアセンブリ部品を選択（B）**」はチェック OFF（□）にします。

これにより、**サブアセンブリの構成部品は 1 回の選択ですべて選択**できます。

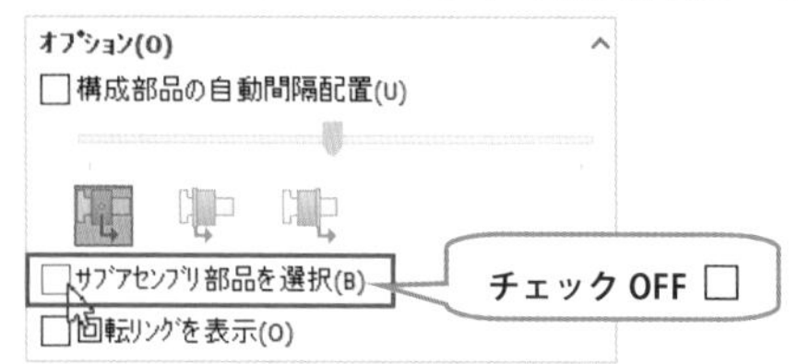

13. 《**コントロールユニット**》を選択し、**移動マニピュレータ**の **Y 軸の矢印**を ドラッグして**分解する位置**で ドロップ。 完了(D) を クリックすると、「**分解ステップ（S）**」に［ **分解ステップ 8**］が作成されます。

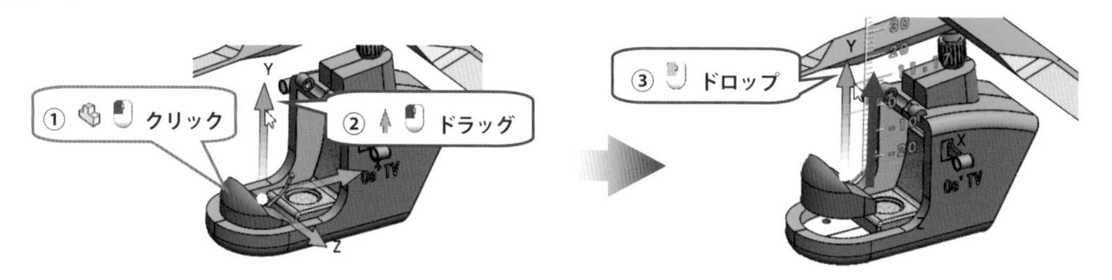

14. 《**コントロールユニット**》を続けて分解します。

《**コントロールユニット**》を選択し、**移動マニピュレータ**の**X 軸の矢印**を ドラッグして**分解する位置**で ドロップ。 完了(D) を クリックすると、「**分解ステップ（S）**」に［ **分解ステップ 9**］が作成されます。

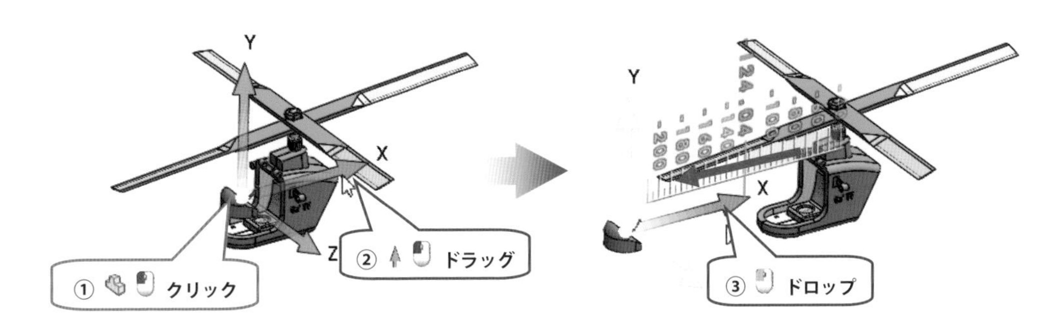

15. 《**(-)パイロット席_VER3**》を分解します。

《**(-)パイロット席_VER3**》を選択し、**移動マニピュレータ**の**Y 軸の矢印**を ドラッグして**分解する位置**で ドロップ。 完了(D) を クリックすると、「**分解ステップ（S）**」に［ **分解ステップ 10**］が作成されます。

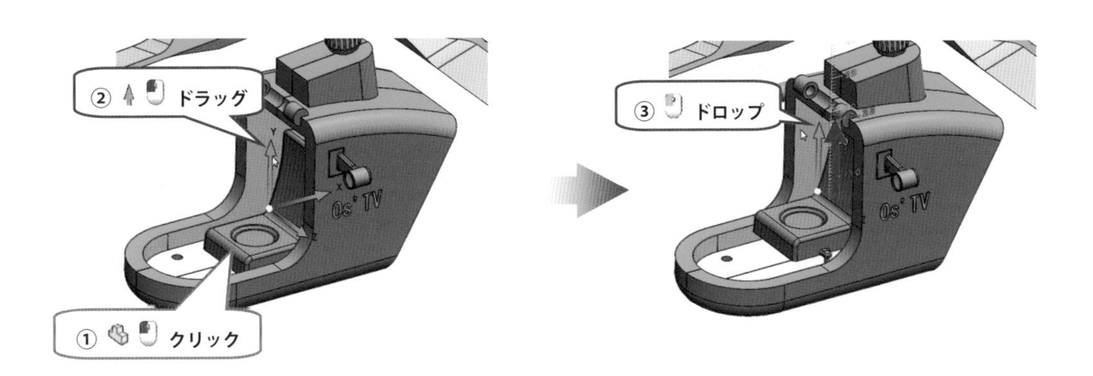

回転リング

移動マニピュレータの**回転リング**を使用すると、**構成部品を回転**できます。(※SOLIDWORKS2014 以降の機能です。)

1. **「オプション（O)」**の「**回転リングを表示（O)」**をチェック ON（☑）にします。

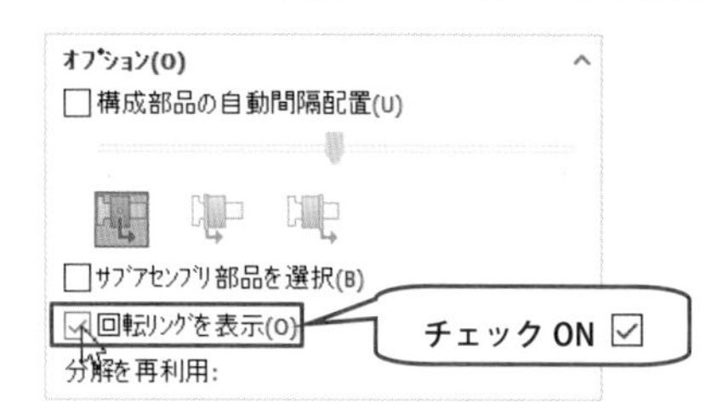

2. 《(-)**パイロット席_VER3**》を**回転**します。
《(-)**パイロット席_VER3**》を選択し、**移動マニピュレータ**の○**リング**を ドラッグすると**回転**するので ドロップして確定します。
完了(D) を クリックすると、**「分解ステップ（S)」**に［ **分解ステップ 11**］が作成されます。

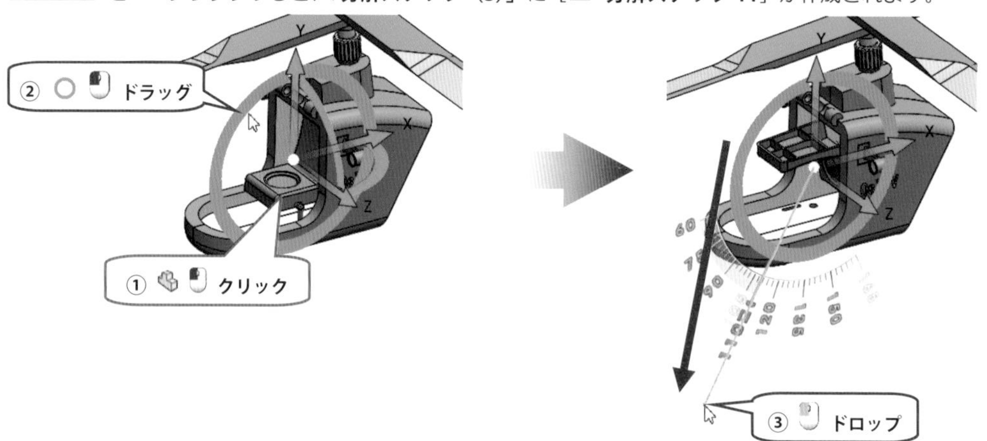

3. 《(-)**パイロット席_VER3**》を選択し、**移動マニピュレータ**の**X 軸の矢印**を ドラッグして**分解する位置**で ドロップ。完了(D) を クリックすると、**「分解ステップ（S)」**に［ **分解ステップ 12**］が作成されます。

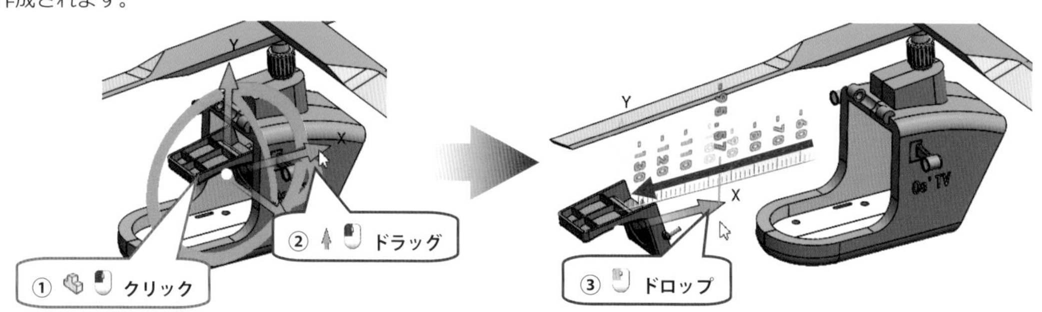

各構成部品の原点を中心に回転

分解の方向を示す XYZ の軸は、**構成部品またはアセンブリから選択**できます。

これは「**各構成部品の原点を中心に回転（O）**」をチェック ON（☑）／OFF（☐）で切り替えます。

（※SOLIDWORKS2014 以降の機能です。）

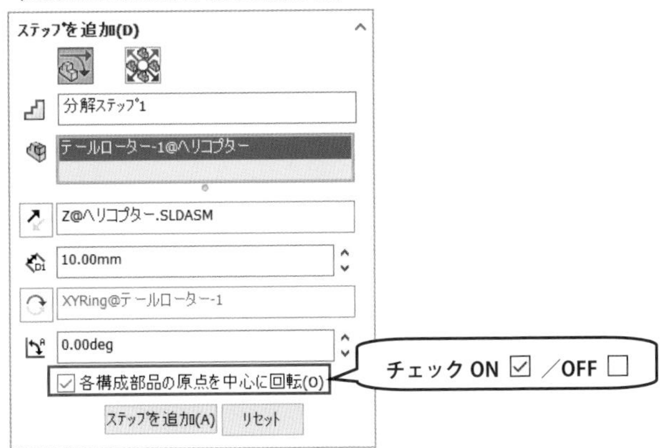

チェック ON（☑）にすると、**移動マニピュレータの軸方向は構成部品の軸方向に一致**します。

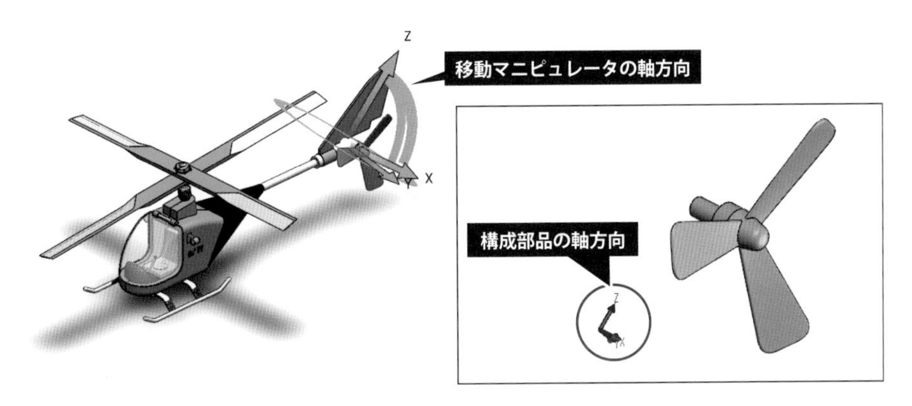

チェック OFF（☐）にすると、**移動マニピュレータの軸方向はアセンブリの軸方向に一致**します。

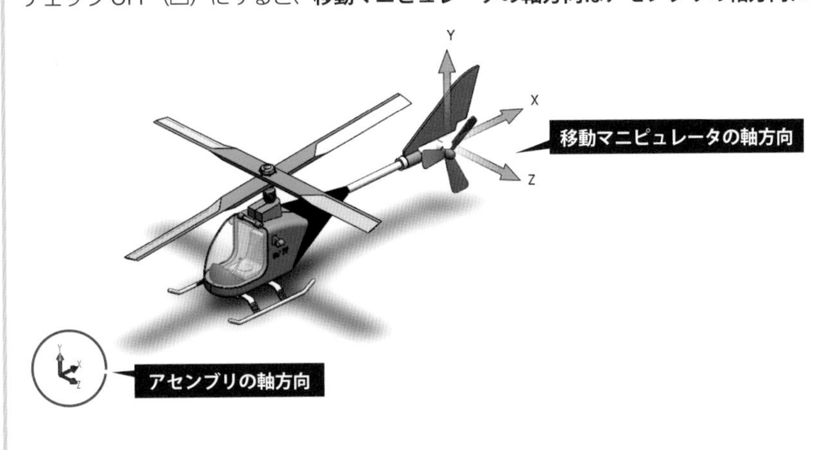

 POINT パラメータを設定して分解ステップを作成

Property Manager で「**分解方向**」「**分解距離**」「**回転軸**」「**回転角度**」を設定して分解できます。

方向を指定して分解する場合

分解する構成部品を選択すると、「**分解方向**」に「**分解方向@構成部品のファイル名**」と表示されます。

分解方向を指定するには、**選択ボックス**をアクティブにしてグラフィックス領域より**移動マニピュレータ**の**矢印**を クリックします。

「**分解距離**」には、**現在の分解ステップで構成部品を移動させる距離**を 入力します。

ステップを追加(A)（SOLIDWORKS2018 以前のバージョンでは 適用(P)）を クリックすると、分解ステップが作成されます。

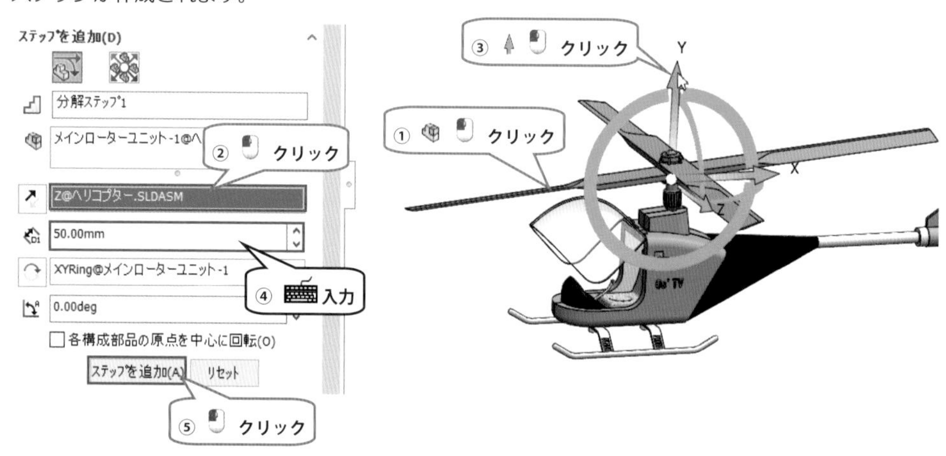

軸を指定して回転する場合

「**回転軸**」の**選択ボックス**をアクティブにし、グラフィックス領域より**円筒面**や**軸**を クリックします。

これで**移動マニピュレータの軸が選択した円筒面や軸に一致**します。

［**回転角度**］に構成部品の**回転角度**を 入力します。（※このとき、分解はプレビューされません。）

ステップを追加(A)（SOLIDWORKS2018 以前のバージョンでは 適用(P)）を クリックすると、分解ステップが作成されます。

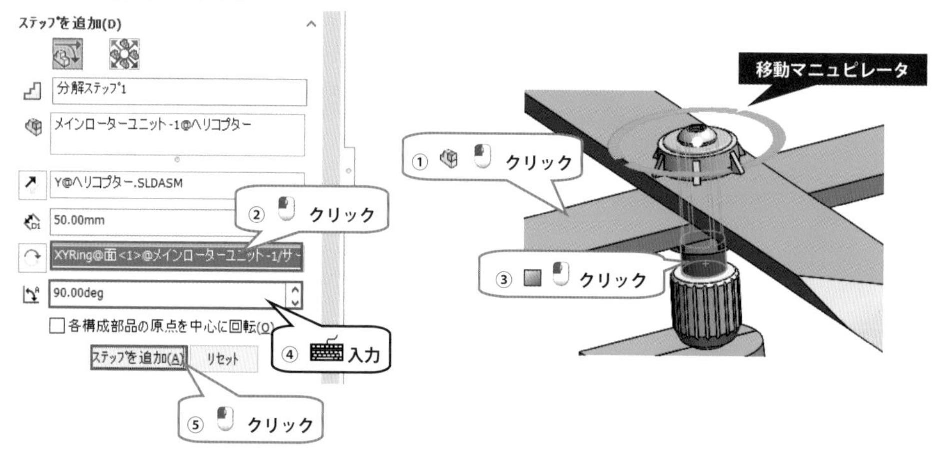

 POINT
構成部品の自動間隔配置

「**オプション（O）**」の「**構成部品自動間隔配置（U）**」は、**複数の構成部品をまとめて等間隔に分解**するときに使用します。

複数の構成部品を選択して「**構成部品自動間隔配置（U）**」をチェックON（☑）にします。
移動マニピュレータの**矢印**をドラッグすると、構成部品を**自動的に軸に沿って等間隔で配置**します。
間隔は**スライダーバー**にて**調整**できます。

下図では、《**テールブーム**》《**テールローターボス**》《**(-)テールローター**》《**垂直尾翼**》を等間隔で分解しています。

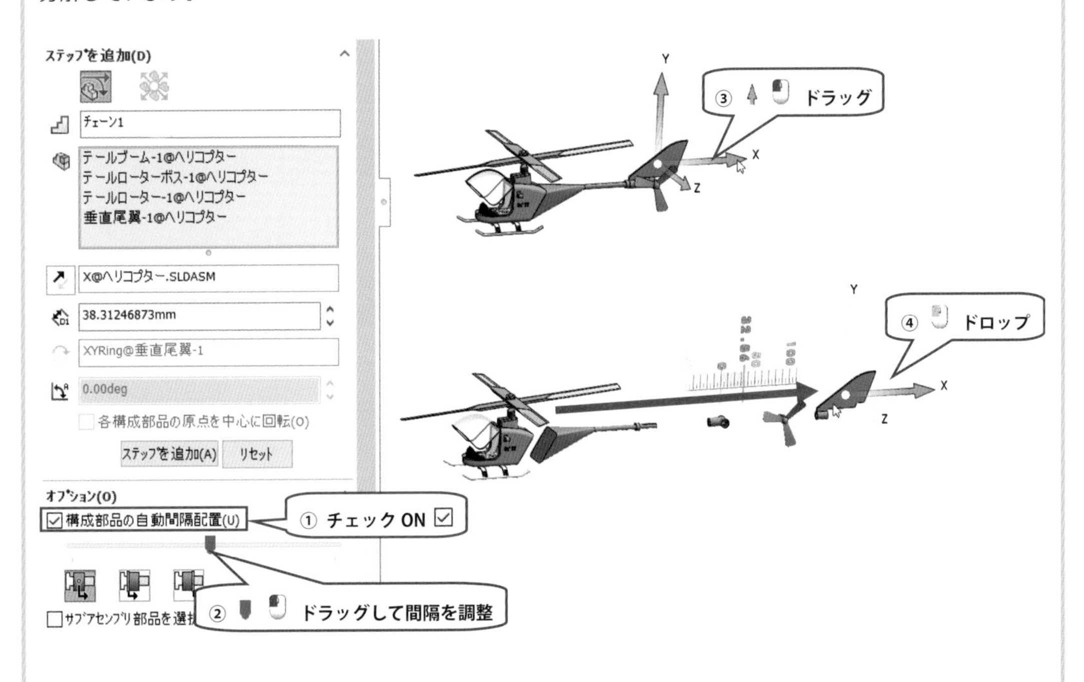

「**分解ステップ（S）**」に［**チェーン1**］が作成され、**展開**すると複数の構成部品を表示します。
意図しない順序で分解された場合は、**ドラッグ&ドロップ**で**順序変更**が可能です。

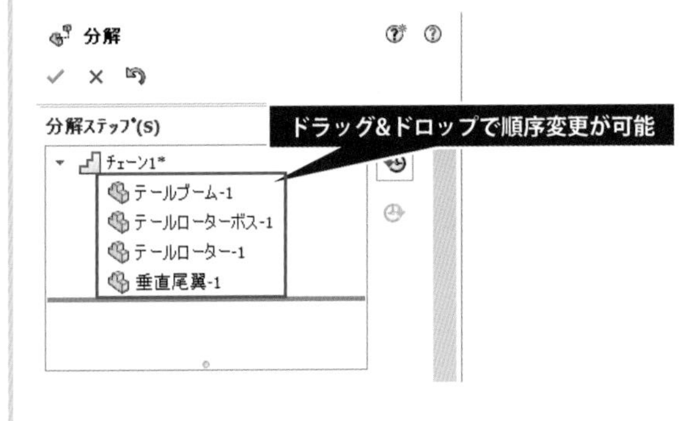

マニピュレータの方向を変更

マニピュレータの**矢印の方向を変更**して分解できます。

1. **「オプション（O）」**の**「回転リングを表示（O）」**をチェックOFF（□）にします。

2. 《**(-)メインローターユニット**》を クリック。
   移動マニピュレータの**原点**（○白い球）を ドラッグし、下図に示す **円筒面**で ドロップ。
   移動マニピュレータの **矢印**が **円筒面の軸に一致**します。

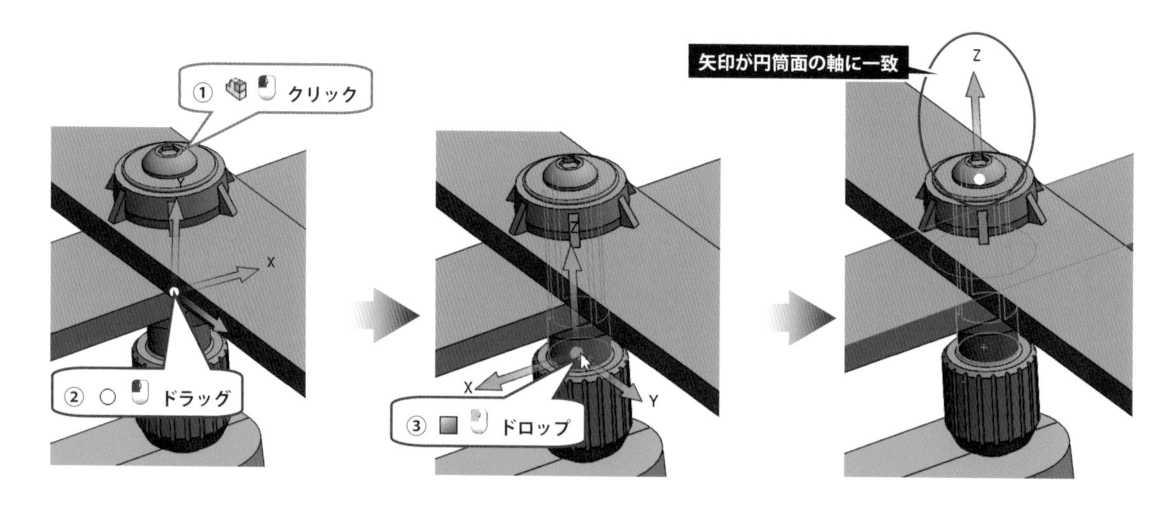

3. **移動マニピュレータ**の **Z 軸の矢印**を**上方向**に ドラッグして**分解する位置**で ドロップ。
   完了(D) を クリックすると、**「分解ステップ（S）」**に［ **分解ステップ 13**］が作成されます。

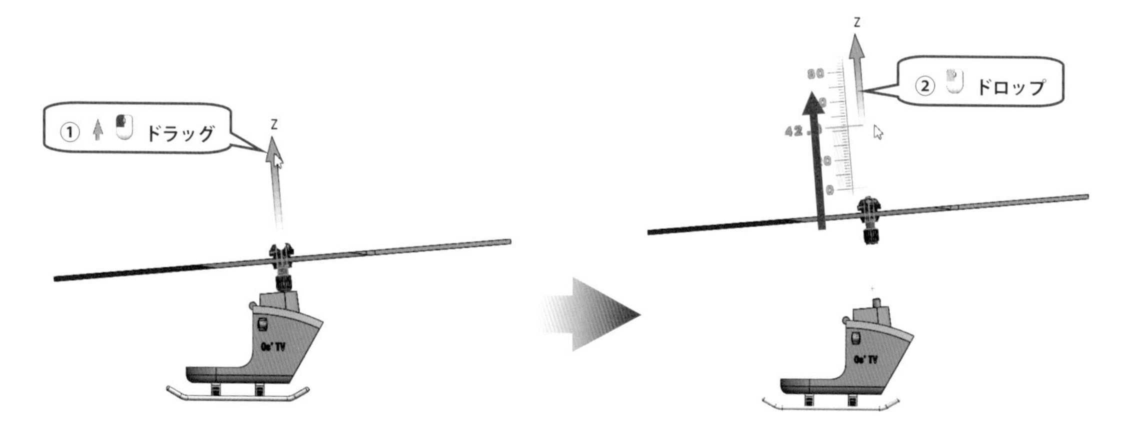

POINT 選択アイテムまで移動

選択アイテムまで移動は、エッジや円筒面などのアイテムを選択して**マニピュレータの矢印の方向を変更**します。（※この操作は、SOLIDWORKS2019 以前のバージョンに対応します。）

1. **移動マニピュレータ**の**原点**（○白い球）を 右クリックし、メニューより［**選択アイテムまで移動（J）**］を クリック。

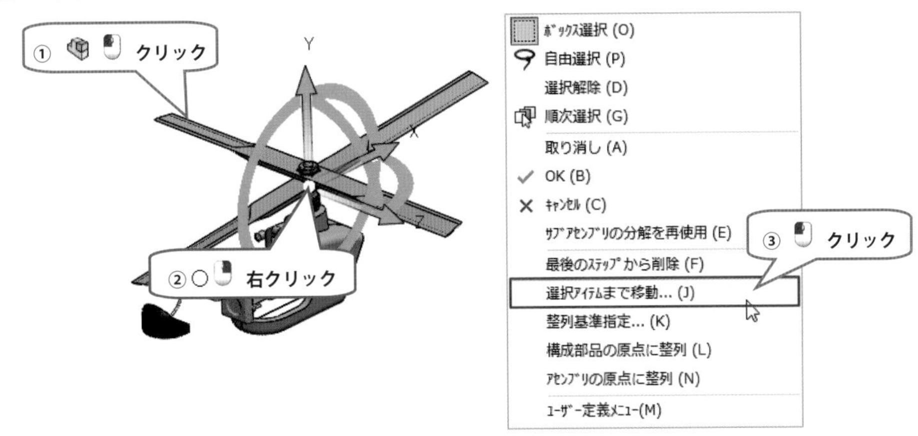

2. グラフィックス領域より**エッジ**や**円筒面**などのアイテムを クリックすると、**移動マニピュレータの矢印がエッジや円筒面の軸に一致**します。

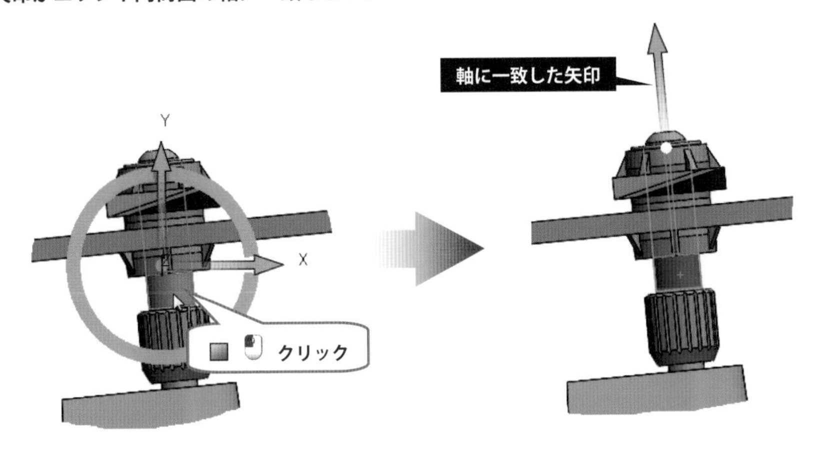

サブアセンブリの分解

オプションの設定により**サブアセンブリの構成部品**を**個別に選択して分解**できます。

1. **「オプション（O）」**の「**サブアセンブリ部品を選択（B）**」はチェック ON（☑）にします。

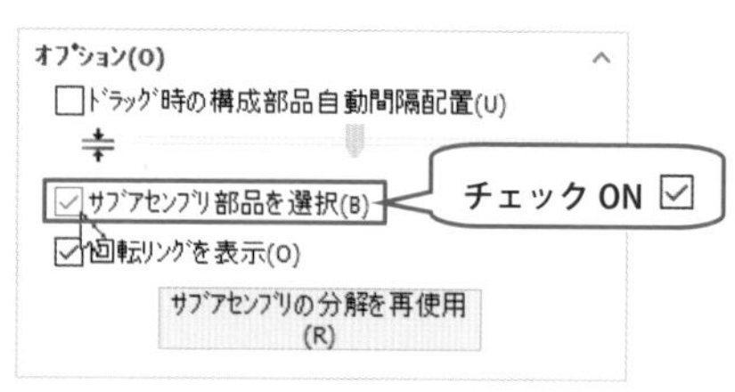

2. サブアセンブリの構成部品《(-)M3 ねじ》をクリック。
   移動マニピュレータの**原点**（○白い球）をドラッグし、下図に示す**円筒面**でドロップ。
   移動マニピュレータの**矢印**が**円筒面の軸に一致**します。

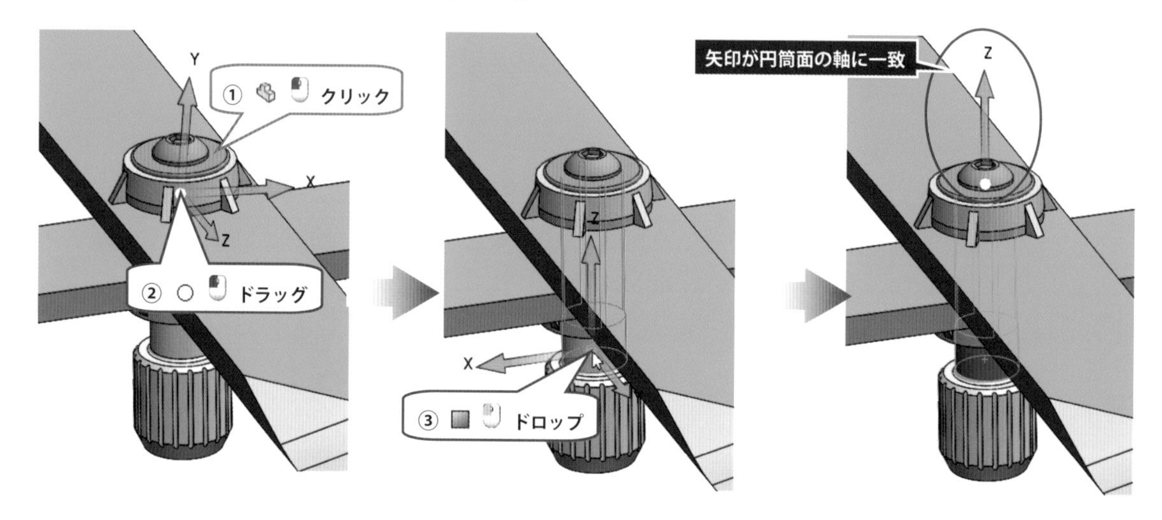

3. **移動マニピュレータ**の**Z 軸の矢印**を**上方向**にドラッグして**分解する位置**でドロップ。
   完了(D) をクリックすると、「**分解ステップ（S）**」に［**分解ステップ 14**］が作成されます。

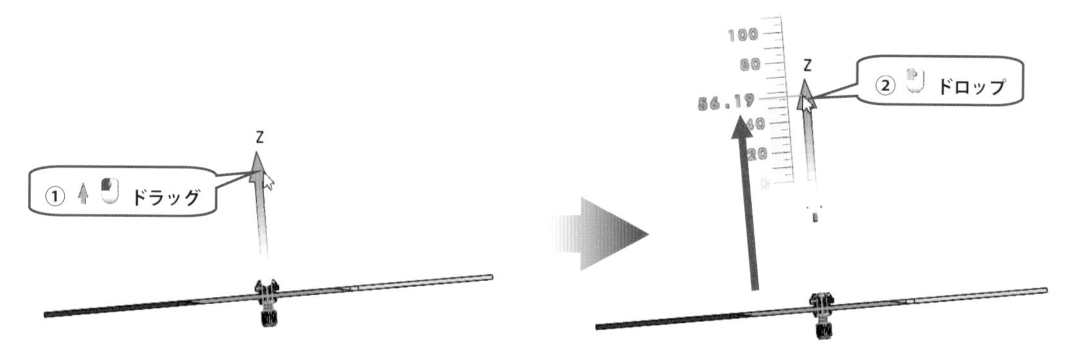

4. 2つの《メインローター》も《(-)M3 ねじ》と同様の方法で分解します。
「**分解ステップ（S）**」に［**分解ステップ 15**］と［**分解ステップ 16**］が作成されます。

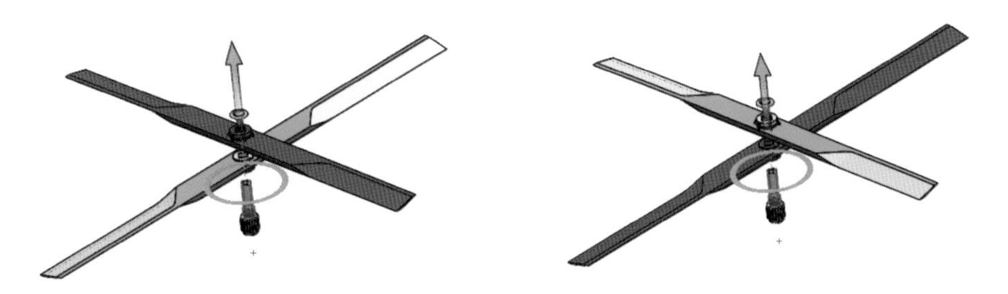

 *POINT* **サブアセンブリの分解を再使用**

サブアセンブリで定義した**分解ステップ**を**メインアセンブリで再使用**できます。

1. 《**(-)メインローターユニット**》で**分解図を作成**し、分解図を作成したコンフィギュレーションをアクティブにします。（※コンフィギュレーションに分解図がない場合、この機能は使用できません。）

2. 分解ステップの作成で《**(-)メインローターユニット**》を選択し、サブアセンブリから(S) をクリックすると、《**(-)メインローターユニット**》で作成した分解ステップをメインアセンブリに読み込みます。
（※SOLIDWORKS2019 以前のバージョンは サブアセンブリの分解を再使用(R) をクリックします。）

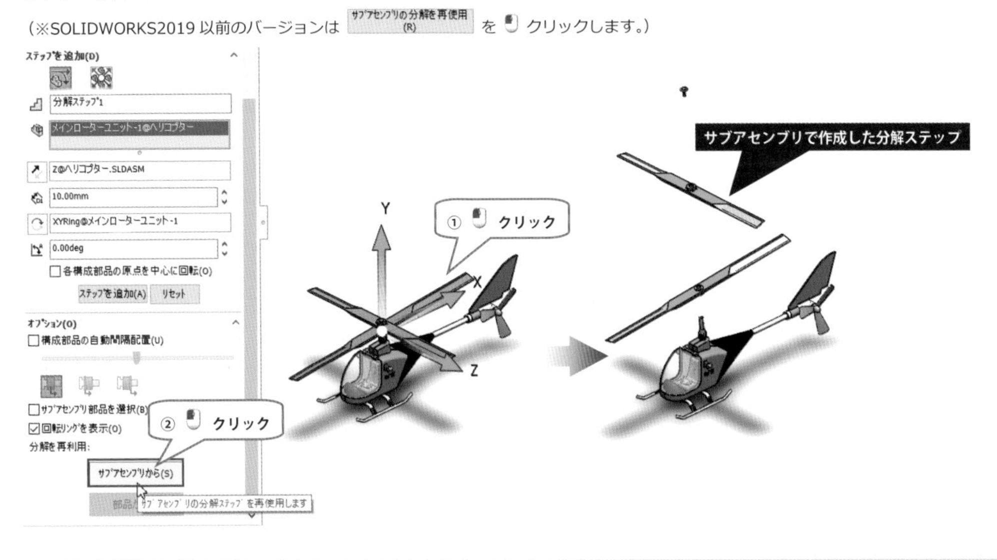

放射状ステップで分解する

軸を中心として放射状または円筒形状に整列して構成部品を**1ステップで分解**できます。

（※SOLIDWORKS2015 以降の機能です。）

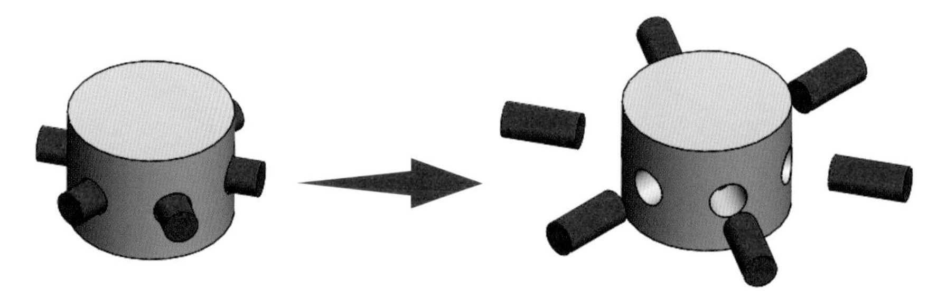

1. **分解ステップタイプ**の［**放射状ステップ**］を クリック。

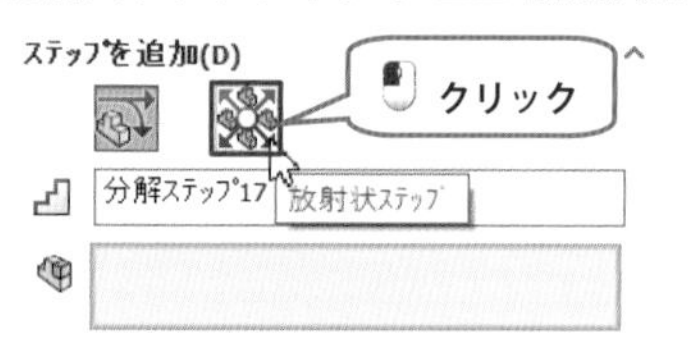

2. 2つの《**サーチライト**》を クリックすると、**移動マニピュレータの矢印と**○**リングが表示**されます。
   移動マニピュレータの**矢印**を**外側**に ドラッグし、**分解する位置**で ドロップ。
   「**分解ステップ（S）**」に［**分解ステップ 17**］が作成されます。

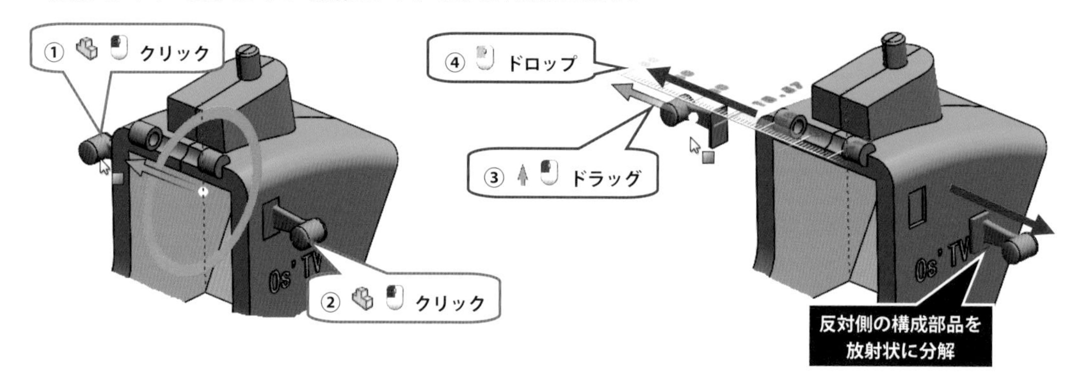

3. ［**OK**］ボタンを クリックして**分解図を終了**します。

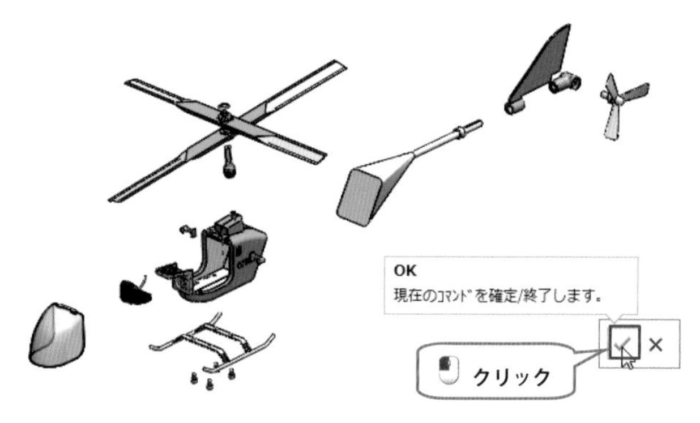

4.2.2 分解と分解解除

分解図を「**分解状態**」「**分解解除状態**」に**切り替える方法**について説明します。

1. コンフィギュレーション《✓ **分解図**》を▼**展開**します。
   《**分解図 1**》を 右クリックし、メニューより［**分解解除（A）**］を クリック。
   または《**分解図 1**》を ×2 ダブルクリックすると、**分解図**を**解除**します。

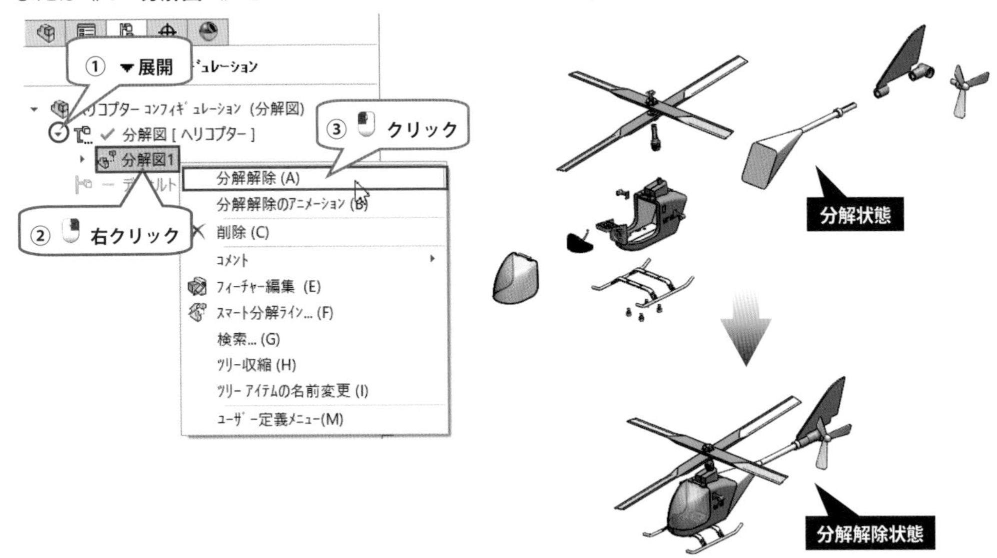

2. **分解状態に**するには、《**分解図 1**》を 右クリックし、メニューより［**分解（A）**］を クリック。
   または《**分解図 1**》を ×2 ダブルクリック。

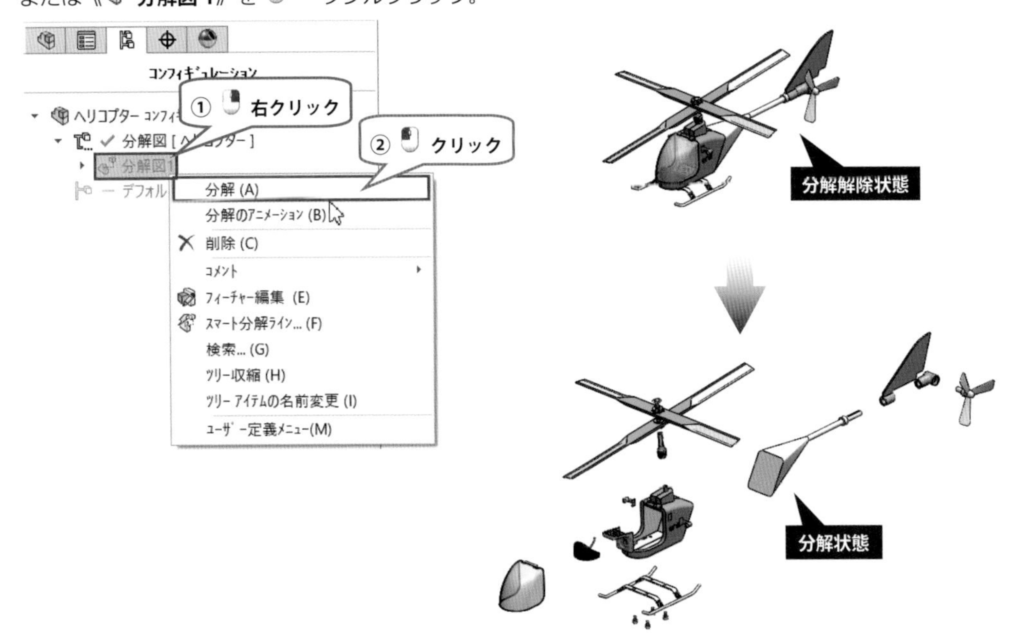

4.2.3 分解図の編集

作成した《分解図 1》もフィーチャーと同じように［**フィーチャー編集**］にて編集ができます。

1. 《**分解図 1**》を右クリックし、メニューより［**フィーチャー編集（E)**］をクリック。

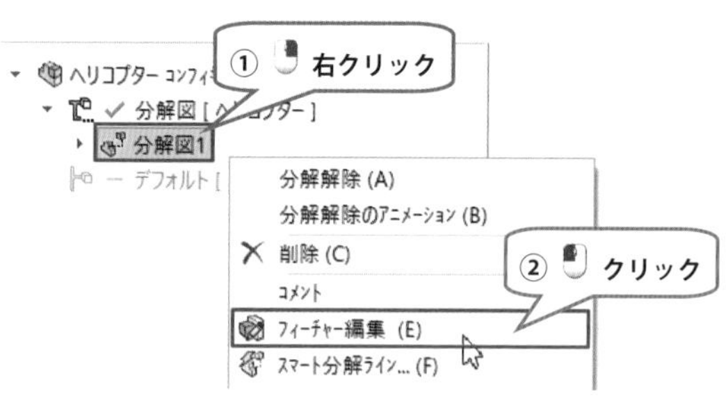

2. **分解ステップを編集**するには、**既存の分解ステップ**を「**分解ステップ (S)**」よりクリックして選択します。分解した構成部品に**マニピュレーターが表示**されるので、**矢印**をドラッグして**位置や角度を再調整**します。

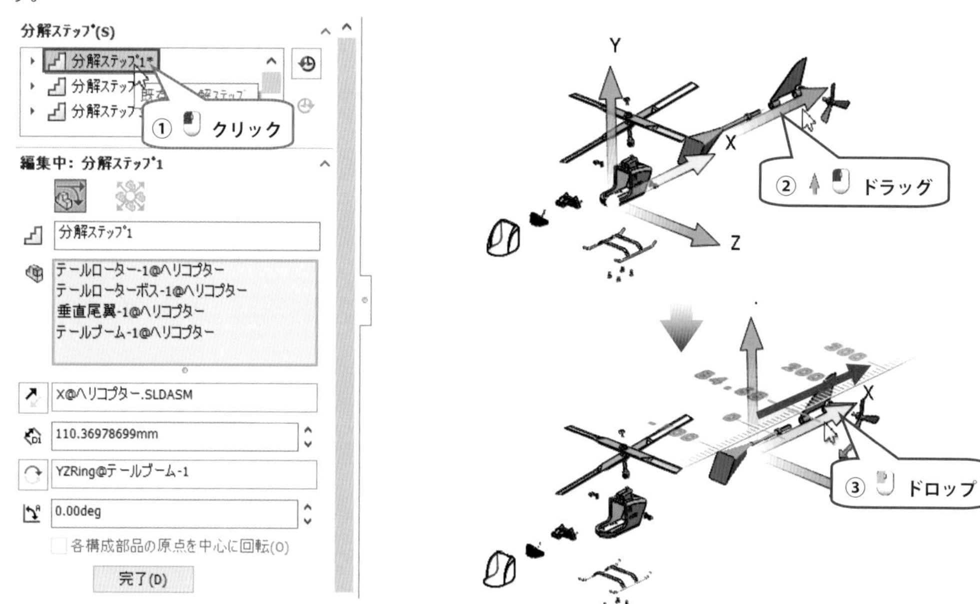

3. **分解ステップを削除**するには、**既存の分解ステップ**を右クリックし、メニューより［**削除（C)**］をクリック。確認のための**メッセージボックスは表示されません**。

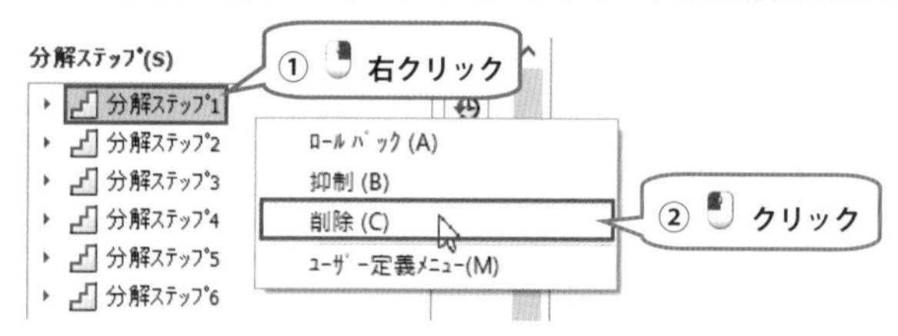

4. Property Manager の［**取り消し**］をクリックして操作を元に戻します。

5. ［**OK**］ボタンをクリックして**分解図の編集を終了**します。

4.2.4 分解／分解解除のアニメーション

アセンブリの**分解／分解解除**を**アニメーション**としてグラフィックス領域で**再生**できます。

1. 《**分解図 1**》を 右クリックし、メニューより［**分解解除のアニメーション（B）**］を クリック。
   分解解除の状態では、メニューに［**分解のアニメーション（B）**］を表示します。
   （※SOLIDWORKS2019 以前のバージョンは、［**収縮アニメーション（B）**］を表示します。）

2. 『**アニメーションコントローラ**』が表示され、**自動的にアニメーションが再生**されます。

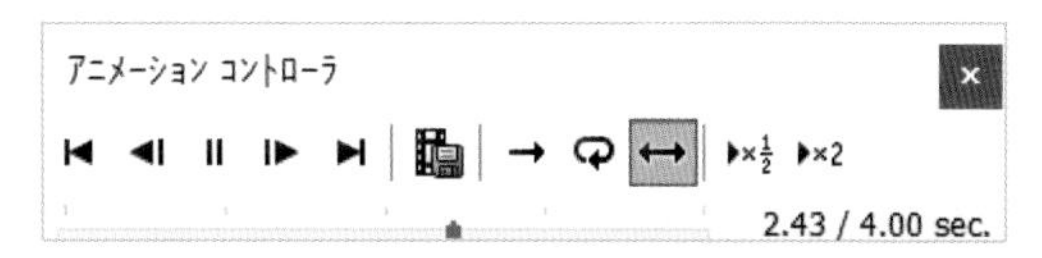

［**開始**］	アニメーションを最初のフレームへ戻します。
［**巻き戻し**］	一時停止をクリックした後、アニメーションを前のフレームに戻します。
［**再生**］	一時停止中のアニメーションを再生します。
［**早送り**］	一時停止をクリックした後、アニメーションを次のフレームまで進めます。
［**終了**］	アニメーションを最後のフレームまで進めます。
［**一時停止**］	再生中のアニメーションを一時停止します。
［**停止**］	再生中のアニメーションを停止します。
［**アニメーション保存**］	アニメーションを動画ファイルに出力します。
［**標準**］	標準的な速度でアニメーションを表示します。
［**ループ再生**］	アニメーションを繰り返し再生します。
［**往復運動**］	アニメーションの再生、逆再生を繰り返します。
［**低速再生**］	アニメーションを通常の半分の速度で再生します。
［**高速再生**］	アニメーションを通常の 2 倍の速度で再生します。

3. を クリックして**分解／分解解除アニメーションを終了**します。

POINT アニメーション保存

アニメーションを**動画ファイル**（AVI ファイルなど）として**保存**ができます。

1. 『**アニメーションコントローラ**』の ［**アニメーション保存**］を クリック。

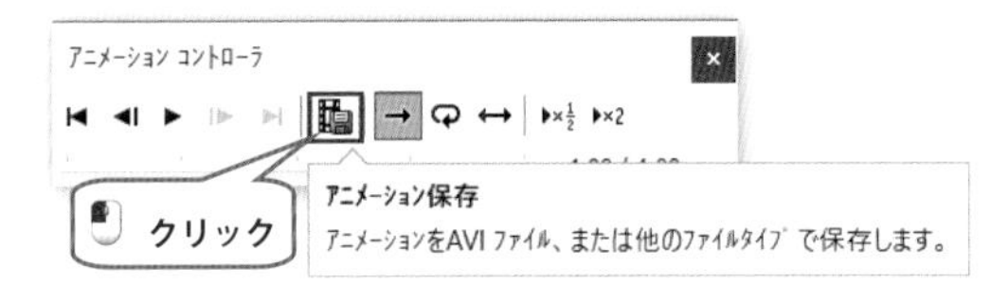

2. 『**アニメーションをファイルへ保存**』ダイアログが表示されます。

「**保存場所**」「**ファイル名**」「**ファイルの種類**」「**サイズ／アスペクト比**」などを設定して 保存(S) を クリック。［**Microsoft AVI ファイル（*.avi）**］を選択した場合、『**ビデオの圧縮**』ダイアログが表示されます。ここでは圧縮プログラムの選択と圧縮の品質を設定し、 OK を クリック。
圧縮率が低いとファイルのサイズは小さくなりますが、イメージ品質が低下します。

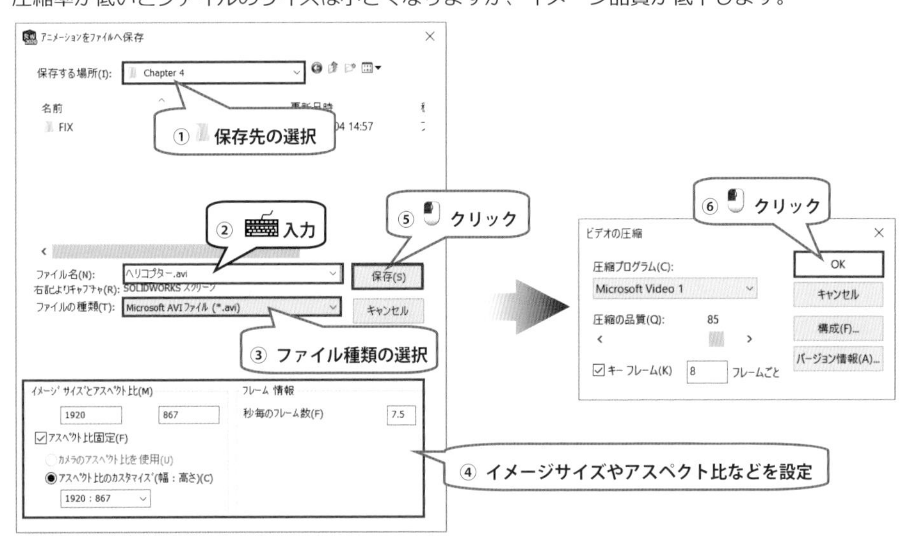

3. 『**ビデオの圧縮**』ダイアログで［**Microsoft Video 1**］を選択した場合、メッセージダイアログが表示されるので いいえ(N) を クリック。

4. **アニメーションが再生**され**録画状態**になります。
［**ループ再生**］または ［**往復再生**］の場合は、 ［**停止**］を クリックするまで録画します。
Windows Media Player などの**プレーヤーで再生**できます。

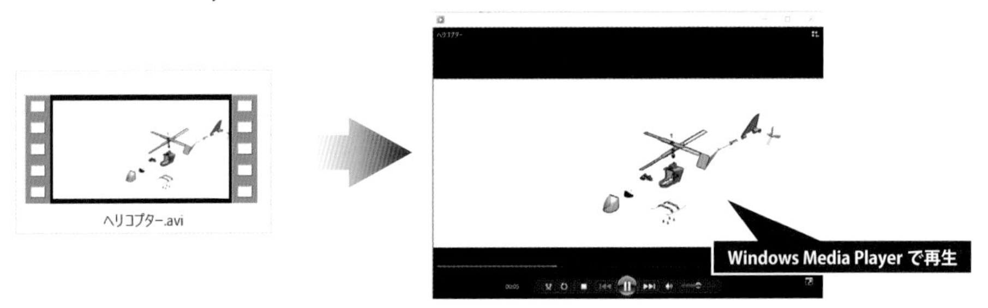

4.3 分解ライン

分解図を補足する**分解ライン**の**作成および編集**について説明します。

4.3.1 スマート分解ライン

［**スマート分解ライン**］は、**分解図で自動的に分解ラインを作成**できます。（※SOLIDWORKS2018 以降の機能です。）

1. 《**分解図 1**》を 右クリックし、メニューより ［**スマート分解ライン（F）**］を クリック。

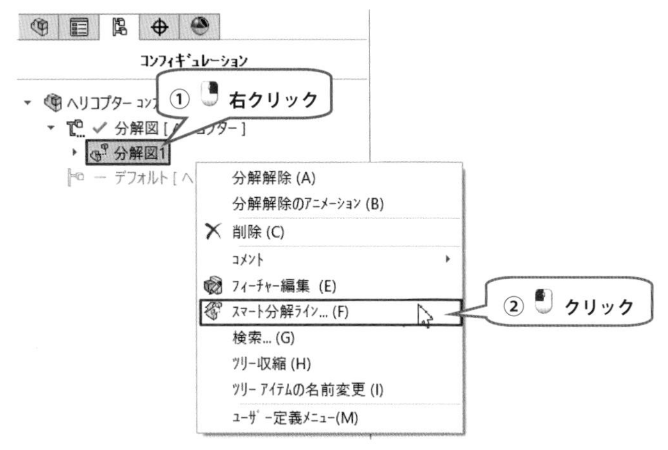

2. Property Manager に「**スマート分解ライン**」を表示します。
   オプションはデフォルトの設定で ［**OK**］ボタンを クリック。

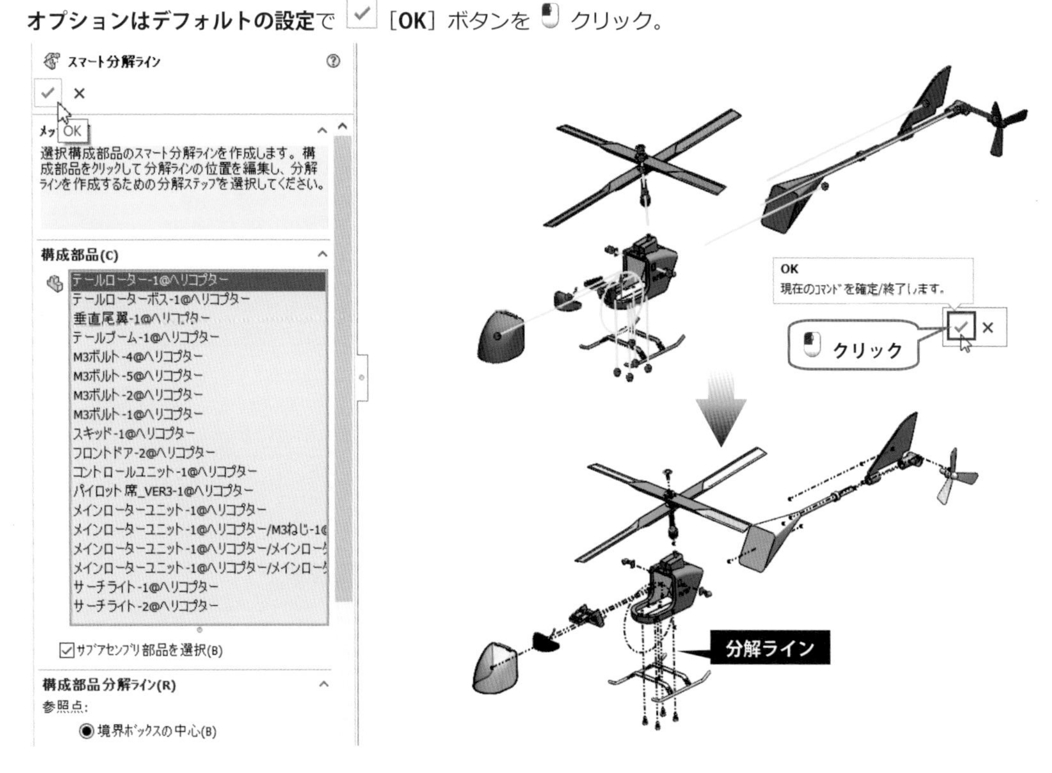

3. 《**分解図 1**》の中に《**(?)3D 分解 1**》が作成されます。

4.3.2 スマート分解ラインの解除

［**スマート分解ライン**］で作成した**分解ラインを編集**するには、**事前に解除する必要**があります。

個別で分解ラインを解除

個別で分解ラインを解除するには、次の手順で操作します。

1. Configuration Manager の《**分解図 1**》を▼**展開**して《**(?)3D 分解 1**》を 右クリックし、メニューより ［**スケッチ編集（A)**］を クリック。

2. ［**スマート分解ライン**］で作成した**分解ライン**は**ハイライト色で表示**されます。グラフィックス領域より**解除したい** **分解ライン**を 右クリックし、メニューより ［**エンティティ解除（Y)**］を クリックすると、**解除された分解ラインは黒色に変化**します。

（※色に変化がない場合は一度スケッチを終了し、再度 ［**スケッチ編集**］をしてください。）

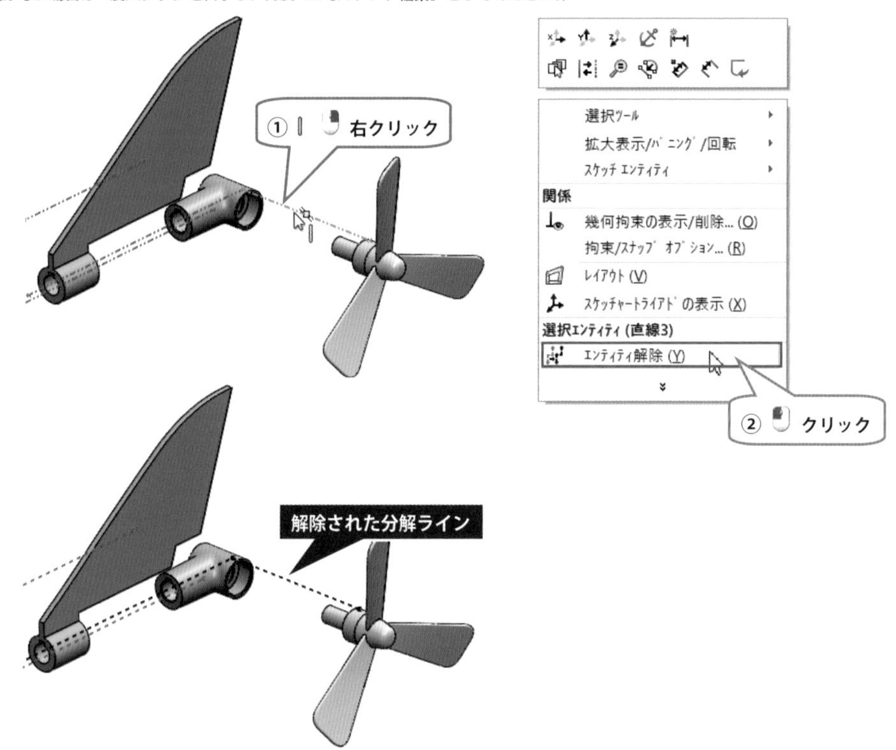

3. ［**スケッチ終了**］を クリックして**スケッチ編集を終了**します。

すべての分解ラインを解除

すべての分解ラインを解除するには、次の手順で操作します。

1. 《(?)3D 分解 1》を 右クリックし、メニューより［**スマート分解ラインの解除（B）**］を クリック。

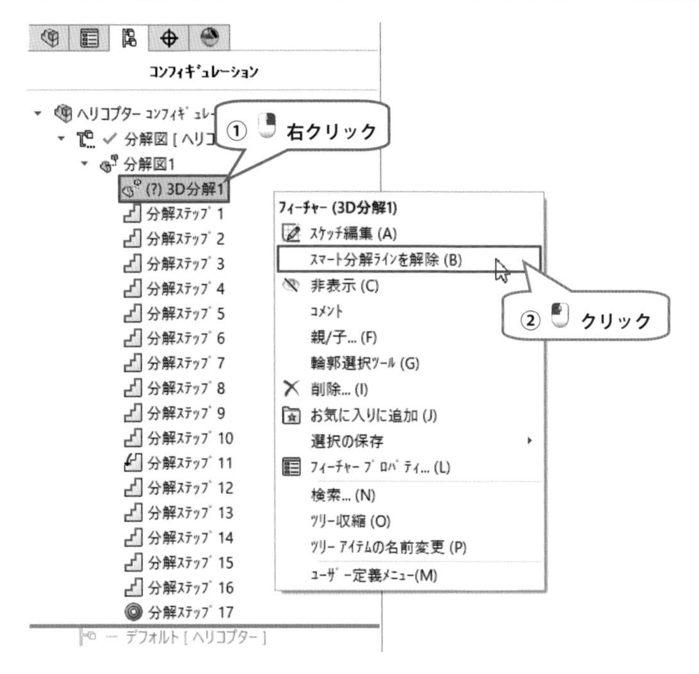

2. これで**すべての分解ラインのスケッチ編集が可能**になります。
   Configuration Manager の《**分解図 1**》を 右クリックし、メニューより［**スケッチ編集（A）**］を クリックすると、**すべての分解ラインを黒色で表示**します。

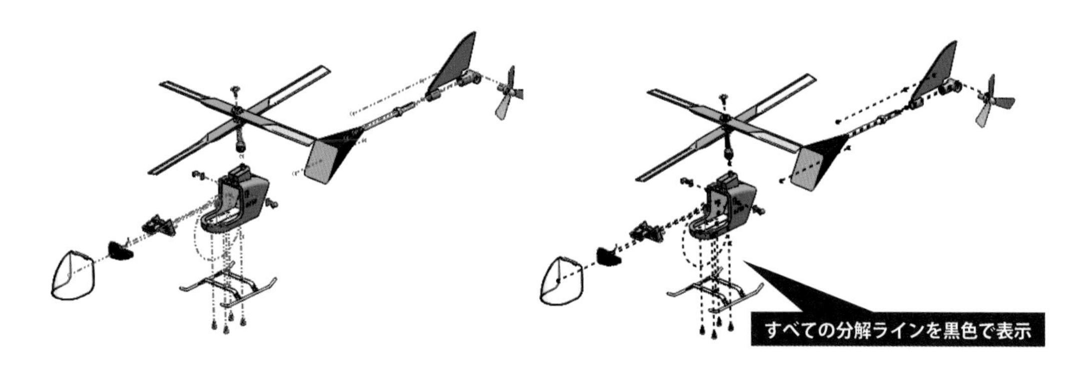

解除前の分解ライン　　解除後の分解ライン

4.3.3　分解ラインの削除

分解ラインの削除方法について説明します。

個別に分解ラインを削除

個別で分解ラインを削除するには、次の手順で操作します。

1. 《**(?)3D 分解 1**》を 右クリックし、メニューより [**スケッチ編集（A）**] を クリック。
2. グラフィックス領域より**削除したい 分解ライン**を 右クリックし、メニューより [**削除（U）**] を クリック。または**削除したい分解ラインを選択**して Delete を押します。

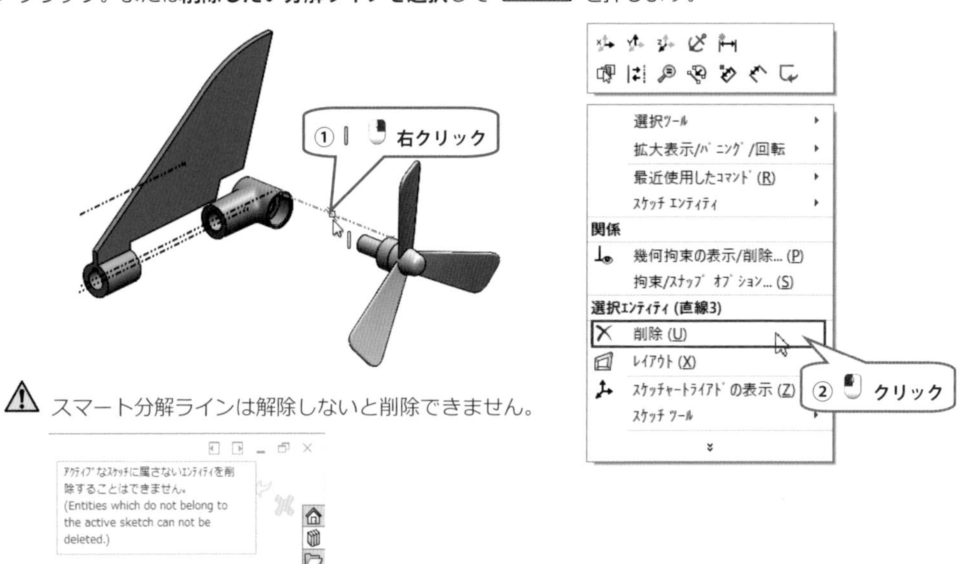

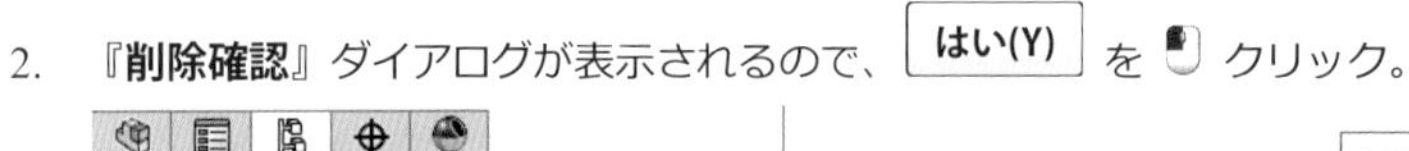

⚠ スマート分解ラインは解除しないと削除できません。

すべての分解ラインを削除

すべての分解ラインを削除するには、次の手順で操作します。

1. 《**(?)3D 分解 1**》を 右クリックし、メニューより [**削除（H）**] を クリック。
   または《**(?)3D 分解 1**》を選択して Delete を押します。
2. 『**削除確認**』ダイアログが表示されるので、 はい(Y) を クリック。

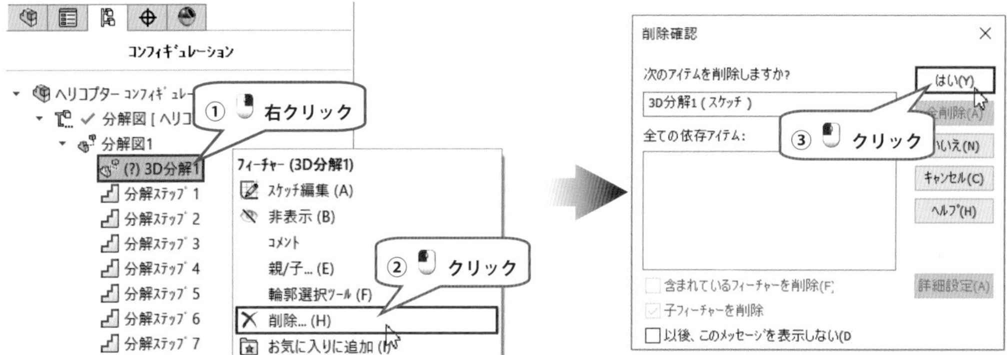

4.3.4 分解ラインスケッチ

[**分解ラインスケッチ**] は、**3D スケッチ**を使用して**分解した構成部品間の位置関係を示すライン**（パス）を**手動で作成**します。

1. Command Manager【**アセンブリ**】タブより [**分解図**] 下の を クリックして**展開**し、[**分解ラインスケッチ**] を クリック。

2. Property Manager に「**分解ライン**」を表示します。
「**接続アイテム（I）**」として下図に示す **2 つの構成部品の ■ 円筒面**を クリックすると、**赤紫色**の**パス**が**プレビュー**されます。**構成部品に表示された灰色の矢印**（ハンドル）は**パスの方向**を意味し、「**オプション（O）**」の「**反対方向（R）**」をチェック ON（☑）すると**反転**できます。

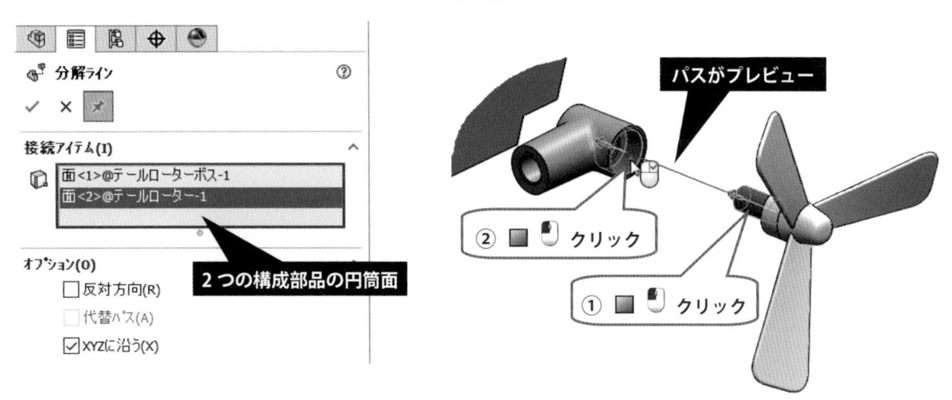

3. [**OK**] ボタンを クリックすると、**黒色の一点鎖線**で**パスが**作成されます。
パスは **3D スケッチ**で作成されています。

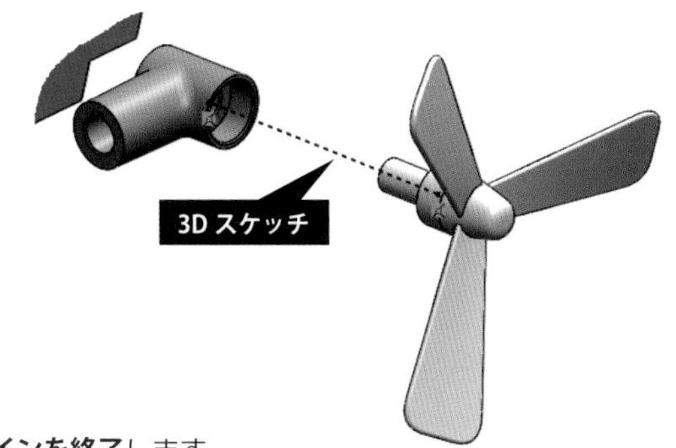

4. [**OK**] ボタンを クリックして**分解ラインを終了**します。

5. **スケッチ編集中の状態**になるので、[**スケッチ終了**] を クリック。

6. Configuration Manager の《**分解図 1**》の中に《**3D 分解 1**》が作成されます。

分解ライン《**3D 分解 1**》は、［**スケッチ編集**］にて編集ができます。

XYZ に沿う

「XYZ に沿う（X）」をチェック ON（☑）にすると、**X、Y、Z 軸方向に平行なパスを作成**します。

「XYZ に沿う（X）」をチェック OFF（☐）にすると、**最短ルートでパスを作成**します。

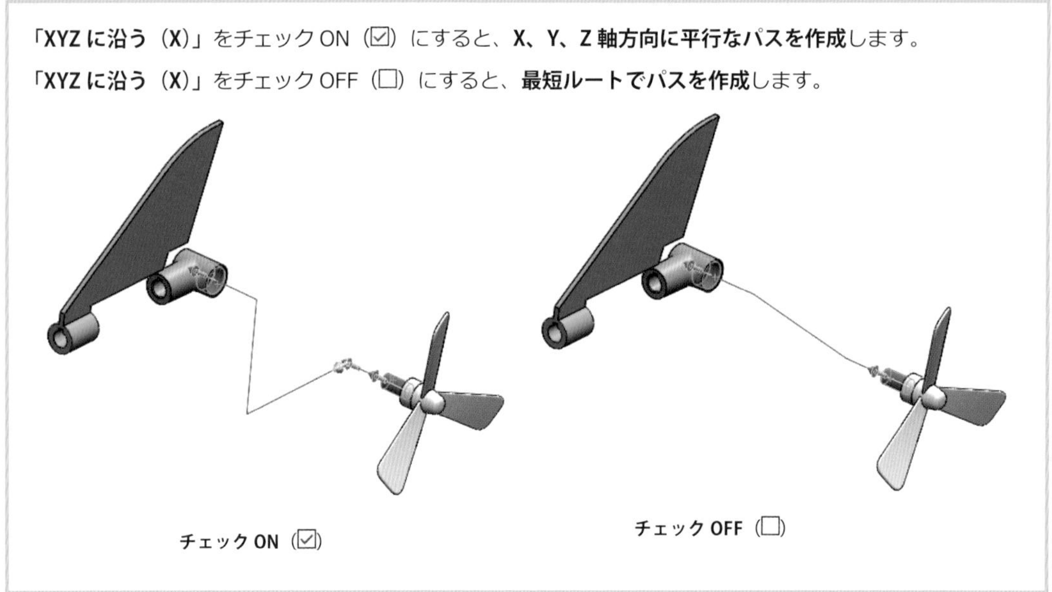

チェック ON（☑）　　**チェック OFF（☐）**

POINT

代替パス

このオプションは、**「XYZ に沿う（X）」**がチェック ON（☑）の時のみ使用できます。

「代替パス（A）」をチェック ON（☑）にすると、**別の使用可能な分解ラインを表示**します。

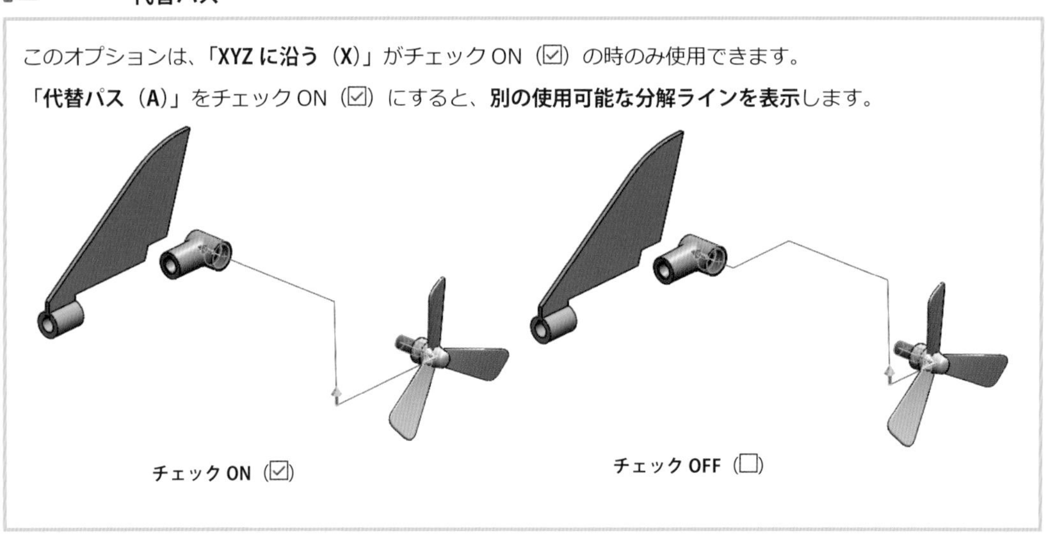

チェック ON（☑）　　**チェック OFF（☐）**

4.4 アセンブリの部品表

アセンブリモデルへの部品表の作成方法と編集方法について説明します。

4.4.1 部品表の挿入

［**部品表**］は、**部品表を自動作成**して**アセンブリのグラフィックス領域内に挿入**します。

1. ［**Feature Manager デザインツリー**］を クリックしてマネージャーパネルを切り替えます。

2. Command Manager【**アセンブリ**】タブより ［**部品表**］を クリック。

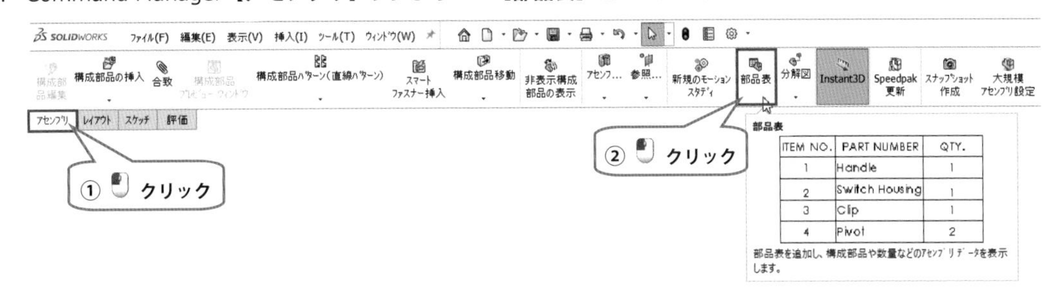

3. Property Manager に「**部品表**」が表示されます。

   ここでは「**テーブルテンプレート**」「**部品表タイプ**」「**部品番号**」「**枠線**」などを設定します。

   デフォルトで選択されている**テーブルテンプレート**｛**bom-standard**｝を使用します。

   （※ を クリックすると、ダイアログからテーブルテンプレートを選択できます。）

   オプションはデフォルトの設定で ［**OK**］ボタンを クリック。

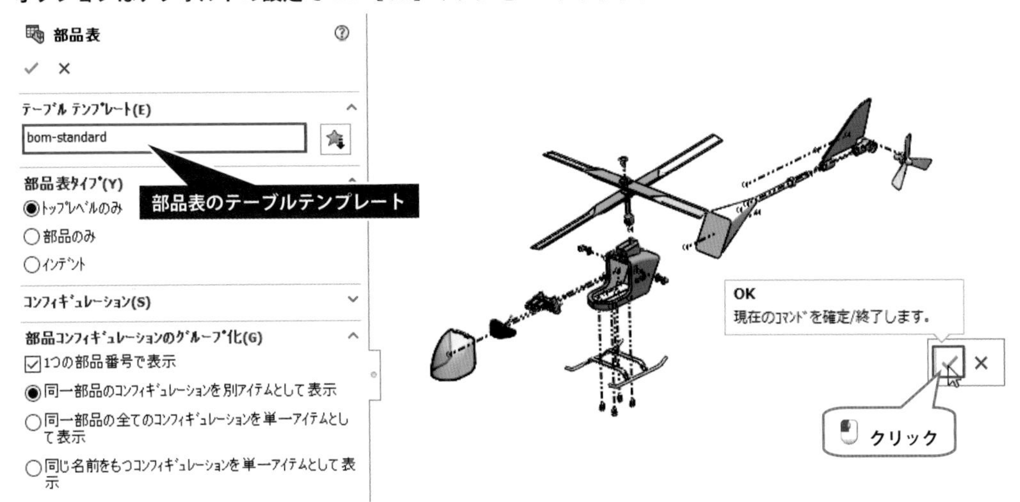

4. 『**アノテートアイテムビューの選択**』ダイアログが表示されます。（※SOLIDWORKS2014 以降の機能です。）

「**既存のアノテートアイテムビュー**」を◉選択し、リストボックスより［**注記領域**］を選択して [OK] をクリック。［**注記領域**］は、**部品表の表示方向を正面に固定**します。

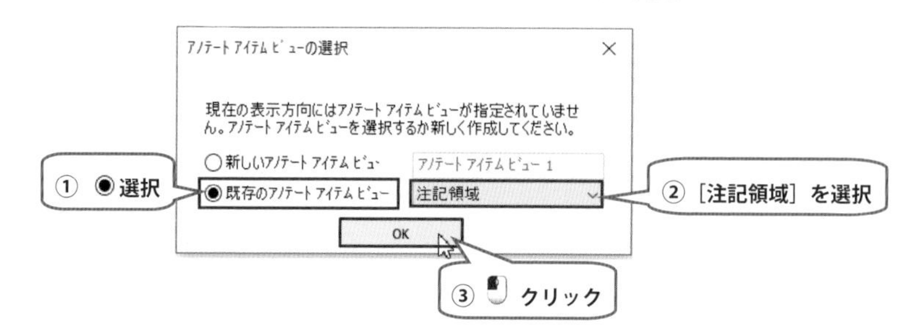

5. **カーソルに**▦**部品表が表示**されるので、**配置する位置**でクリック。
Feature Manager デザインツリーの《**テーブル**》に《**部品表 1<分解図>**》が作成されます。
アノテートアイテムとして《**アノテートアイテム**》＞《**注記**》＞《**注記領域**》に作成されます。
右クリックメニューより表示／非表示の切り替えができます。

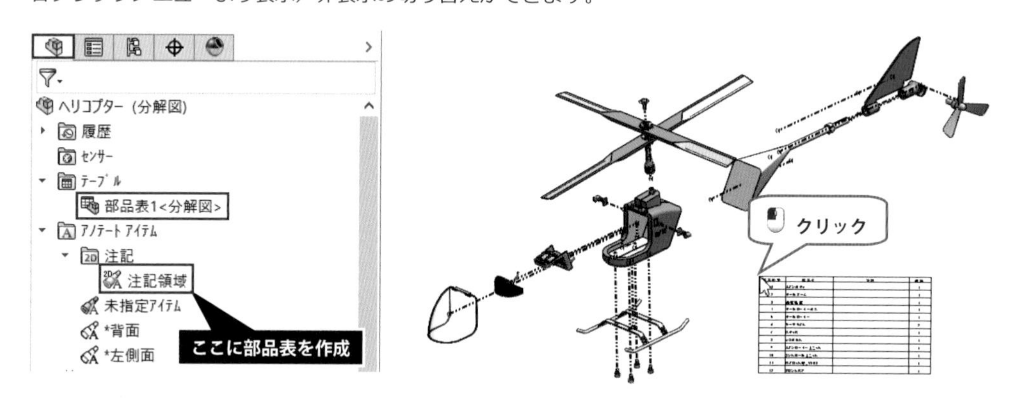

6. ▦**部品表の上に**カーソルを移動し、**表左上に表示**される ✥ をドラッグすると**移動**できます。

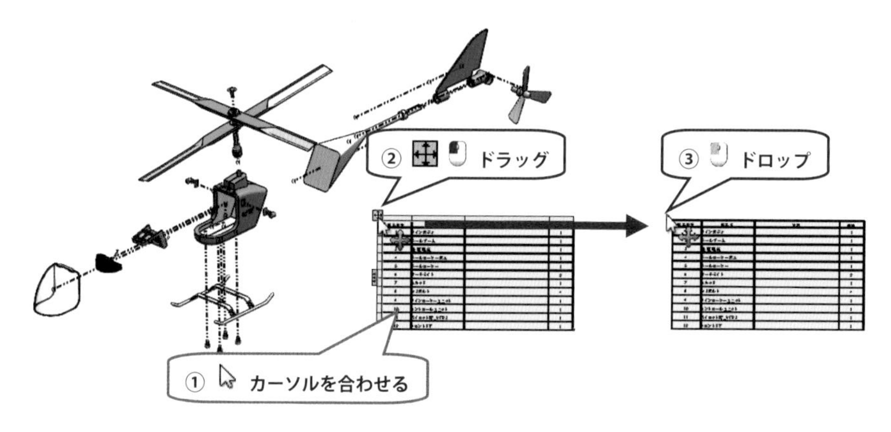

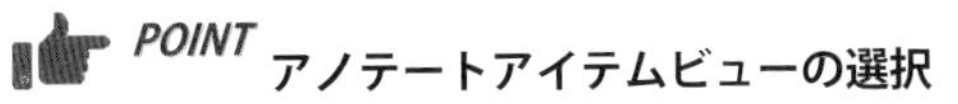

POINT アノテートアイテムビューの選択

「**新しいアノテートアイテムビュー**」は、《アノテートアイテム》＞《注記》に**指定した名前で部品表のためのアノテートビューを作成**します。

「**既存のアノテートアイテムビュー**」は、リストボックスより**既存のアノテートビューを選択**します。

- ［**未指定アイテム**］は、**現在のビュー**で部品表を配置します。

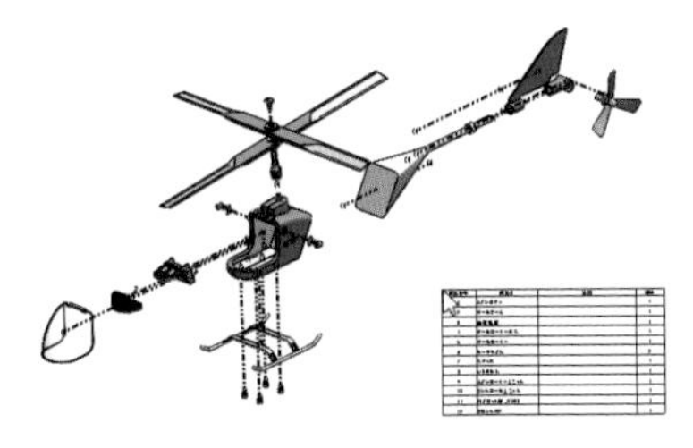

- ［**注記領域**］は、**現在のビュー**で部品表を配置します。
  モデルを回転しても、**部品表の表示方向は固定**されます。

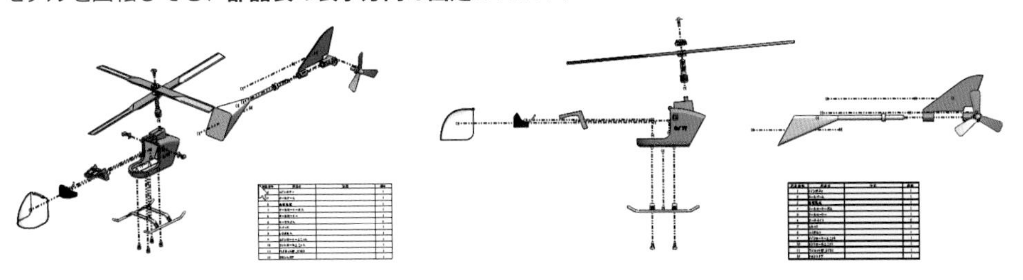

- ［**背面**］は、アセンブリの《**正面**》に部品表を配置します。

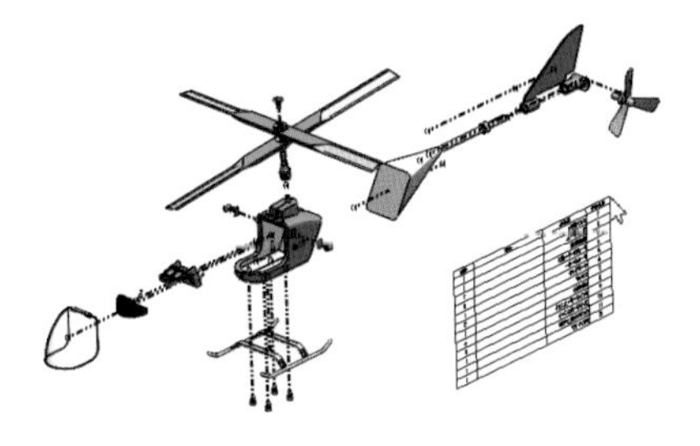

- ［**左側面**］は、アセンブリの《**左側面**》に部品表を配置します。

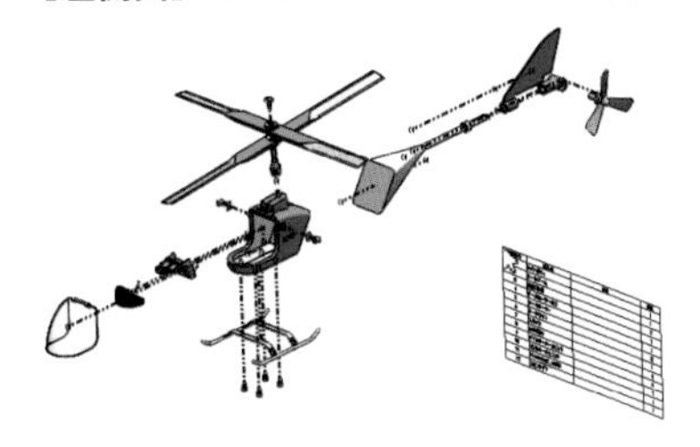

4.4.2 新規ウィンドウでテーブル表示

部品表のみを別ウィンドウで表示できます。これにより編集がしやすくなります。

1. Feature Manager デザインツリーより《**部品表 1<分解図>**》を 右クリックし、メニューより［**新規ウィンドウでテーブル表示（C）**］を クリック。

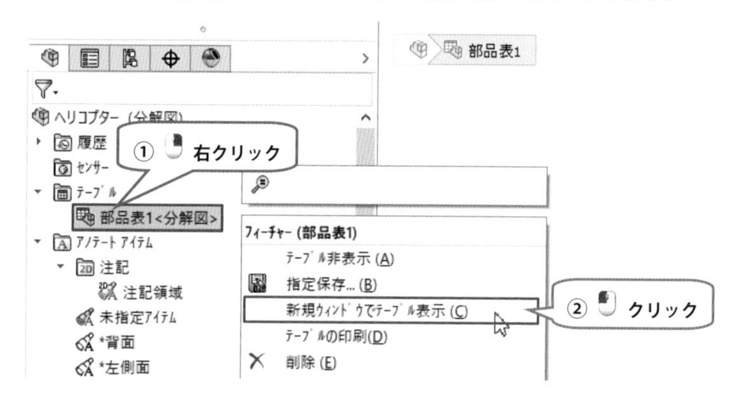

2. **部品表のみが隔離されて別ウィンドウに表示**されます。

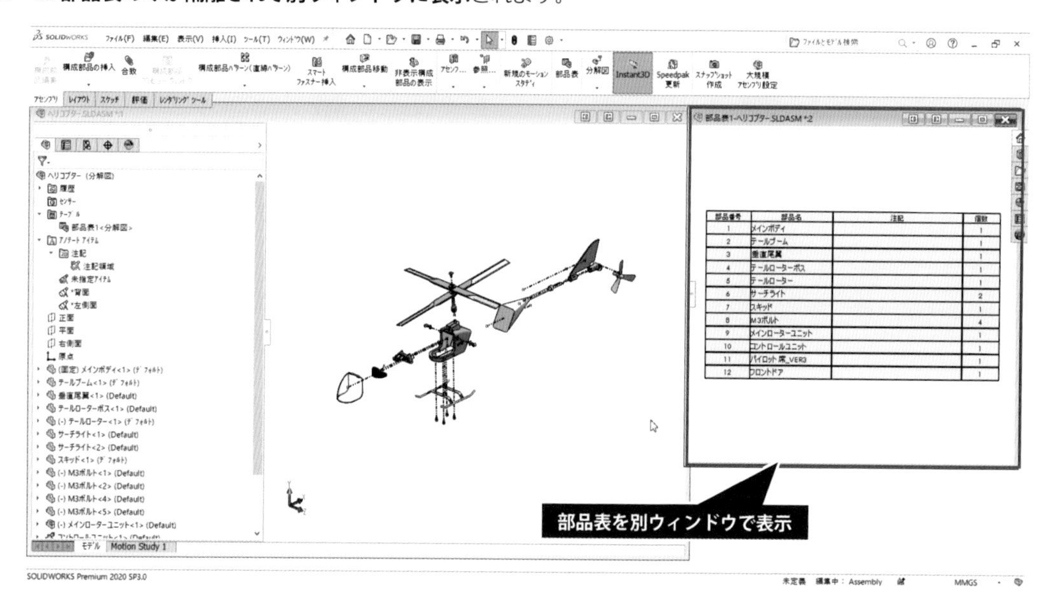

4.4.3 部品表の編集

部品表の列幅と行高、全体の大きさを調整する方法について説明します。

1. **部品表の罫線上に カーソルを移動**し、 **マークが表示**されたときに ドラッグすると、**列幅**と**行幅**を**調整**できます。

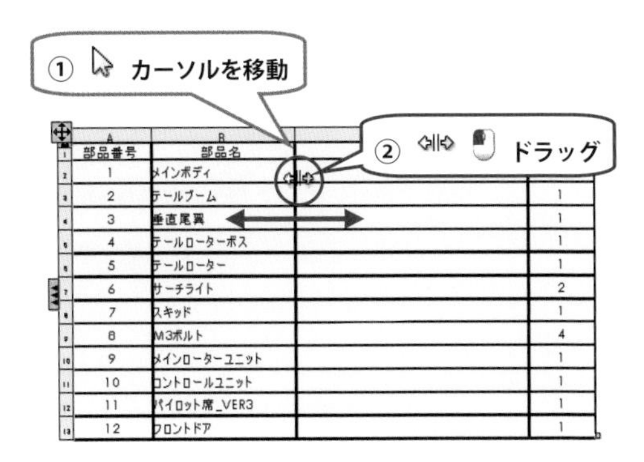

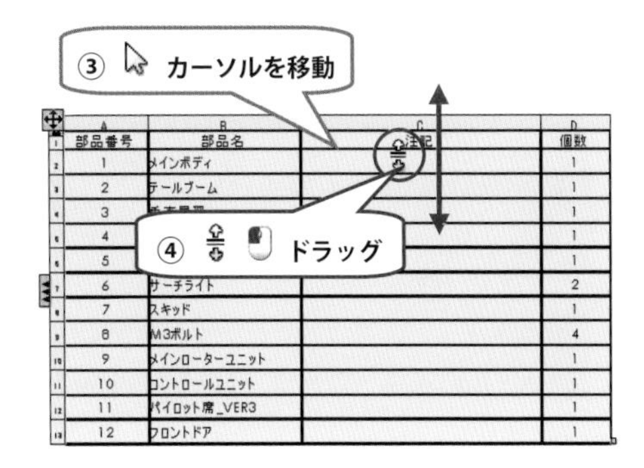

2. **部品表の角（右下、右上、左下）に カーソルを移動**し、 **マークが表示**されたときに ドラッグすると、**部品表全体の大きさを調整**できます。 ドロップして**部品表の大きさを確定**します。

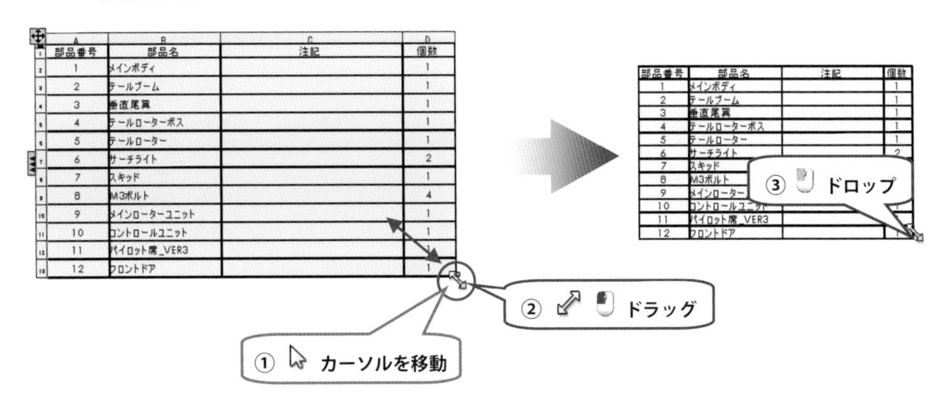

3. 部品表を表示する**ウィンドウ右上**の ［**クローズボックス**］を クリックして閉じます。

4. ［**保存**］にて**上書き保存**します。

4.5 3D PDF

3D PDF とは **PDF ドキュメントに 3D データを埋め込んだもの**で、SOLIDWORKS は**エクスポートのみ対応**しています。作成された PDF ファイルは、無償の「**Adobe Acrobat Reader**」で**閲覧**できます。
モバイル専用のアプリ「**3D PDF Reader**」を使用すれば、タブレットやスマートフォンでも閲覧可能です。

4.5.1 3D PDF 出力

アセンブリ {**ヘリコプター**} を **3D PDF 形式**で**出力**してみましょう。

1. **メニューバー**の［**ファイル（F）**］＞ ［**指定保存（A）**］または **標準ツールバー**の ［**指定保存**］を クリック。

2. 『**指定保存**』ダイアログが表示されます。
「**ファイルの種類（T）**」は［**Adobe Portable Document Format（*.pdf）**］を**選択**します。
「**3D PDF 保存（3）**」のチェック ON（☑）にし、 **オプション** を クリック。

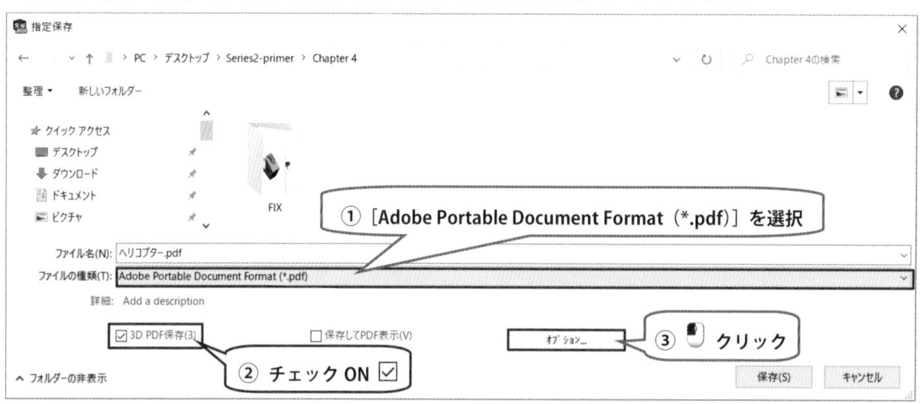

3. 『**システムオプション**』ダイアログが表示されます。
「**精度**」から「**中**」を◉選択して **OK** を クリック。

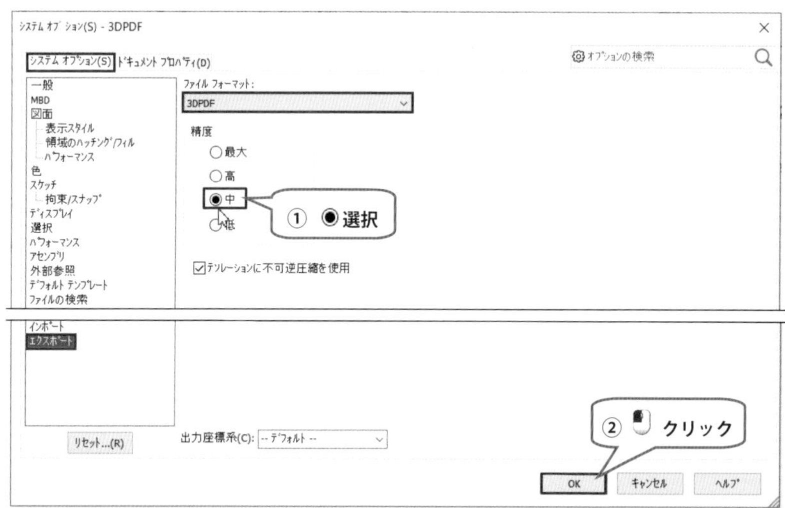

⚠［**最大**］を選択すると、ファイルサイズが非常に大きくなるので注意してください。

4.　『**指定保存**』ダイアログに戻るので、 保存(S) を クリックして**出力を開始**します。
作成された PDF ファイルを「**Adobe Acrobat Reader**」で開いてみましょう。

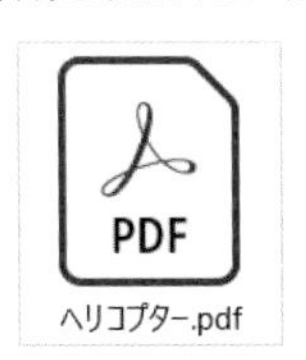

5.　**ウィンドウ上部に** 3D コンテンツは無効になっています。この文書を信頼できる場合は、この機能を有効にしてください。
というメッセージが表示されます。
オプション を クリックし、［**今回のみこの文書を信頼する**］または［**常にこの文書を信頼する**］を クリック。

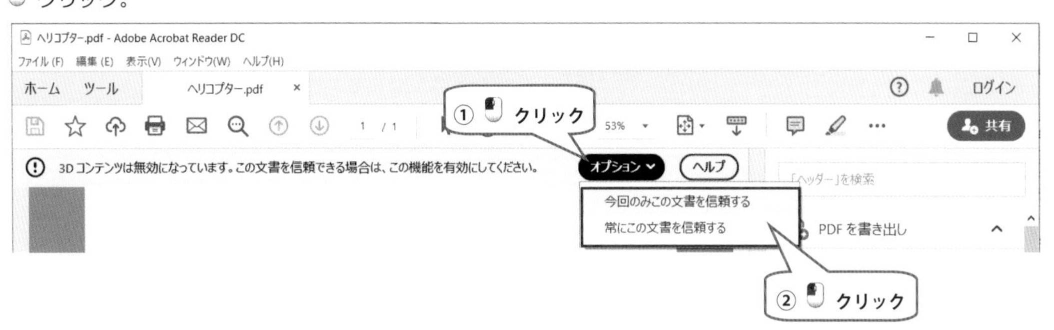

6.　**グラフィックス領域**を クリックすると、**ヘリコプターモデル**と「**3D ツールバー**」が表示されます。

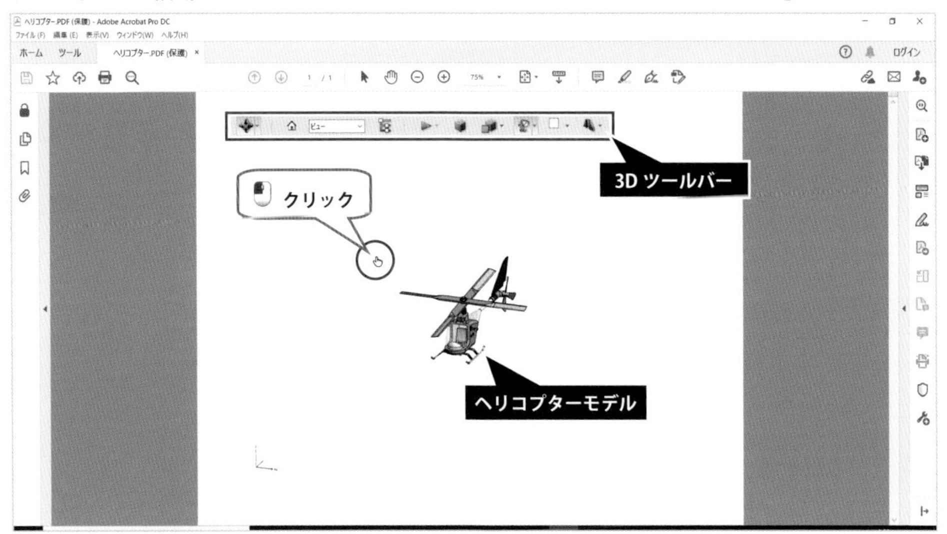

（※**3D ツールバーが表示されていない場合**は、グラフィックス領域で 右クリックし、［**ツール**］＞［**ツールバーの表示**］を選択します。）

4.5.2 回転、拡大／縮小、画面移動

SOLIDWORKS と同じように、**マウス操作**で「**モデルの回転**」「**拡大／縮小**」「**画面移動**」ができます。

1. マウスホイールを ⬆ **奥側**にスクロールすると**拡大**、⬇ **手前側**にスクロールすると**縮小**します。
   右ドラッグで**上方向に移動で拡大**、**下方向に移動で縮小**できます。

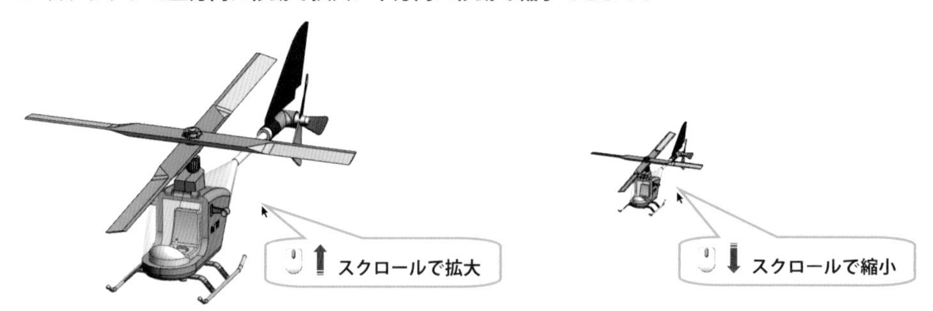

2. デフォルトで「**3D ツールバー**」の［**回転**］が選択されています。
   ドラッグするとモデルが**回転**します。

3. CTRL を押しながら ドラッグすると、**モデルが平行移動**します。

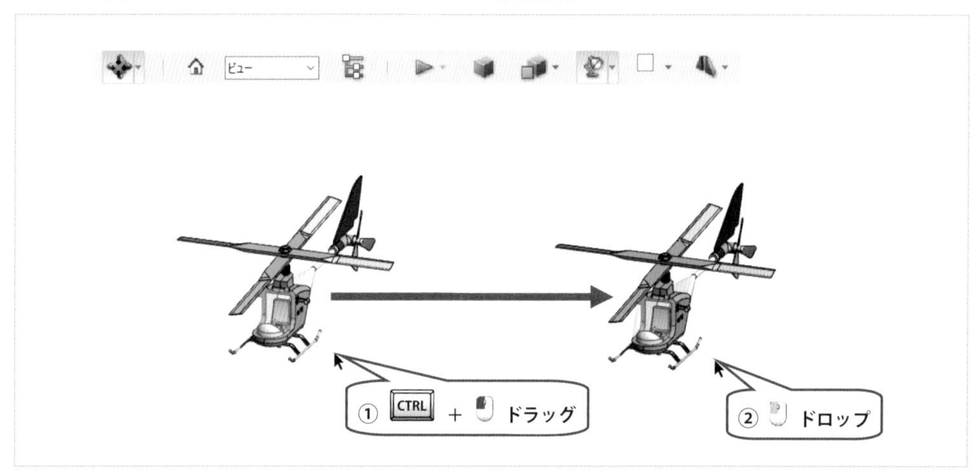

4.5.3 3D ものさしツール

[3D ものさしツール] は、**モデルの距離や角度などを計測**して**寸法や引出線を配置**します。

1. 「**3D ツールバー**」の [**回転**] **横**にある を クリックすると、**プルダウンメニューを表示**します。
   [**3D ものさしツール**] を クリック。

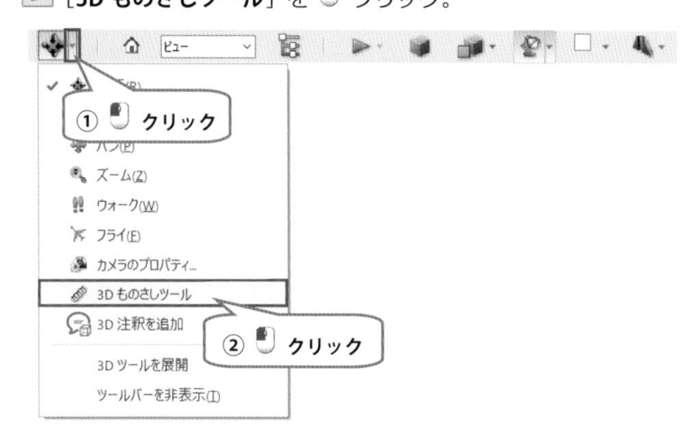

2. 『**3D ものさしツールのヒント**』ダイアログが表示された場合は、 OK を クリック。

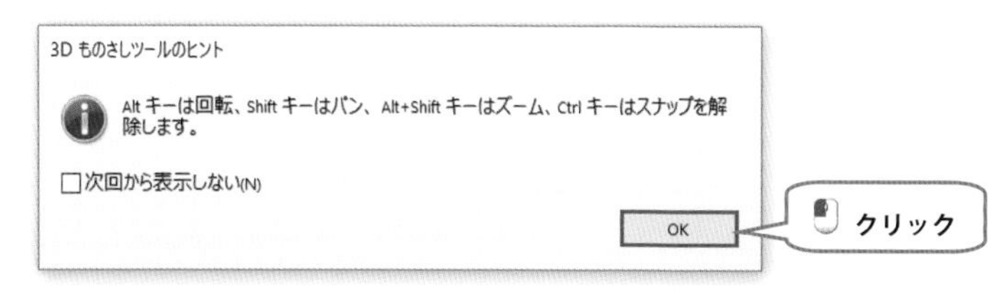

3. 「**スナップ設定**」および「**測定タイプ**」を選択するための「**ものさしツール**」が表示されます。
   青色のアイコンが**オン**、**灰色**のアイコンが**オフ**を意味しており、 クリックしてオン／オフを切り替えます。

   直線エッジに長さ寸法を記入します。
   下図に示すモデルの**直線エッジ**を クリックすると、**長さを引出線で表示**します。
   続けて**グラフィックス領域**で クリックすると**長さ寸法を表示**するので、**配置位置**で クリック。
   (※**寸法を削除する場合**は、寸法を クリックして選択し、 右クリックメニューより [**削除 (L)**] を選択します。)

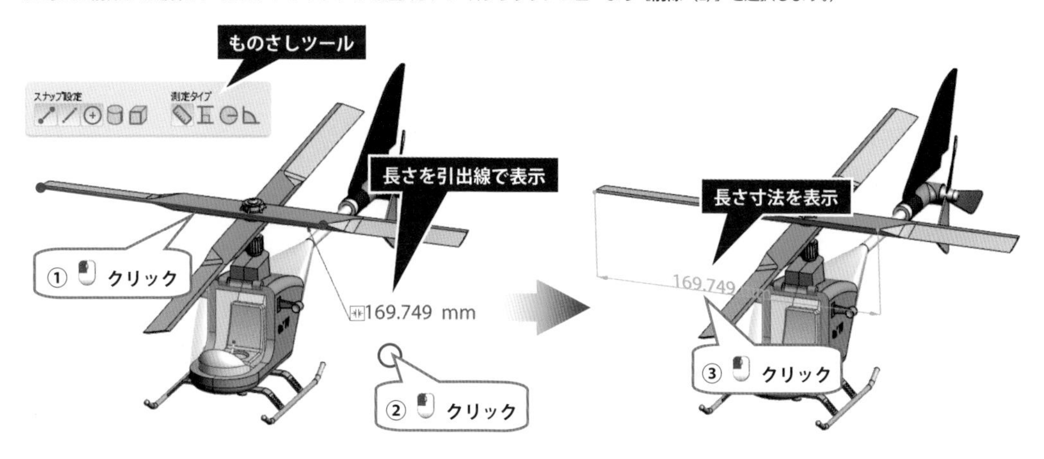

4. **平行な直線エッジ間の距離寸法を記入**します。
   「ものさしツール」で ［**線のエッジに 3D スナップ**］と ［**3D 垂直寸法**］を**オン**、**ほかのスナップと測定タイプをオフ**にします。

5. 下図に示すモデルの**2 つの直線エッジ**を クリックすると、**距離寸法が表示**されます。
   配置位置で クリック。

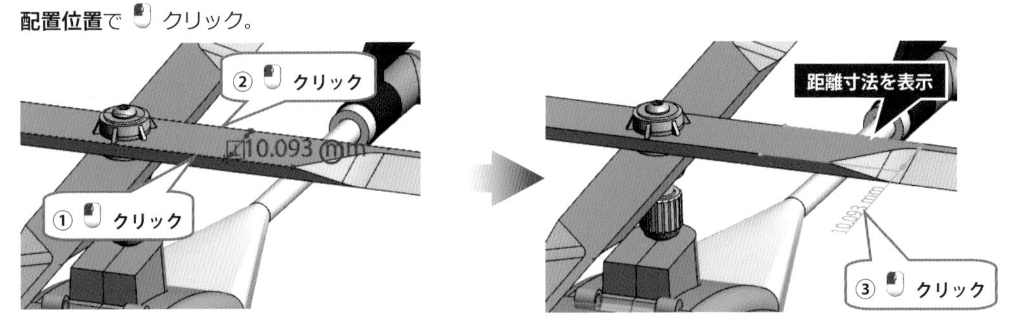

6. **円形エッジに半径寸法を記入**します。
   「ものさしツール」で ［**円のエッジに 3D スナップ**］と ［**3D 円形寸法**］を**オン**、**ほかのスナップと測定タイプをオフ**にします。

7. 下図に示すモデルの**円形エッジ**を クリックすると、**半径値を引出線で表示**します。
   続けて**グラフィックス領域**で クリックすると**半径寸法を表示**するので、**配置位置**で クリック。

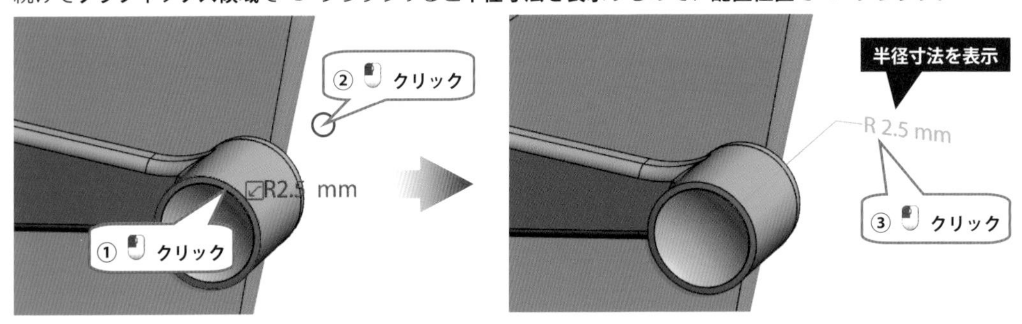

8. **角度のある 2 つの直線エッジ間の角度寸法を記入**します。

「ものさしツール」で ［**線のエッジに 3D スナップ**］と ［**3D 角度測定**］を**オン**、**ほかのスナップと測定タイプをオフ**にします。

9. 下図に示すモデルの **2 つの直線エッジ**を クリックすると、**角度寸法が表示**されます。

配置位置で クリック。

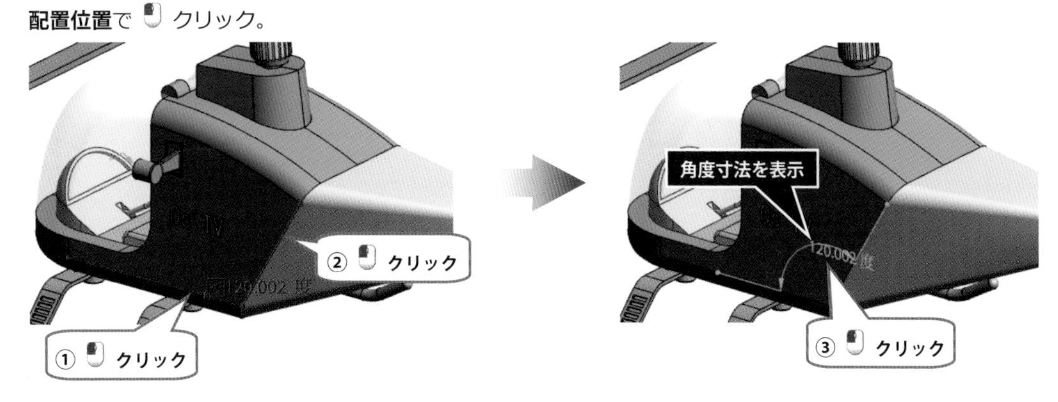

10. ESC を押して ［**3D ものさしツール**］を**終了**します。

4.5.4 初期ビューの表示

「3D ツールバー」の ［**デフォルトビュー**］を クリック、または ビュー の を クリックをしてリストより［**Default**］を選択すると**初期ビューを表示**します。

［**3D ものさしツール**］で**寸法を記入したビュー**は、**自動的に登録**されます。

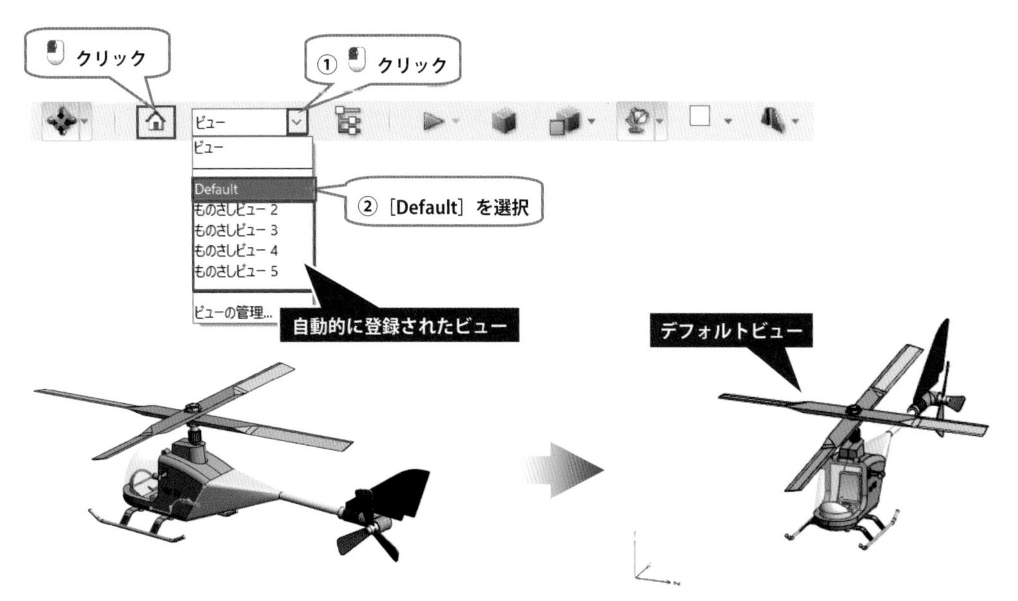

4.5.5 ビューの管理

ビューの管理では、「**新規ビューの作成**」「**ビューの削除**」「**名前の変更**」などが可能です。

新規ビューを作成する場合は、次の手順で操作します。（※Adobe Acrobat Pro のみの機能です。）

1. ビューの「**大きさ**」「**角度**」「**位置**」を**調整**します。

2. [ビュー] の [∨] を クリックし、リストより［**ビューの管理**］を選択します。

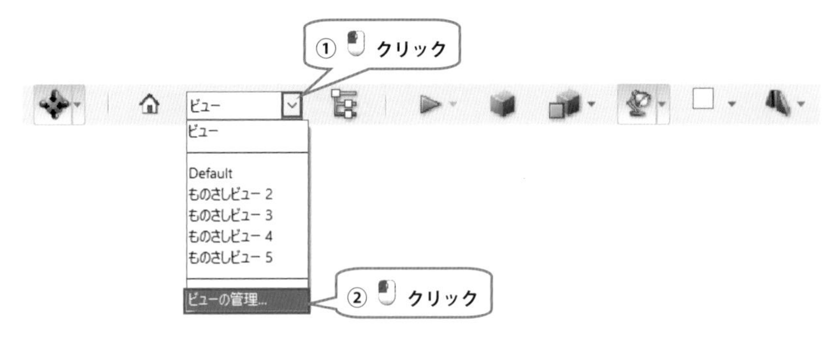

3. 『**ビューの管理**』ダイアログが表示されるので、[新規ビュー(N)] を クリック。
『**ビューのプロパティ**』ダイアログが表示されるので、「**表示設定**」にてプロパティの ON（☑）／OFF（☐）を設定し、[OK] を クリック。

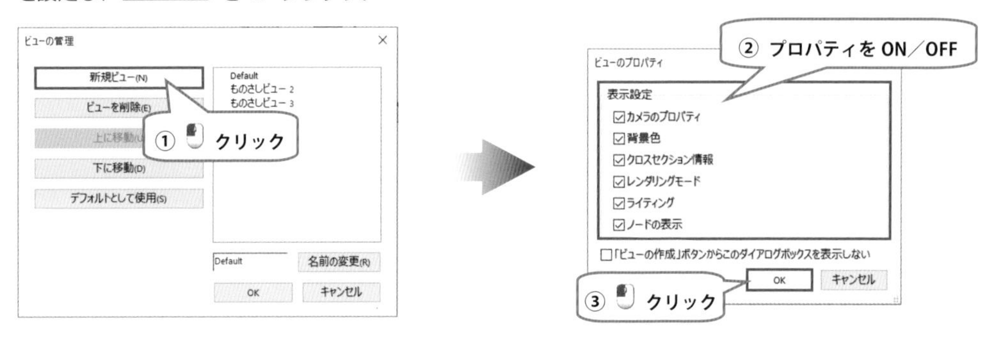

4. 『**ビューの管理**』ダイアログに戻るので、**ビューの名前**を 入力して [OK] を クリック。
ビューのリストに**入力した名前のビューが追加**され、選択すると作成したビューでモデルを表示します。

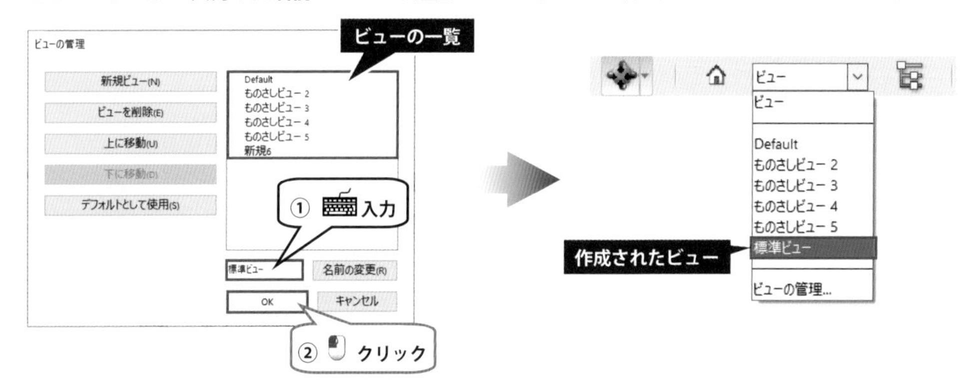

4.5.6 投影法の切り替え

投影法の切り替え方法について説明します。

投影方法には**平行投影**と**透視投影（パース）**の2つがあり、**デフォルト**では**平行投影**で表示します。
「3D ツールバー」の［**透視投影を使用**］を クリックすると、**透視投影（パース）**に切り替わります。
アイコンは［**平行投影を使用**］に変わります。クリックすると**平行投影**に切り替わります。

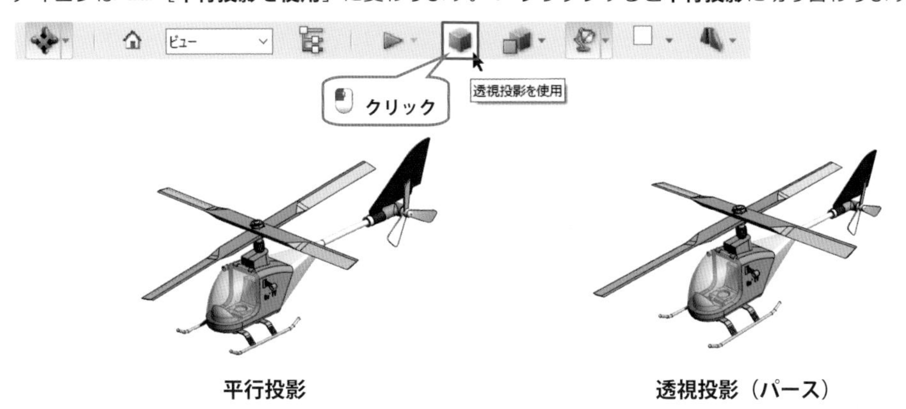

平行投影　　**透視投影（パース）**

4.5.7 レンダリングモードの切り替え

レンダリングモードの切り替え方法について説明します。

「3D ツールバー」の を クリックし、メニューより適用する**レンダリングモード**を選択します。
［**透明境界ボックス**］［**ソリッド**］［**透明**］［**ソリッドワイヤフレーム**］［**イラストレーション**］
［**ソリッドアウトライン**］［**影付きイラストレーション**］などがあります。
デフォルトでは、［**ソリッドアウトライン**］でモデルを表示します。

4.5.8 照明のタイプの切り替え

照明のタイプの切り替え方法について説明します。

「3D ツールバー」 横の を クリックすると、**エクストラライティングツールを表示**します。
メニューより**適用する照明のタイプを選択**します。
［ライトなし］［ホワイトライト］［デイライト］［明るいライト］［原色のライト］［ナイトライト］
［ブルーライト］［レッドライト］［キューブライト］［CAD 用の最適化されたライト］［ヘッドランプ］がありま
す。**デフォルト**では、**［ヘッドランプ］**でモデルを表示します。

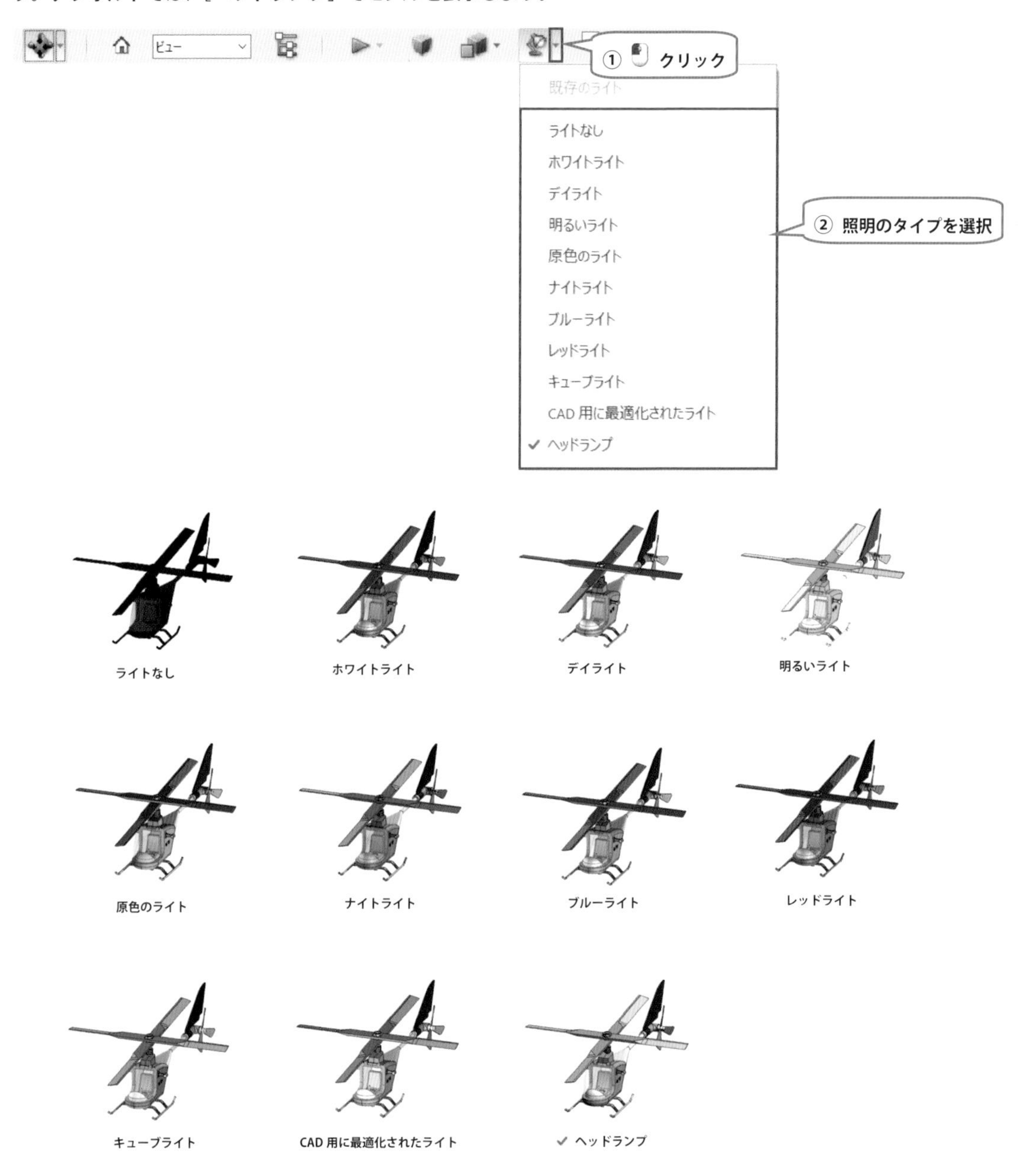

4.5.9 クロスセクションの切り替え（断面表示）

SOLIDWORKS 同様にモデルの断面を表示できます。断面平面の選択、位置や傾きの調整などを設定できます。

1. **「3D ツールバー」**の［**クロスセクションの切り替え**］をクリックすると、**モデルの断面を表示**します。**デフォルト**では、「**XY 平面（整列：Z 軸）**」でモデルを表示します。

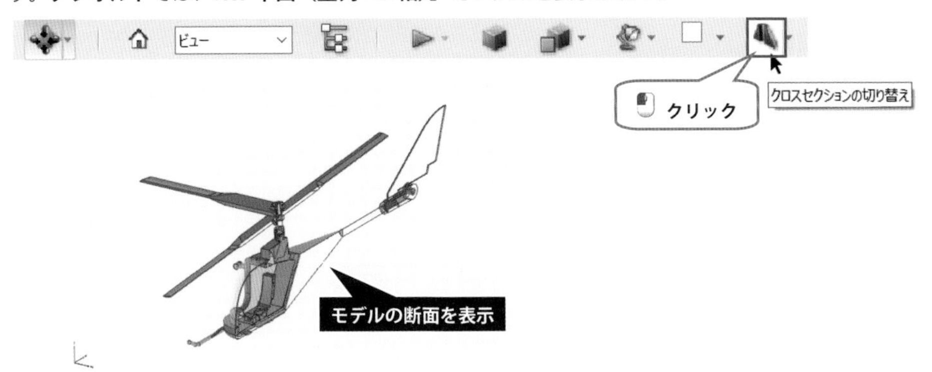

2. 横の をクリックし、メニューより［**クロスセクションのプロパティ**］をクリック。
『**クロスセクションのプロパティ**』ダイアログが表示されるので、断面表示のプロパティを設定します。
下図は、断面平面を「**YZ 平面（整列：X 軸）**」で表示しています。
「**位置と向き**」でオフセットや傾きを スライダーバーで調整、カット方向の反転ができます。
「**クロスセクションを有効にする**」をチェック OFF（☐）にすると、**断面設定をリセット**できます。

3. を クリックして『**クロスセクションのプロパティ**』ダイアログを閉じます。

4. を クリックして「**Adobe Acrobat Reader**」を**終了**します。

4.6 eDrawings

eDrawings Professional は、2D 図面および 3D モデル用のビューアーで、**SOLIDWORKS Professional** および **SOLIDWORKS Premium** と共にインストールされます。

eDrawings Professional では、次の操作を実行できます。

- 印刷をする
- ファイルをマークアップする
- 断面図を参照する
- 寸法を測定する
- アセンブリの構成部品を移動する
- 分解図を表示する
- 質量特性を表示する
- ファイルを作成する際にパスワードによって保護する

4.6.1 eDrawings 作成

アセンブリモデルを **eDrawings ファイル**として**保存**します。

1. **メニューバー**の［**ファイル（F）**］> ［**eDrawings 作成（B）**］を クリック。

2. 『**eDrawing ファイルにコンフィギュレーションを保存**』ダイアログが表示されます。
「**コンフィギュレーションの選択**」「**STEP ファイルの添付**」「**オプションの設定**」「**パスワードの設定**」ができます。 **列**の**分解図**をチェック ON（☑）にし、 OK を クリック。

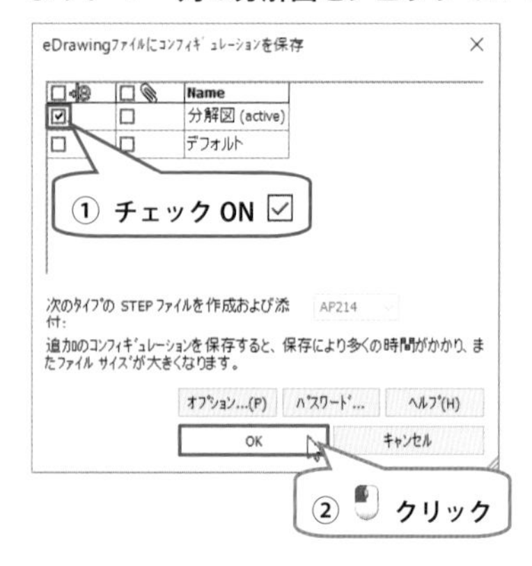

3. **eDrawings Professional** が**起動**します。
『**ソフトウェアライセンス契約書**』ダイアログが表示された場合は、 **同意します** を クリック。

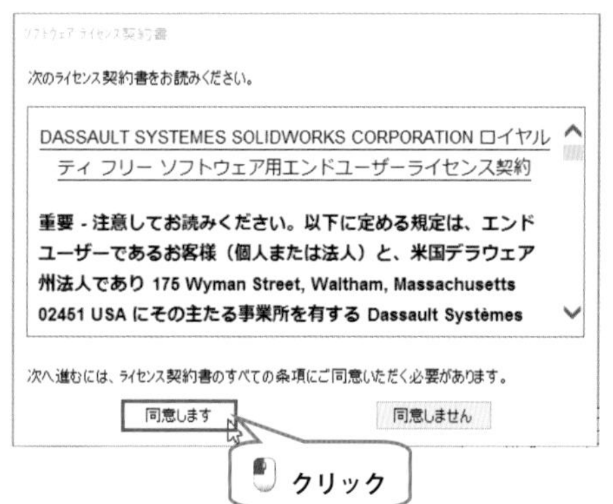

4.6.2 *eDrawings ユーザーインターフェース*

eDrawings の**ユーザーインターフェース**について説明します。

ユーザーインターフェースは、「**メニューバー**」「**ツールバー**」「**グラフィックス領域**」で構成されます。

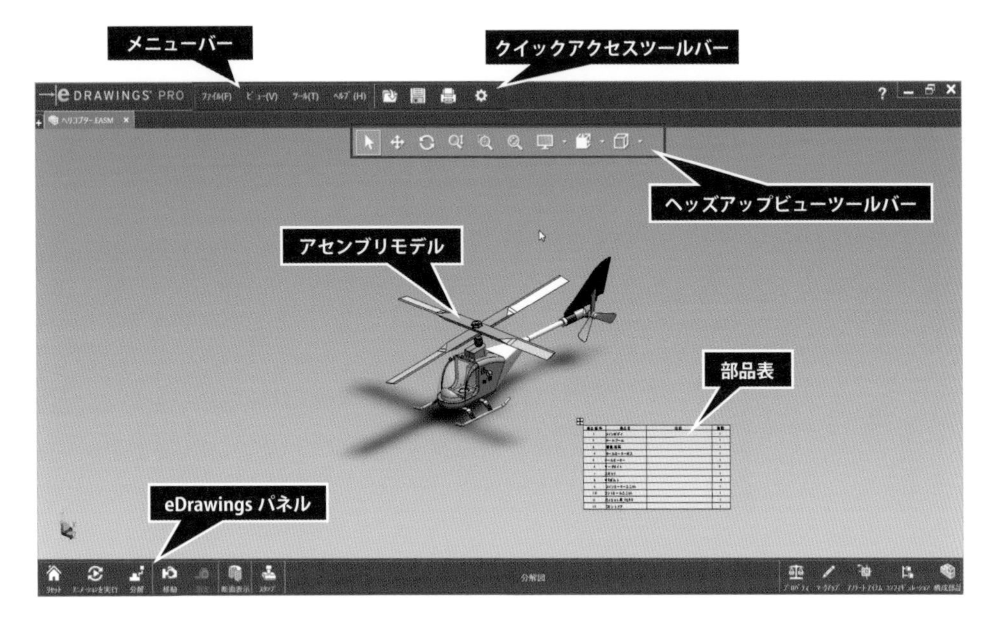

クイックアクセスツールバーには、**よく使用するコマンドのアイコンを表示**しています。
［**開く**］、［**保存**］、［**印刷**］、［**オプション**］があります。

ヘッズアップビューツールバーには、**表示操作に関するコマンドのアイコンを表示**しています。
［**選択**］、［**パン**］、［**回転**］、［**拡大表示**］、［**一部拡大**］、［**ウィンドウにフィット**］、
［**表示設定**］、［**表示方向**］、［**表示スタイル**］があります。

eDrawings パネルには、**ファイルの種類に応じたツールのコマンドアイコンを表示**します。

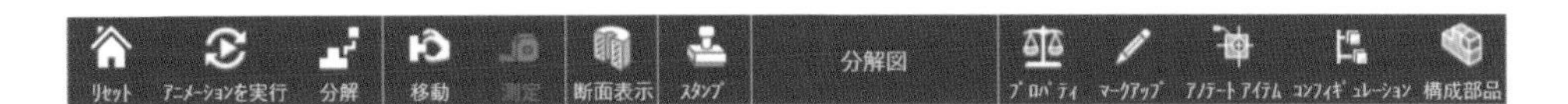

4.6.3 eDrawings の画面操作

SOLIDWORKS と同様に、**画面操作**は**マウス**または**ヘッズアップビューツールバー**にて行います。

1. SOLIDWORKS と同様の**マウス操作**で「**回転**」「**拡大縮小**」「**移動**」ができます。

   中ボタンドラッグで**回転する方向にマウスを移動**します。

   マウスホイールを ⬇ **手前側に回すと拡大**し、⬆ **奥側に回すと縮小**します。

   CTRL を押しながら中ボタンを ドラッグし、**移動する方向にマウスを移動**します。

2. **デフォルトは平行投影で表示**しますが、**パース（透視投影）**に切り替えができます。

   ヘッズアップビューツールバーの ［**表示設定**］を クリックし、メニューより ［**パース表示**］を クリック。

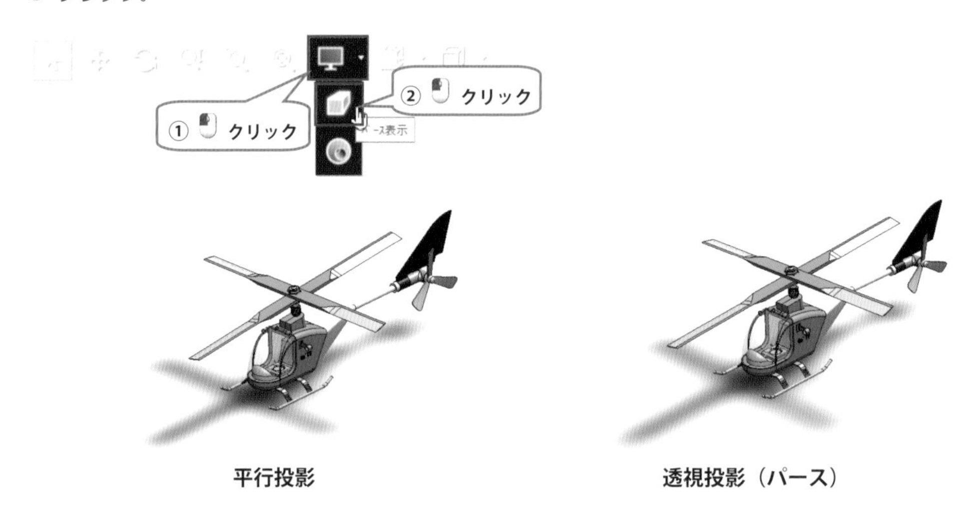

平行投影　　透視投影（パース）

3. モデルを**標準表示方向で表示**します。

   ヘッズアップビューツールバーの ［**表示方向**］を クリックし、メニューより**表示方向のアイコン**を クリック。

   ［上］、［左］、［前］、［右］、［後ろ］、［下］、［等角投影］、［平面に垂直に表示］があります。［**平面に垂直に表示**］は、**事前に平面を選択しておく必要**があります。

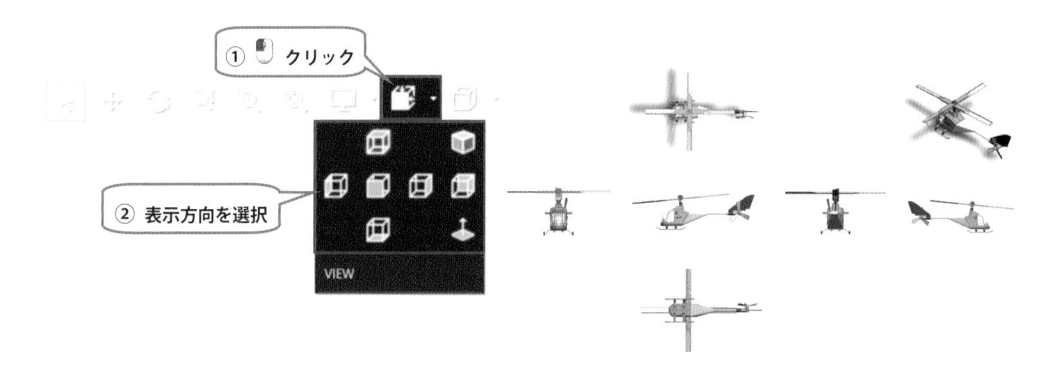

4. **ヘッズアップビューツールバー**の ［**表示スタイル**］は、モデルの**表示スタイルを変更**します。
［**ワイヤフレーム**］、［**エッジシェイディング**］、［**シェイディング**］より選択します。

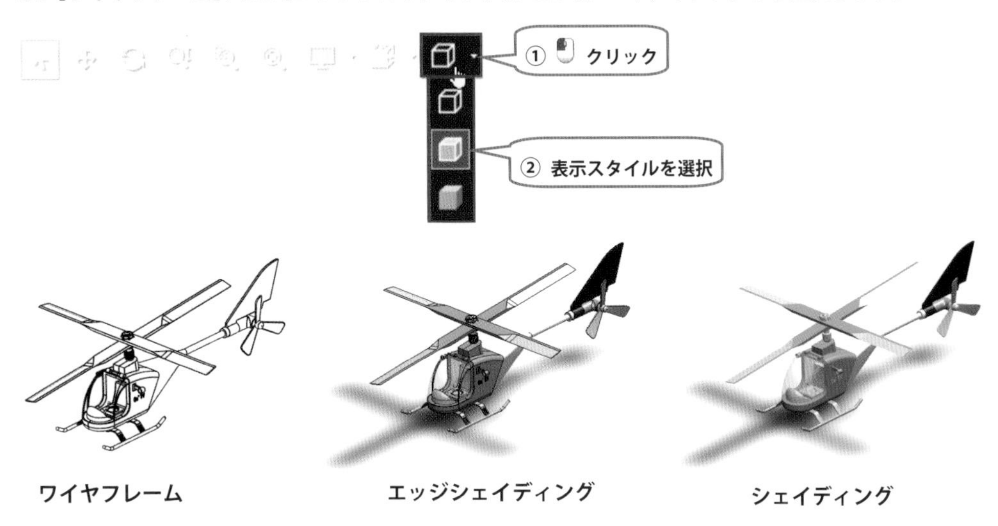

ワイヤフレーム　　エッジシェイディング　　シェイディング

4.6.4 アニメーション

部品またはアセンブリは、**標準の表示方向を使用してアニメーションを表示**します。

図面は、**図面ビューを使用してアニメーションを表示**します。

1. **eDrawings パネル**より ［**アニメーションを実行**］を クリックし、表示されるツールバーより を クリックすると、**アニメーションを開始**します。

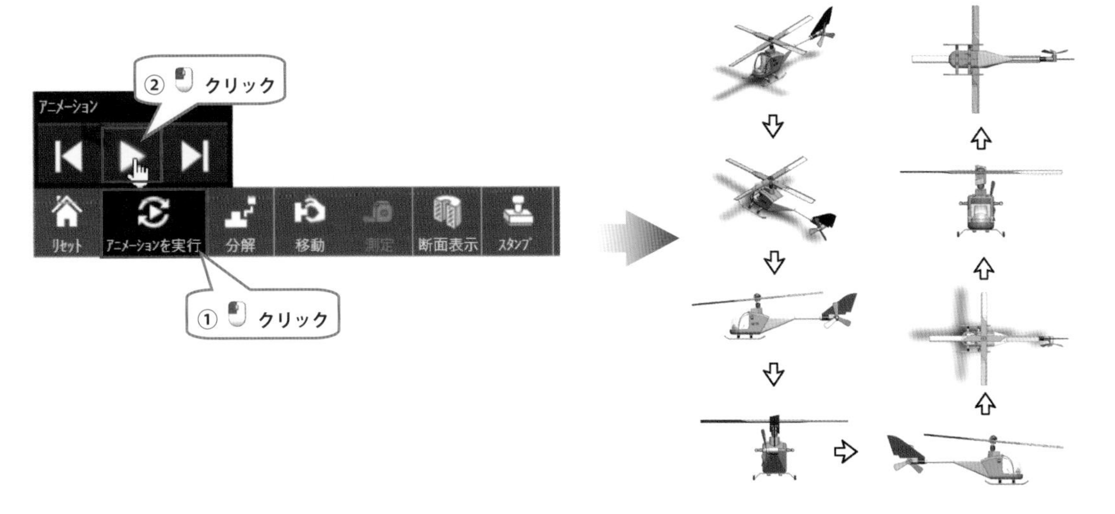

2. アニメーションを**一時停止**するには、 を クリック。

3. ［**リセット**］を クリックすると、**アニメーションを終了**して**初期ビューを表示**します。

4.6.5 断面表示

SOLIDWORKS と同様に**モデルの断面を表示**できます。

1. **eDrawings パネル**より [**断面表示**] を クリックすると、**モデルを断面表示**します。
   デフォルトの断面平面は、 [**XY 平面**] です。

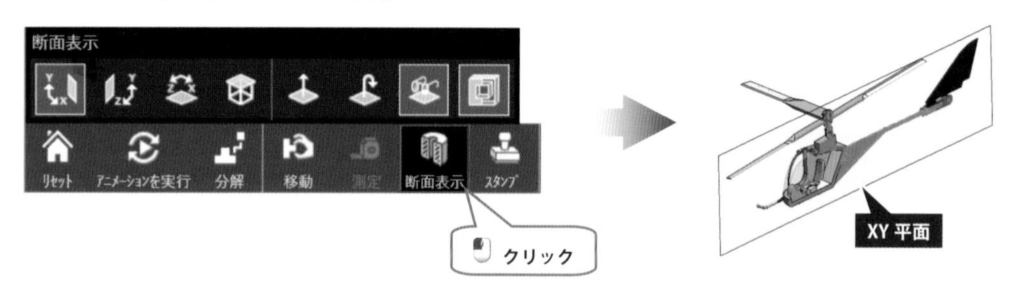

2. **拡張して表示**される「**断面表示**」ツールバーより**断面表示をコントロール**できます。

   [**YZ 平面**]、 [**XZ 平面**] を クリックすると、**断面平面**が切り替わります。

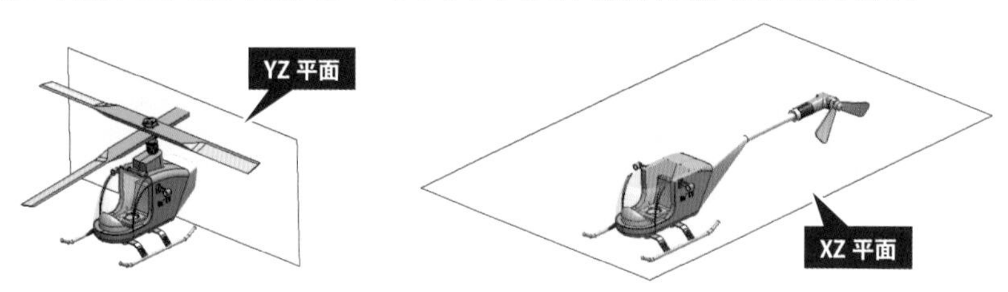

   [**面平面**] は、**選択した面を断面平面**にします。
   グラフィックス領域より**面を選択**し、 [**面平面**] を クリックすると、**選択面が断面平面**になります。

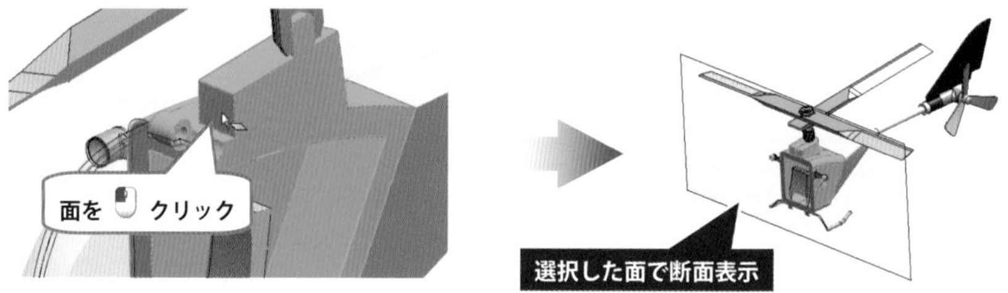

   [**平面に垂直に表示**] は、**断面平面をディスプレイに対して平行**にします。

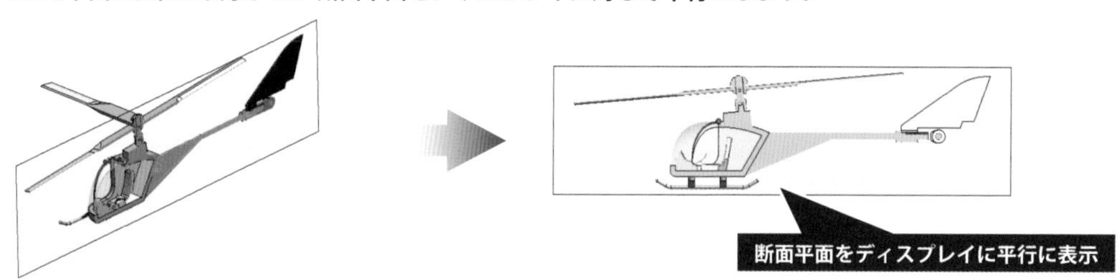

[**反転**] は、**断面平面でカットする方向を反転**します。

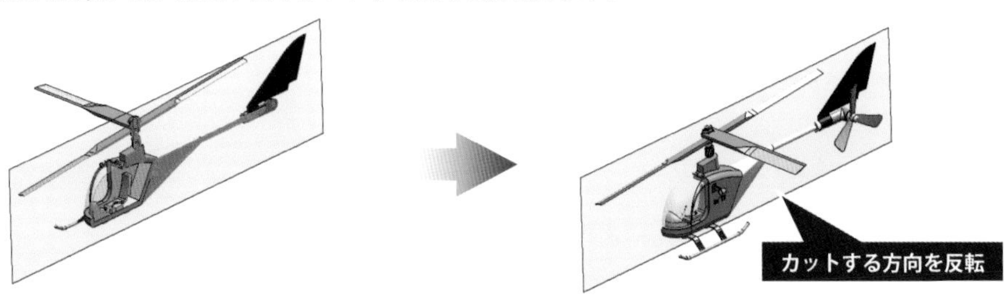

[**平面を非表示にする**] は、**断面平面を表示または非表示**にします。

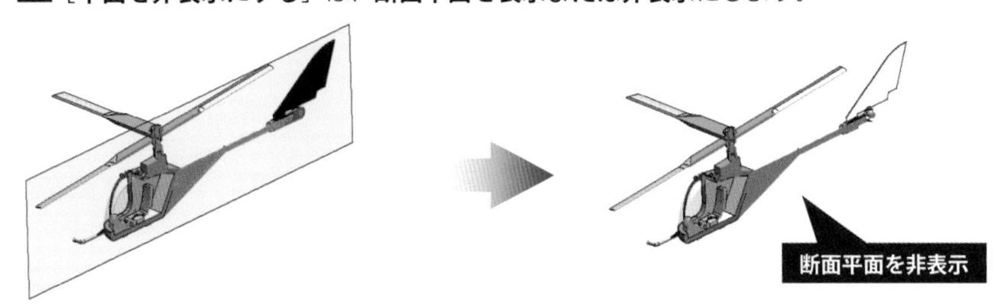

[**キャップ表示**] は、**断面平面に表示されるキャップを表示または非表示**にします。

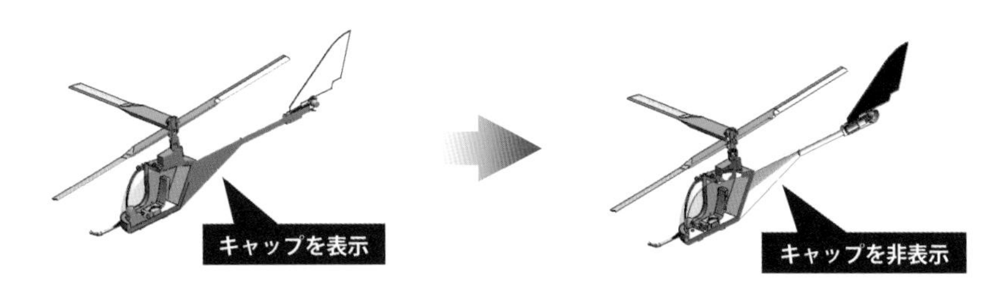

3. [**リセット**] を クリックすると、**断面表示を終了**して**初期ビューを表示**します。

4.6.6 *eDrawings 実行可能ファイル*

eDrawings 実行可能ファイルは、**eDrawings Viewer** と **eDrawings ファイル**の両方を含んでいます。
この形式で保存すると、eDrawings がインストールされていないパソコンでもファイルが開けます。

1. **メニューバー**の [**ファイル (F)**] > [**名前を付けて保存 (A)**] を クリック。

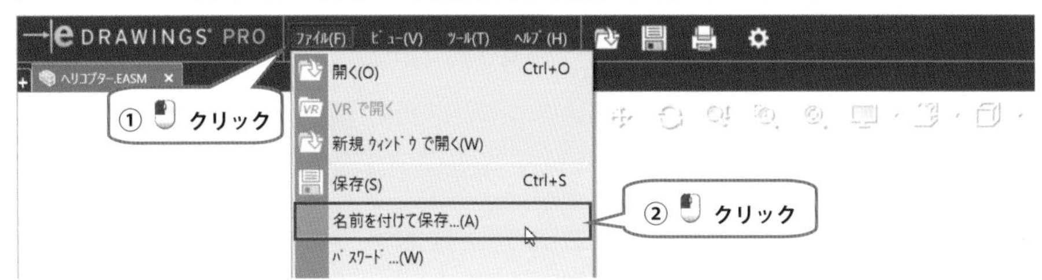

2. 『**名前を付けて保存**』ダイアログが表示されます。

「**ファイルの種類（T）**」より［**eDrawings 64-bit 実行可能ファイル（*.exe）**］を選択し、保存(S) をクリック。

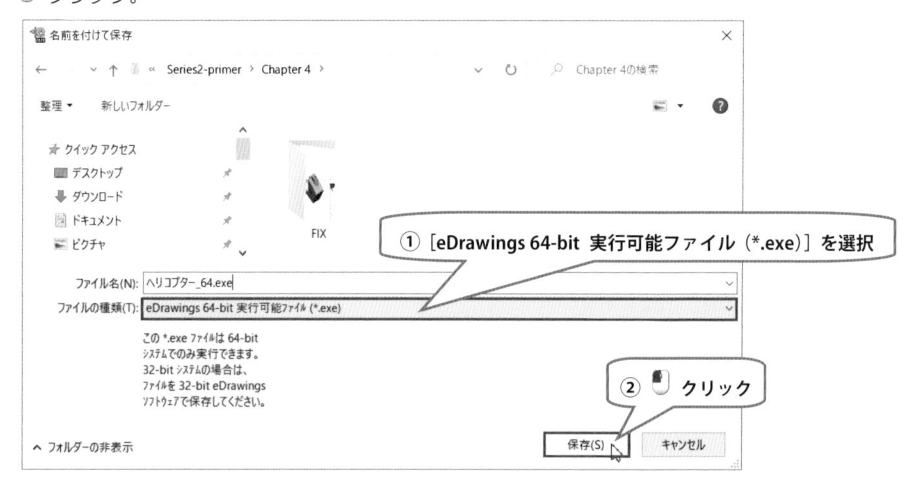

3. 指定したフォルダーに｛**ヘリコプター_64.exe**｝が作成されます。

｛**ヘリコプター_64.exe**｝を ×2 ダブルクリックすると、**eDrawings を起動**して開きます。

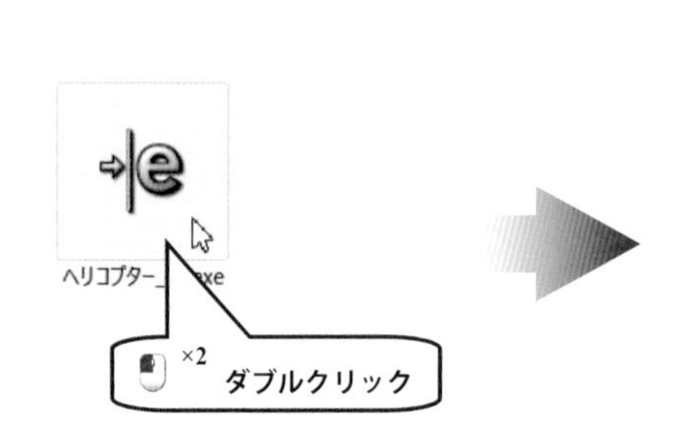

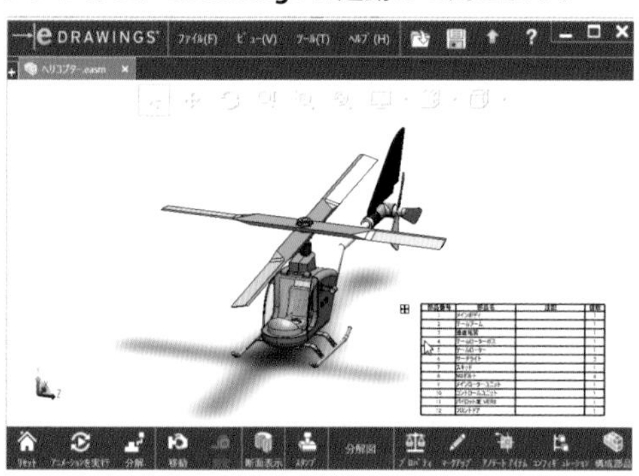

4. ［**閉じる**］をクリックして **eDrawings Professional を終了**します。

eDrawings Viewer

CAD を使用していない人を対象とした無償のコミュニケーションツール「**eDrawings Viewer**」があります。eDrawings ファイルのほか、SOLIDWORKS ファイルや AutoCAD ファイル（DWG および DXF）などの多くのファイル形式に対応しています。ビューアー機能だけではなく、ファイルの共有や印刷なども可能です。

POINT eDrawings for Mobile

モバイル用のビューアーとして **eDrawings for Mobile**（有償）があります。
iOS、Android 共に対応しており、**外出先でモデルや図面の閲覧が可能**です。

主な機能

- SOLIDWORKS および eDrawings ネイティブデータの閲覧
- 回転、拡大／縮小、移動
- アニメーション
- AR／VR 機能
- データの共有

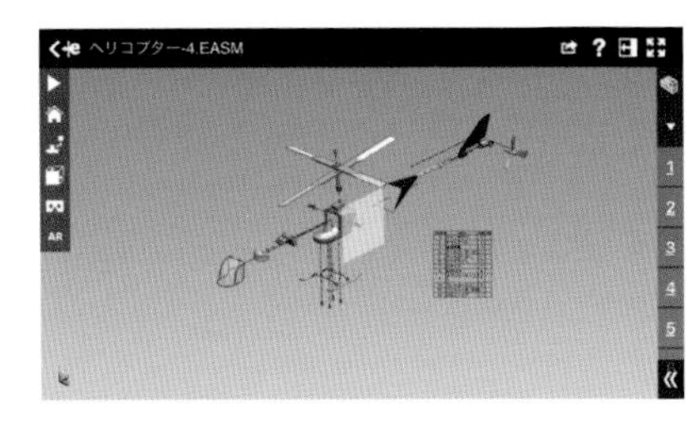

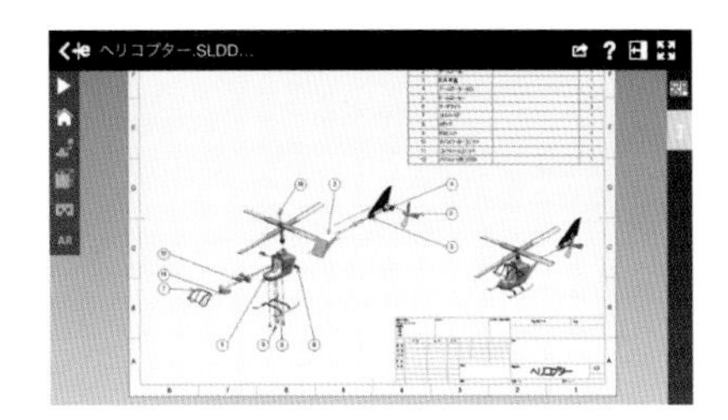

VR とは「**Virtual Reality**（バーチャル・リアリティー）」の略で、「**仮想現実**」と訳されます。
eDrawings for Mobile で **VR 体験**するには、スマートフォンの画面を **VR ゴーグル**越しに見る必要があります。
同じ画像を左右分割画面で映し出すことにより、左右の目で見た映像を脳内で融合し、3 次元情報として
立体的に認識します。（※右下の図は、スマートフォンを直接装着した紙製の VR ゴーグルです。数百円で購入できます。）

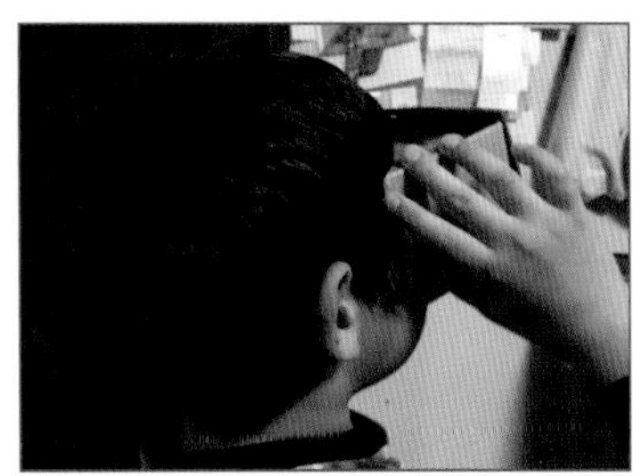

AR とは「**Augmented Reality**（オーグメンテッド・リアリティー）」の略で、「**拡張現実**」と訳されます。
カメラ越しに実在する風景に、バーチャルの視覚情報を重ねて表示して現実世界を拡張します。
eDrawings for Mobile で **AR 体験**するには、**PDF ファイル**で作成される**認識マーカー**を使用します。
認識マーカーを**印刷**し、スマートフォンのカメラで**認識マーカーに合わせるとモデルが表示**されます。

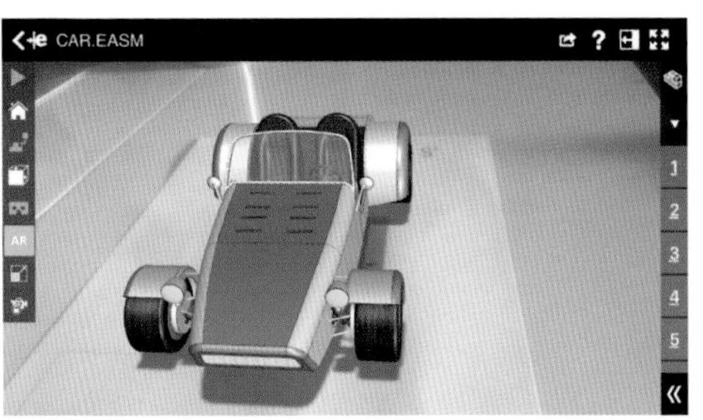

4.7 アセンブリを部品として保存

アセンブリを部品として保存できます。保存する際に、構成部品を含めるか除外するかを指定できます。

（※SOLIDWORKS2019 以降の機能です。）

1. **標準ツールバー**の［**指定保存**］を クリック。

2. 『**指定保存**』ダイアログが表示されます。

   「**ファイルの種類（T）**」より［**SOLIDWORKS Part(*.prt,*.sldprt)**］を**選択**し、保存(S) を クリック。

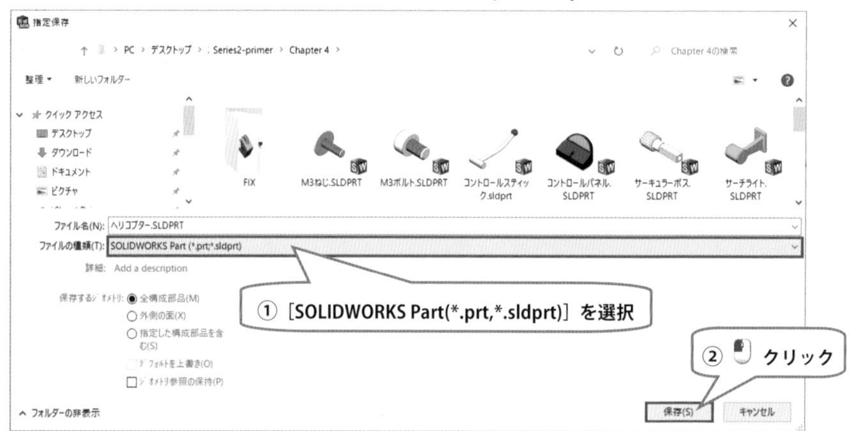

3. 保存した部品ファイル｛**ヘリコプター**｝を開きます。

   下図のダイアログが表示された場合は いいえ(N) を クリック。

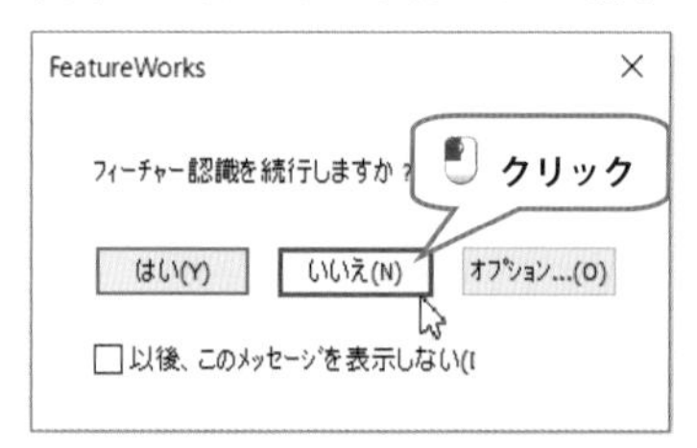

4. **構成部品がマルチボディ化していることを確認**します。

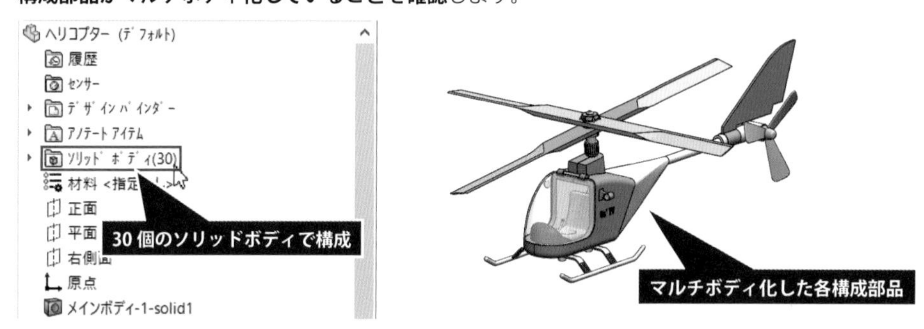

5. ［**保存**］をし、関連するすべてのドキュメントを閉じます。

   （※完成モデルはダウンロードフォルダー｛**Chapter 4**｝>｛**FIX**｝に保存されています。）

POINT 保存するジオメトリ

『**指定保存**』ダイアログの「**ファイルの種類（T）**」で［**SOLIDWORKS Part(*.prt,*.sldprt)**］を**選択**した場合、「**保存するジオメトリ**」で**構成部品の保存方法**を下記から3つから選択できます。

保存するジオメトリ: ◉ 全構成部品(M)
○ 外側の面(X)
○ 指定した構成部品を含む(S)

全構成部品（M）

アセンブリを含むすべての構成部品を保存し、部品は**マルチボディ化**します。

外側の面（X）

外側にある面を含む構成部品のみ保存します。外側にある面を**サーフェスボディ化**します。

ヘリコプターモデルの場合、外側にない｛**コントロールパネル**｝と｛**コントロールスティック**｝は保存されません。

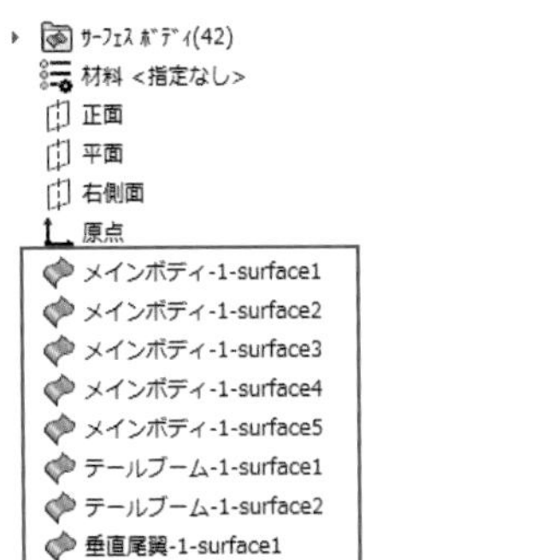

指定した構成部品を含む（S）

［**構成部品のプロパティ**］にある「**アセンブリを部品として保存**」で「**常に除外**」を◉選択した構成部品、または**システムオプションで設定した条件に見合わない構成部品**は、**保存する際に除外**されます。

下図は構成部品｛**フロントドア**｝を「**常に除外**」を◉選択して保存した部品です。

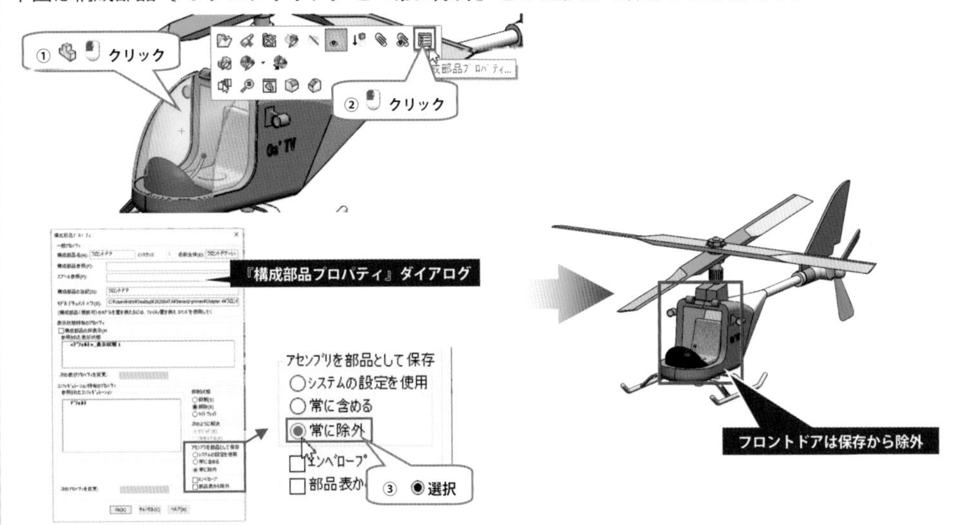

POINT エクスポートオプション

アセンブリを部品として保存する場合、設定した条件に基づいて構成部品を含めたり除外したりします。
設定は、**システムオプション**の**エクスポート**にて行います。

1. **標準ツールバー**の [**オプション**] を クリック。
   または**メニューバー**の [**ツール (T)**] > [**オプション (P)**] を クリック。

2. 『**システムオプション**』ダイアログが表示されるので [**エクスポート**] を クリック。
   「**ファイルフォーマット**」より [**SLDPRT (アセンブリを部品として保存)**] を選択します。

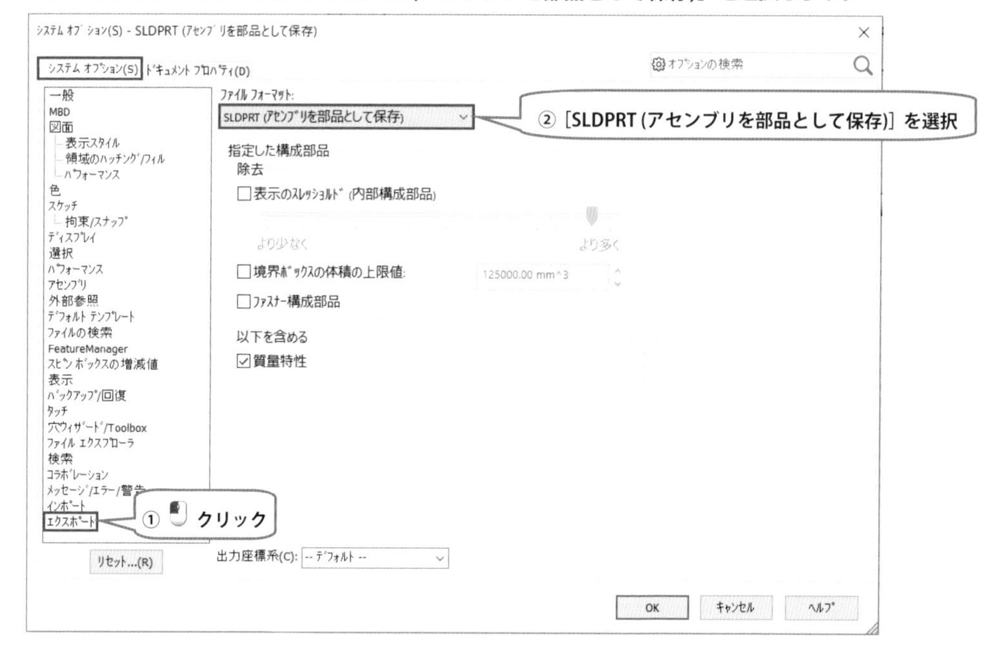

表示のスレッショルド（内部の構成部品）	チェック ON (☑) にすると、**しきい値未満の内部構成部品を除外**します。**しきい値**は、**スライダーバー**で調整します。
境界ボックスの体積が次より小さい	**体積のしきい値**を 入力し、**しきい値未満の構成部品を除外**します。
ファスナー構成部品	**スマートファスナー**として挿入した構成部品を**除外**します。
質量特性	部品の質量特性を、アセンブリの質量特性で上書きします。

3. **オプションを設定**し、 OK を クリックしてダイアログを閉じます。

4.8 レンダリング（PhotoView 360）

SOLIDWORKS の**レンダリングツール「PhotoView 360」**を使用してモデルの**写実的なレンダリング画像を作成**してみましょう。（※「**PhotoView 360**」は、**SOLIDWORKS Professional** または **SOLIDWORKS Premium** で**使用可能**です。）

4.8.1 部品からアセンブリ作成

開いている｛**部品**｝または｛**アセンブリ**｝から**新しいアセンブリを作成**できます。

1. ダウンロードフォルダー｛**Chapter 4**｝にある部品ファイル｛**台座**｝を開きます。
   この部品から新しいアセンブリを作成します。｛**台座**｝は固定部品になります。

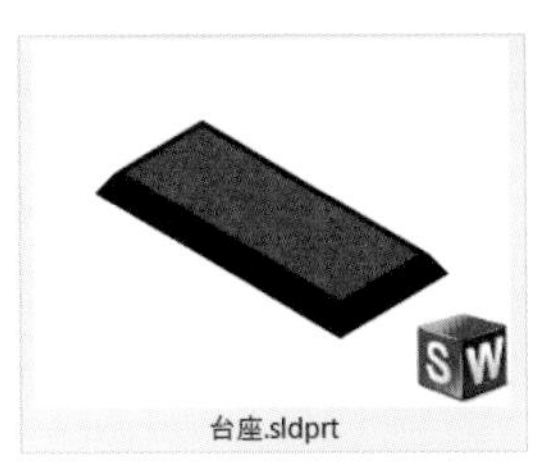

2. **メニューバー**の［**ファイル（F）**］＞［**部品からアセンブリ作成（K）**］を クリック。

3. Property Manager に「**アセンブリを開始**」が表示されます。
   ［**OK**］ボタンを クリックすると、｛**台座**｝はアセンブリの **原点**に配置されます。

4. ダウンロードフォルダー｛**Chapter 4**｝に作成したアセンブリ｛**ヘリコプター**｝を**挿入**します。

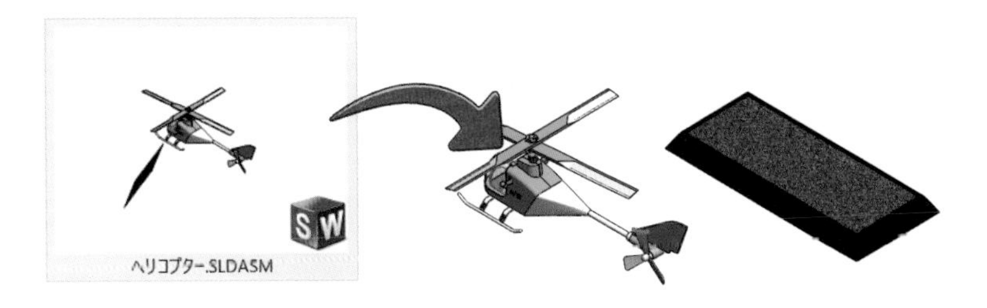

5. アセンブリの《**正面**》と《**(-)ヘリコプター**》の《**正面**》で ［**一致**］を**追加**します。

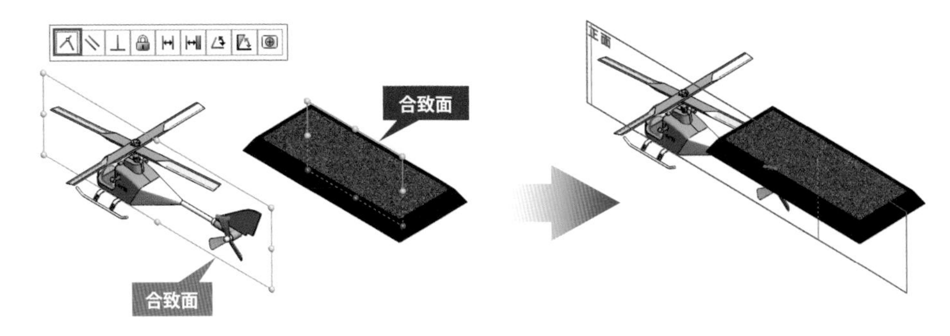

6.　《(固定)台座》の上へ《(-)ヘリコプター》を配置します。

《スキッド》の■円筒面と《(固定)台座》の■平らな面（芝生）で［正接］を追加します。

平面と曲面、**曲面と曲面**の組み合わせでは［一致］ではなく［正接］が選択されます。

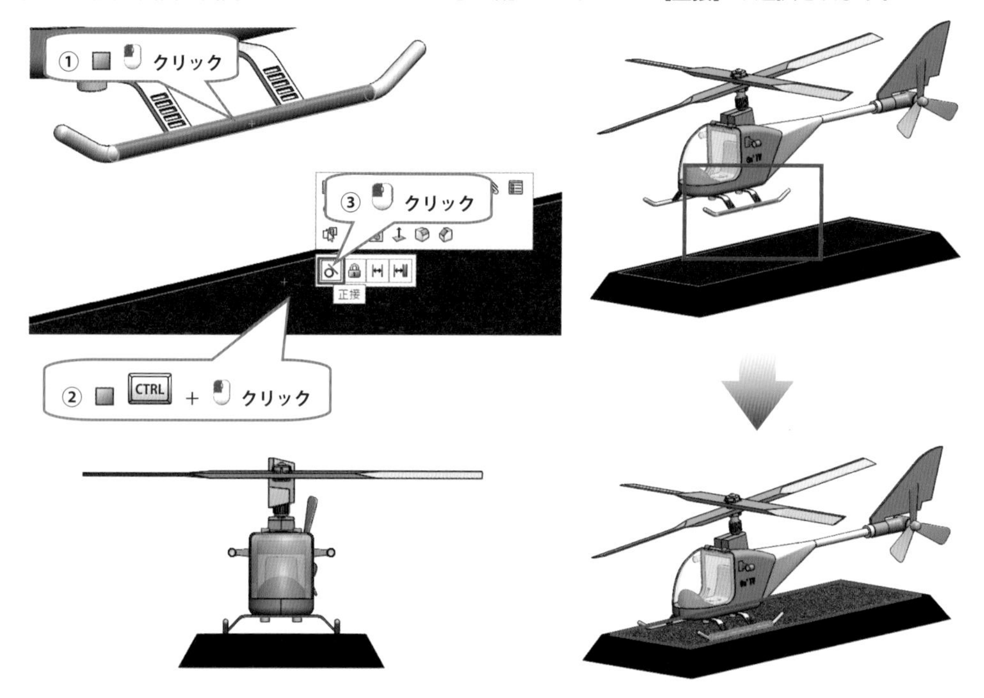

7.　《(-)ヘリコプター》を **フレキシブル状態に**し、《(-)フロントドア》を持ち上げます。

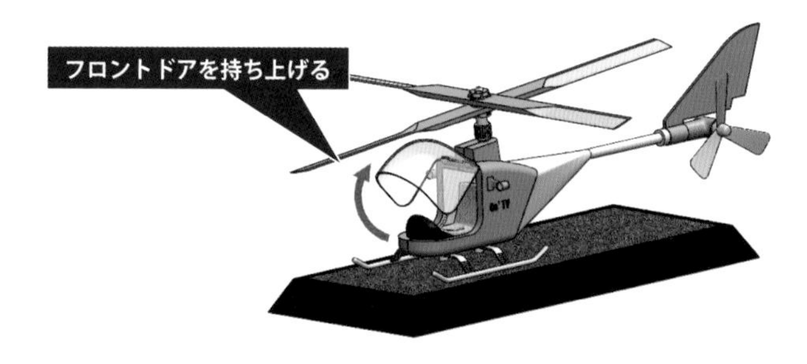

参照　2.6.2 フレキシブルとリジッド状態の切り替え (P46)

8.　**標準ツールバー**の［**保存**］を クリック。

9.　『**指定保存**』ダイアログが表示されます。**保存先フォルダー**は｛**Chapter 4**｝を選択し、「**ファイル名（N）**」に<**ヘリコプター2**>と入力して **保存(S)** を クリック。

4.8.2 *PhotoView 360 基本操作*

PhotoView 360 で**レンダリング画像を作成**してみましょう。

アドイン

レンダリング画像を作成するには、**PhotoView 360** を**アドイン**する必要があります。

1. **標準ツールバー** [**オプション**] 横の を クリックして [**アドイン**] を クリック。
   または**メニューバー**の [**ツール (T)**] > [**アドイン (D)**] を選択します。

2. 『**アドイン**』ダイアログが表示されます。
   [**PhotoView 360**] をチェック ON (☑) にして **OK** を クリック。

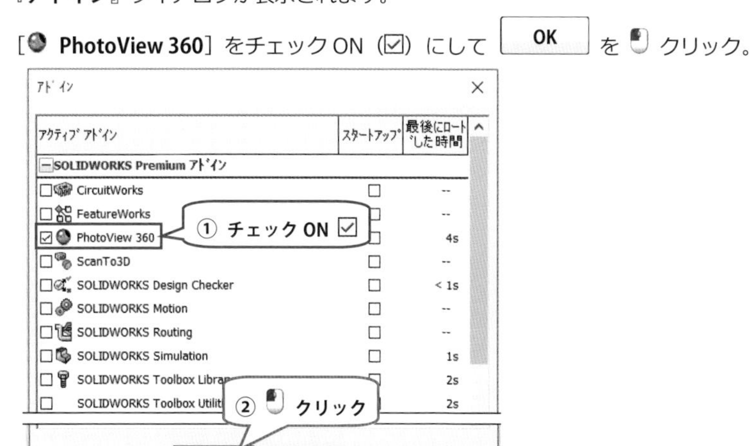

3. Command Manager に【**レンダリングツール**】タブが**追加**されます。「**外観**」「**シーン**」「**デカル**」、必要に応じて [**PhotoView オプション**] にて**サイズや精度などを編集**します。

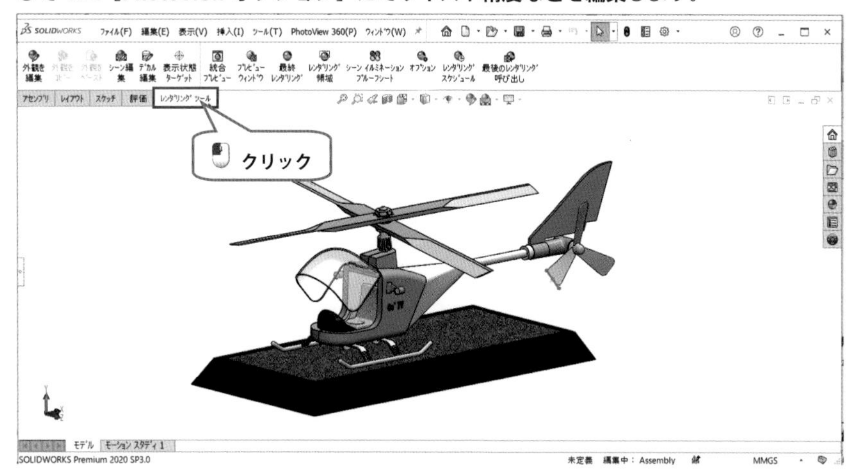

統合プレビュー

[**統合プレビュー**] は、**グラフィックス領域内**で現在のモデルの**レンダリング**を**プレビュー表示**します。

1. **ヘッズアップビューツールバー** [**表示設定**] の [**影付シェイディング表示**] と [**パース表示**] を クリックして**オン**にし、モデルの**拡大率**と**向き**を**レンダリングする状態**にします。
   (※メニューバー [**表示 (V)**] > [**表示コントロール (M)**] > [**パースプロパティ (P)**] にてパースの立体感を調整できます。)

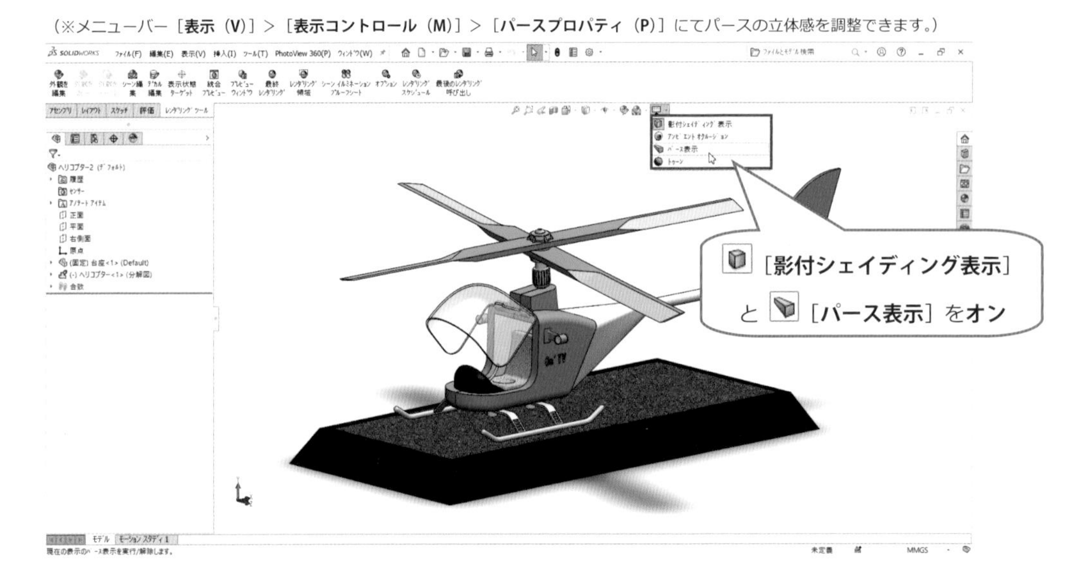

2. Command Manager【**レンダリングツール**】タブの [**統合プレビュー**] を クリックすると、**グラフィックス領域内**で**レンダリング**を**プレビュー表示**します。

3. [**統合プレビュー**] を クリックして**レンダリングプレビューを終了**します。

プレビューウィンドウ

[プレビューウィンドウ] は、**別ウィンドウ**で**レンダリング**を**プレビュー表示**します。

1. Command Manager の **【レンダリングツール】** タブの [**プレビューウィンドウ**] を クリック。

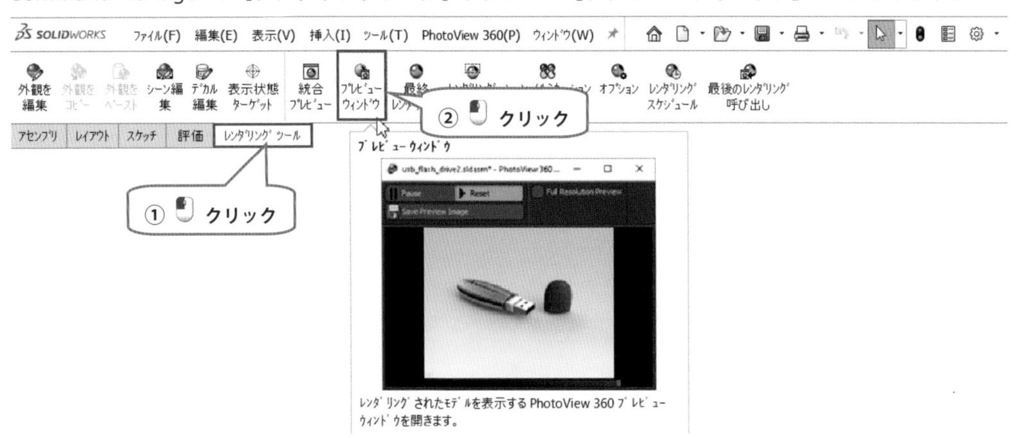

2. 『**プレビュー**』**ウィンドウ**で**レンダリング**を**プレビュー表示**します。
   プレビューイメージを保存 を クリックすると、**画像ファイル**として**保存**できます。

3. ☒ を クリックして『**プレビュー**』**ウィンドウ**を閉じます。

最終レンダリング

［**最終レンダリング**］は、**別ウィンドウ**で**最終レンダリングイメージ**を**作成**します。

1. Command Manager の【**レンダリングツール**】タブの ［**最終レンダリング**］を クリック。

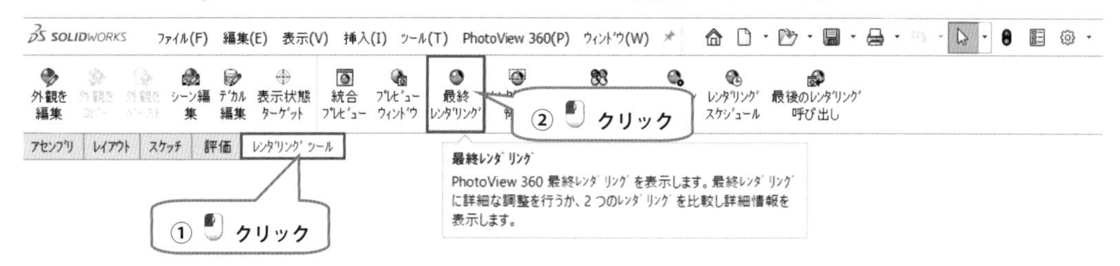

2. 『**最終レンダリング**』**ウィンドウ**で**レンダリングイメージ**を**作成**します。

   イメージの表示倍率は、**ウィンドウ右上**の「**拡大縮小**」より**倍率を選択**、または **スクロールして変更**できます。 イメージの保存 を クリックすると、**画像ファイル**として**保存**できます。

3. を クリックして『**最終レンダリング**』**ウィンドウ**を閉じます。

4. 『**プレビュー**』**ウィンドウ**で**レンダリング**を**プレビュー表示**しています。

   を クリックして『**プレビュー**』**ウィンドウ**を閉じます。

レンダリング領域

[**レンダリング領域**] は、ユーザーで指定した**矩形領域にレンダリングイメージを作成**します。

1. Command Manager に【**レンダリングツール**】タブの [**レンダリング領域**] を クリック。

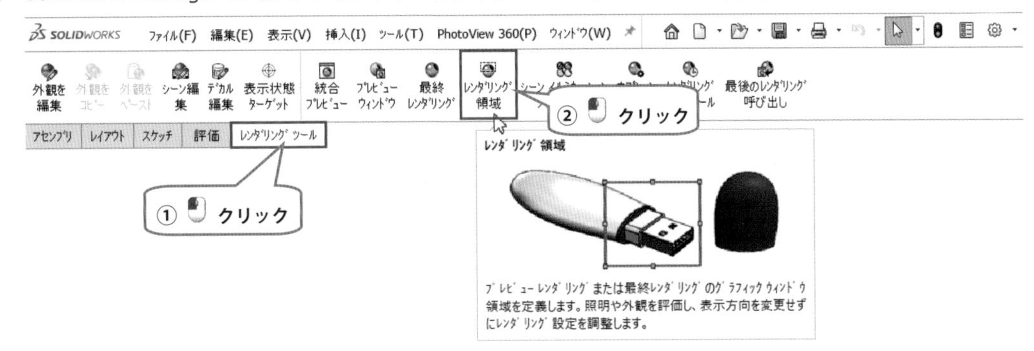

2. **領域を表す矩形が表示**されるので、これを ドラッグして**矩形の大きさを調整**します。

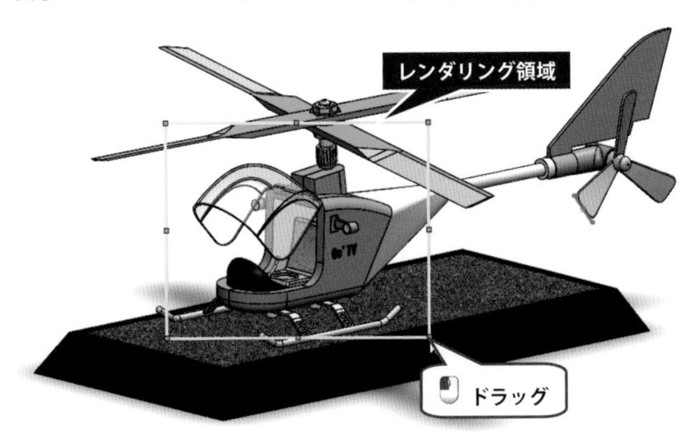

3. Command Manager に【**レンダリングツール**】タブの [**最終レンダリング**] を クリックすると、**矩形領域内のレンダリングイメージ**を『**最終レンダリング**』**ウィンドウ**で作成します。

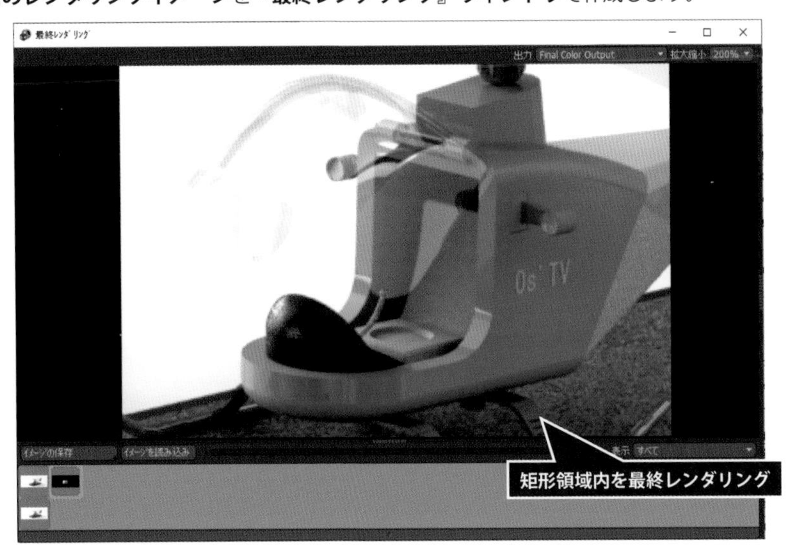

5. を クリックして『**最終レンダリング**』**ウィンドウと**『**プレビュー**』**ウィンドウ**を閉じます。

6. ［**レンダリング領域**］を クリックすると**レンダリング領域**は**解除**されます。

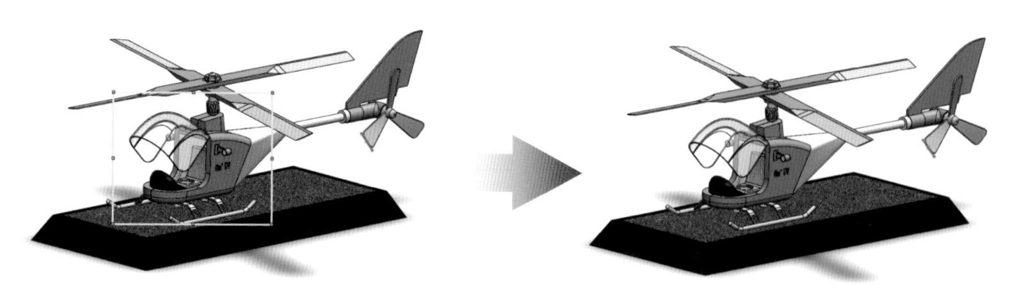

7. ［**保存**］で**上書き保存**し、関連するファイルはすべて閉じます。

（※完成モデルはダウンロードフォルダー｛**Chapter 4**｝＞｛**FIX**｝に保存されています。）

Chapter5

アセンブリ図面

ヘリコプターのアセンブリモデルで図面を作成することで下記の機能の理解を深めます。

図面作成

- アセンブリから図面作成
- シートプロパティ

分解図の配置

図面の部品表

- 部品表の挿入
- 部品表の編集

バルーン

- 自動バルーンの使用
- バルーンの編集

仕上げ

- 表示スタイルの変更
- 投影図の追加

相関関係

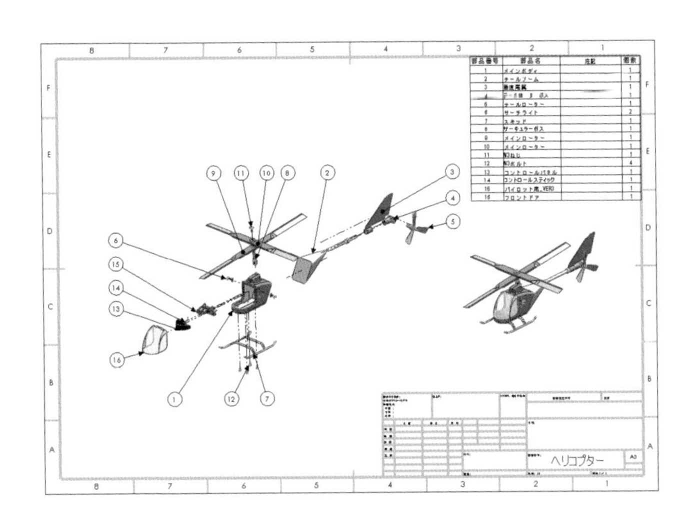

5.1 図面作成

アセンブリ図面（組立図）の作成方法は基本的には部品図面と同じですが、「**部品表やバルーンの追加**」や「**分解図の挿入**」など専用のコマンドを使用します。

ここでは、ヘリコプターのアセンブリモデルを使用して**アセンブリ図面の作成方法**について説明します。

5.1.1 アセンブリから図面作成

アセンブリを開き、**アセンブリから新規図面を作成**します。

1. ダウンロードフォルダー｛**Chapter 5**｝にあるアセンブリファイル｛**ヘリコプター**｝を開きます。
   このアセンブリには、**分解コンフィギュレーション**が作成されています。

2. **メニューバー**の［**ファイル（F）**］＞［**アセンブリから図面作成（E）**］を クリック。

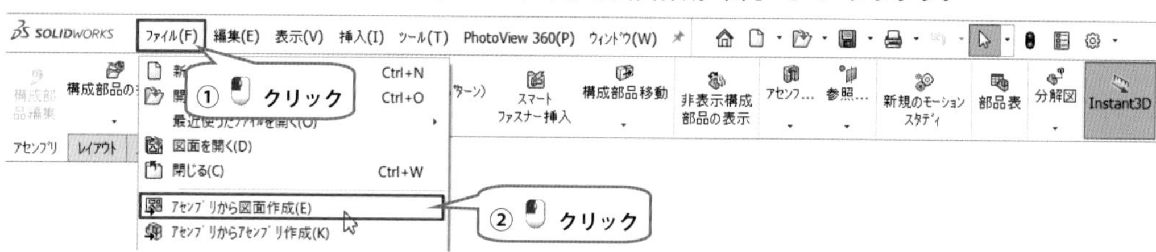

3. 『**新規ドキュメント**』ダイアログが表示された場合は、OK を クリック。

4. 『**シートフォーマット／シートサイズ**』ダイアログが表示された場合は、OK(O) を クリック。

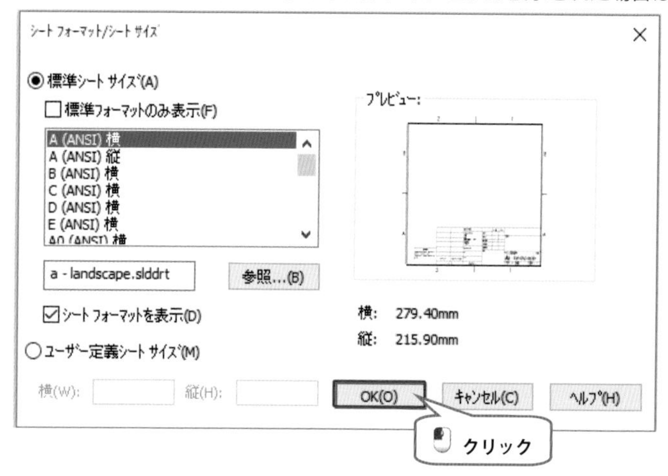

5. SOLIDWORKS の**ドラフトが起動**し、**デフォルトテンプレート**を使用して図面が作成されます。
   タスクパネルには ［**パレット表示**］ が選択され、**アセンブリの各投影図が表示**されています。
   （※**タスクパネルが表示されていない場合**、メニューバーの［**表示（V）**］>［**ツールバー（T）**］>［**タスクパネル（N）**］を クリック。）

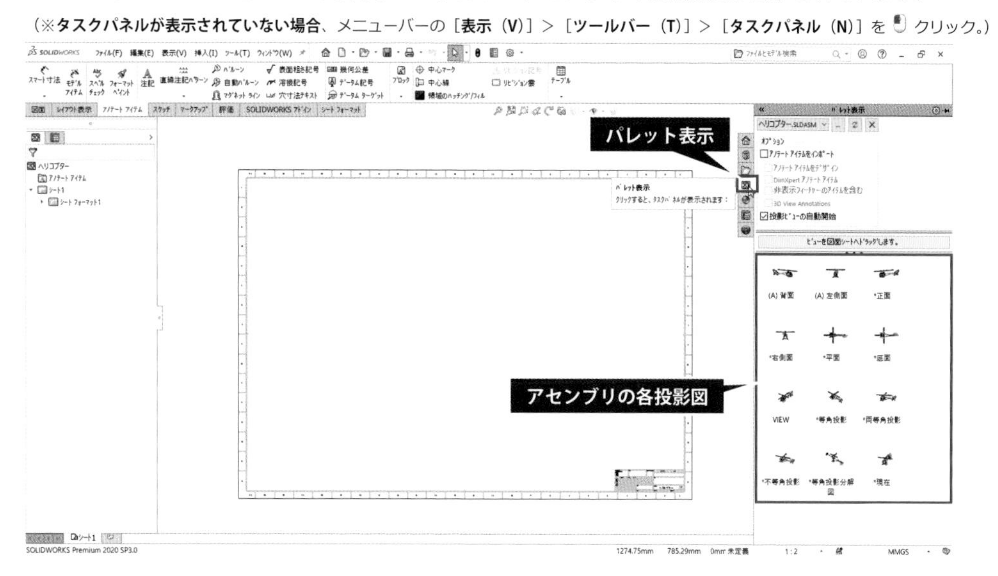

6. **アセンブリドキュメントと同じ名前**で ［**保存**］ をします。

POINT ドキュメントのテンプレートを選択するようにプロンプト表示

新規図面を作成した際に『**新規 SOLIDWORKS ドキュメント**』ダイアログを表示させるには、以下のように**システムオプション**を設定しておきます。

1. **標準ツールバー**の ［**オプション**］ を クリック。
   または**メニューバー**の［**ツール（T）**］> ［**オプション（P）**］を クリック。

2. 『**システムオプション**』ダイアログが表示されるので、「**デフォルトテンプレート**」を クリック。
   「**ドキュメントのテンプレートを選択するようにプロンプト表示**」を ◉選択し、 OK を クリック。

5.1.2 シートプロパティ

図面を作成するにあたり、「**投影方法**」「**スケール**」「**用紙**」などを設定します。

1. Feature Manager デザインツリーより《**シートフォーマット 1**》を 右クリックし、メニューより［**プロパティ（J）**］を クリック。

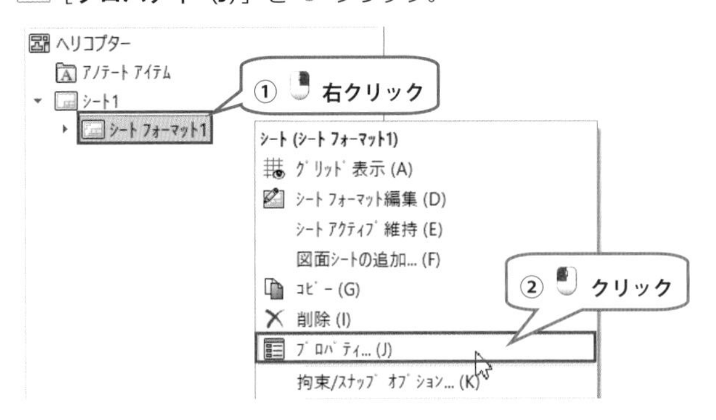

2. 『**シートプロパティ**』ダイアログが表示されます。

「**投影図タイプ**」は「**第 3 角法（T）**」を◉選択、「**スケール（S）**」の**右側**に<3>を入力。**用紙のサイズ**は「**標準フォーマットのみ表示（F）**」をチェック OFF（□）にし、リストより［**A3（JIS）**］を選択します。［変更を適用］を クリックすると、**A3 横の図面枠がグラフィックス領域に表示**されます。

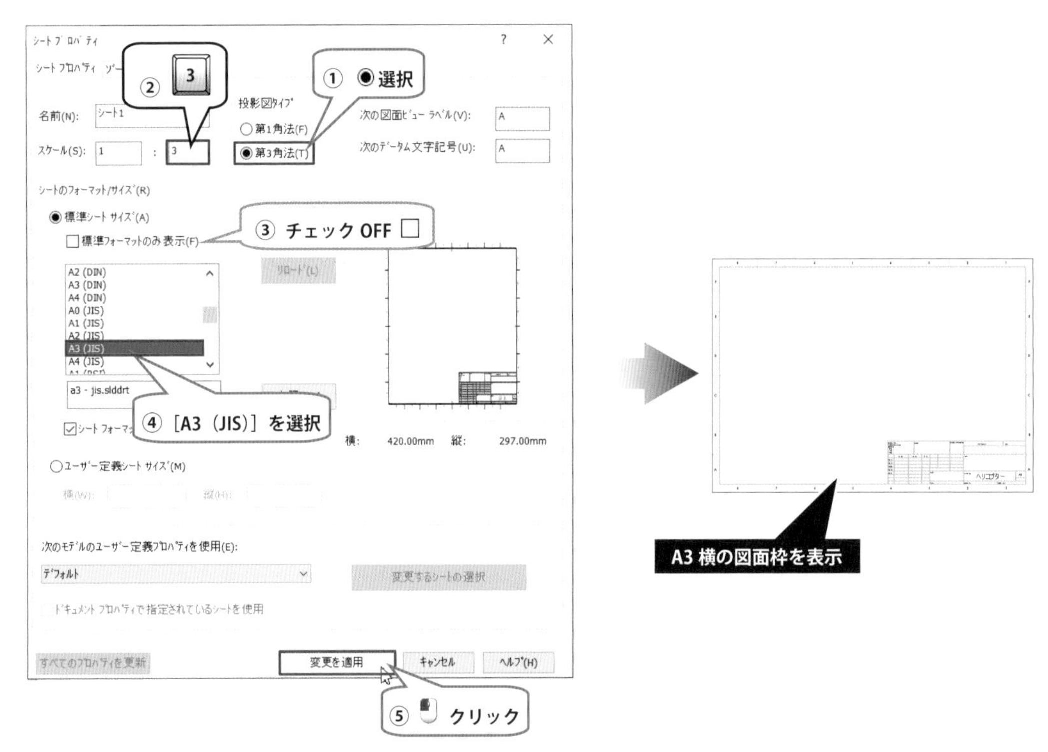

用紙の色

グラフィックス領域に表示した**用紙の色を変更**できます。

本書のキャプチャー画像は、［**図面、用紙の色**］を**白**に設定したものです。

1. **標準ツールバー**の ［**オプション**］を クリック。
   または**メニューバー**の［**ツール（T）**］＞ ［**オプション（P）**］を クリック。

2. 『**システムオプション**』ダイアログが表示されます。
   「**色**」の「**色スキーム設定**」で［**図面、用紙の色**］を選択し、 **編集(E)** を クリック。

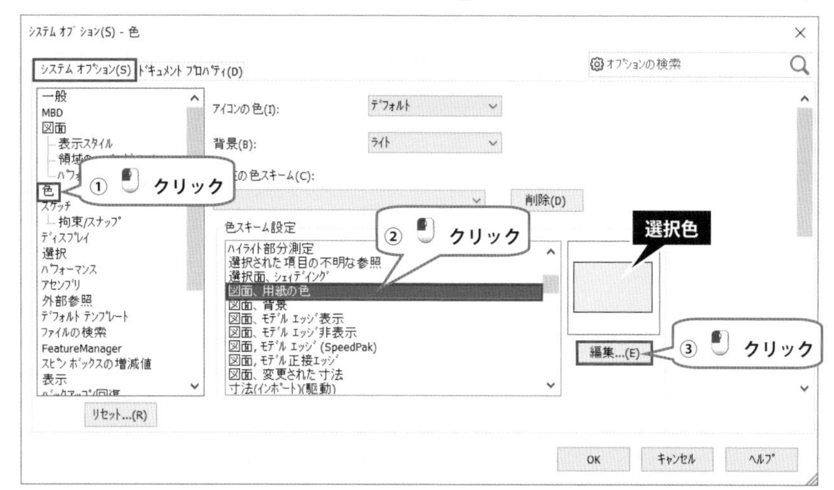

3. 『**色の設定**』ダイアログが表示されるので、**任意の色**を**選択**し、 **OK** を クリック。

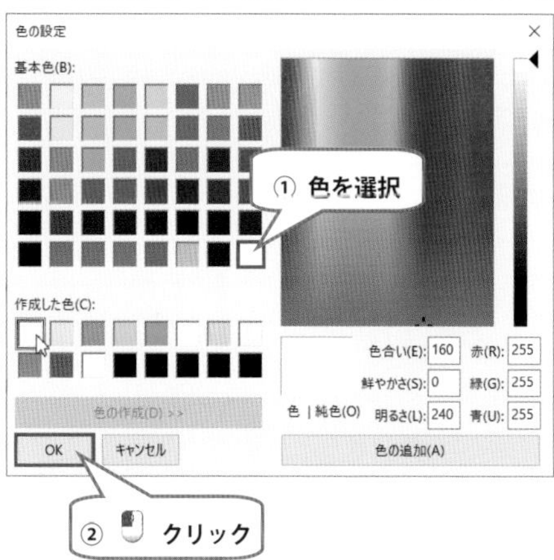

4. 『**システムオプション**』ダイアログに戻るので、 **OK** を クリック。
   これで**用紙の色**が**変更**されます。

5.2 分解図の配置

アセンブリの現在のビューを図枠内に**投影図**として**配置**します。

1. **パレット表示**の [**VIEW**] を ドラッグし、**図枠内**で ドロップ。

   配置した [**VIEW**] には、 **マークが表示**されます。

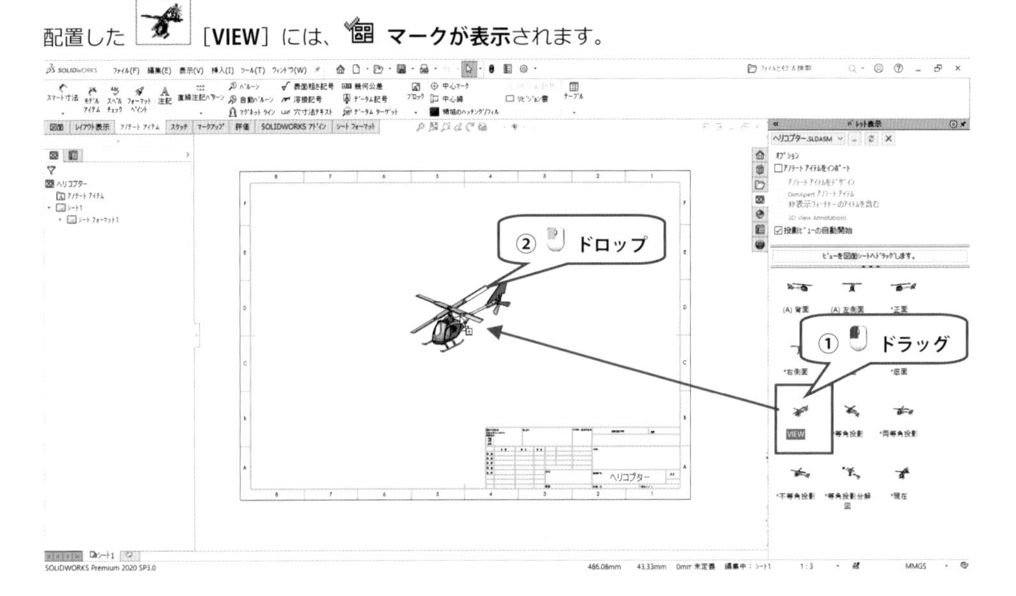

2. 挿入したアセンブリの投影図を**分解図**へ切り替えます。

   Property Manager「**参照コンフィギュレーション（R）**」の「**分解状態かモデル破断状態で表示（X）**」をチェック ON（☑）にします。

   （※SOLIDWORKS2012 以降の機能です。SOLIDWORKS 2012～2015 までは「**分解状態で表示（E）**」です。）

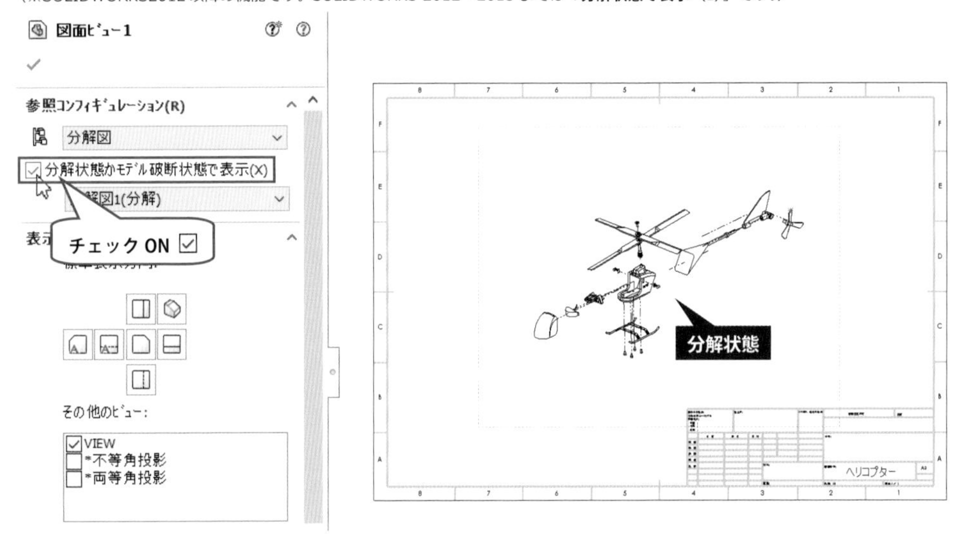

3. **確認コーナー**の [**OK**] ボタンを クリックして**操作を終了**します。

プロパティから分解表示

『**図面ビュープロパティ**』ダイアログで「**分解状態かモデル破断状態で表示（X）**」オプションを設定できます。

1. 配置した**投影図**を 右クリックし、メニューより [**プロパティ（X）**] を クリック。

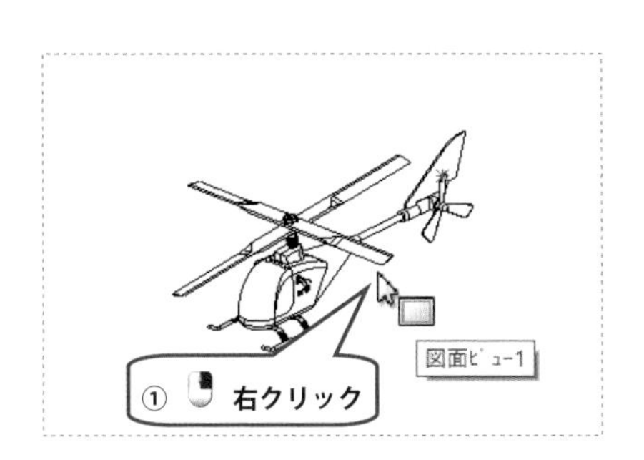

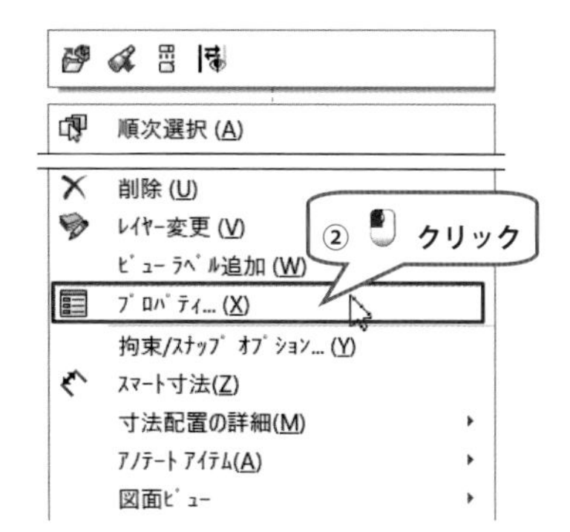

2. 『**図面ビュープロパティ**』ダイアログの【**図面ビューのプロパティ**】タブが表示されます。
「**コンフィギュレーション**」の「**分解状態かモデル破断状態で表示（E）**」をチェック ON（☑）にし、
OK を クリック。（※SOLIDWORKS 2012〜2015 までは「**分解状態で表示（E）**」です。）

図面ビュープロパティ
図面ビューのプロパティ　隠れエッジの表示　構成部品の非表示/表示　ボディの表示/非表示
図面ビュー情報
名前: 図面ビュー1　タイプ：方向指定ビュー
モデル情報
次のビュー: ヘリコプター
ドキュメントパス: C:¥Users¥ishii¥Desktop¥ヘリコプター.SLDASM
コンフィギュレーション
モデルの"使用中"または最後に保存したコンフィギュレーションを使用(I)
表示するコンフィギュレーションの指定(N):
デフォルト
分解状態かモデル破断状態で表示(E)
分解図1(分解)
① チェック ON ☑
表示状態
表示状態-1
バルーン
バルーン テキストの指定テーブルへのリンク
エンベロープ表示(E)
親ビューと破断線を整列(B)
板金ベンド注記の表示(D)
境界ボックス表示(B)
固定面表示(F)
順目方向表示(G)
トゥーン(C)
OK　キャンセル　ヘルプ(H)
② クリック

5.3 図面の部品表

アセンブリ図面への部品表の挿入方法と編集方法について説明します。

5.3.1 部品表の挿入

［**部品表**］は、**テンプレートを基に部品表を自動作成**します。**部品番号はバルーンに反映**されます。

1. グラフィックス領域より**アセンブリビュー（分解された投影図）**を クリックして選択します。
   Command Manager【**アノテートアイテム**】タブより ［**テーブル**］を クリックして**展開**し、
   ［**部品表**］を クリック。

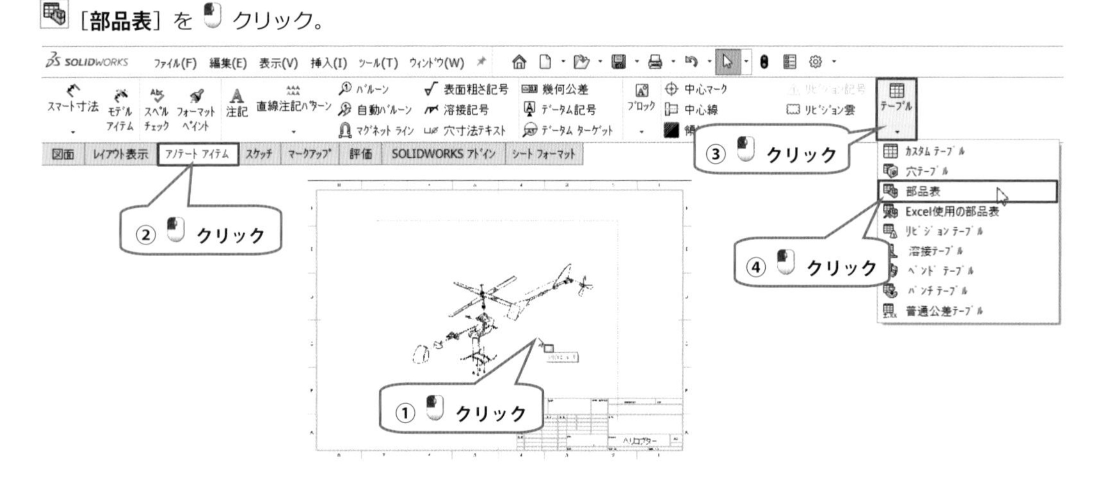

2. Property Manager に「 **部品表**」を表示します。
   ここでは「**テーブルテンプレート**」「**部品表タイプ**」「**部品番号**」「**枠線**」などを設定します。
   デフォルトで選択されている**テーブルテンプレート**｛**bom-standard**｝を使用します。
   （※ を クリックすると、ダイアログからテーブルテンプレートを選択できます。）
   「**部品表タイプ（Y）**」は「**部品のみ**」を◉選択します。
   ［**OK**］ボタンを クリックすると、グラフィックス領域に **部品表が表示**されます。
   図枠輪郭線の左上にスナップさせ、 クリックして配置します。

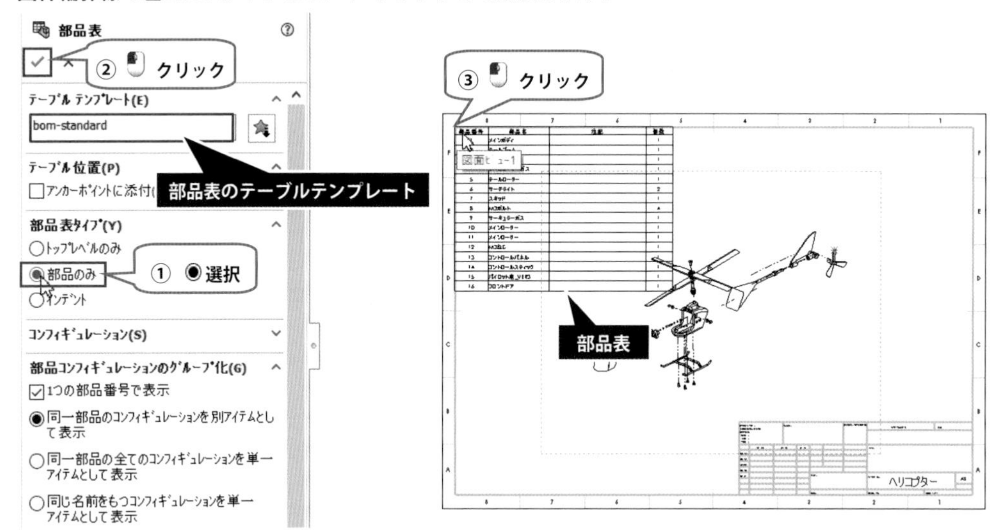

5.3.2　部品表の編集

図面枠に挿入した**部品表**の**編集方法**のいくつかを紹介します。

1. **部品表の上に** カーソルを**移動**し、**表左上に表示**された を ドラッグすると**移動**できます。**図枠輪郭線の右上にスナップ**させ、 ドロップして**移動を確定**します。

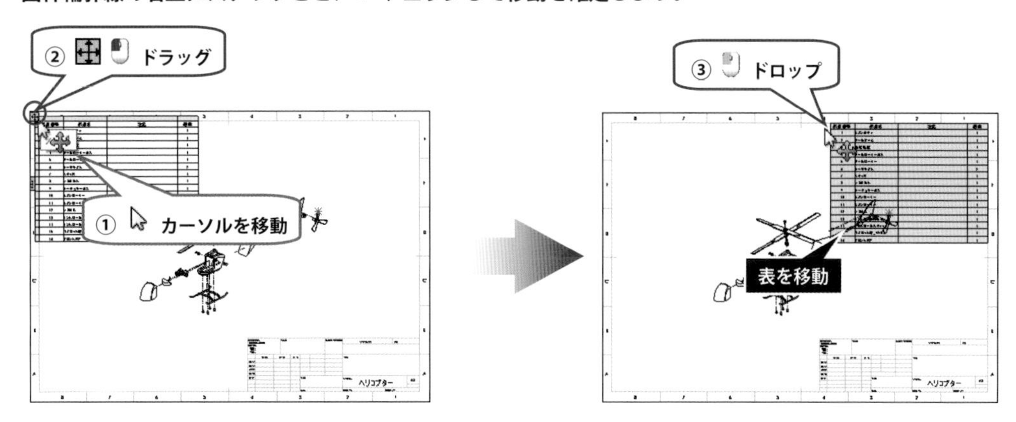

2. **部品表の角（右下、右上、左下）に** カーソルを**移動**し、 **マークが表示**されたときに ドラッグすると、**部品表全体の大きさを調整**できます。 ドロップして**部品表の大きさを確定**します。

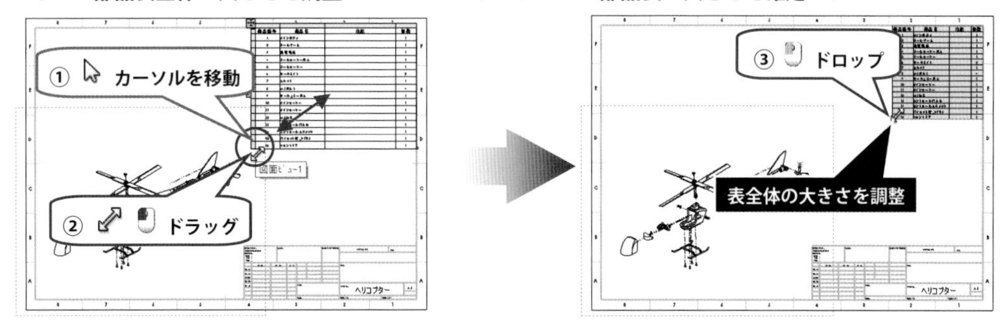

3. **表の罫線を移動して列幅と行高を調整**できます。
部品表の罫線上へ カーソルを**移動**し、 **マークが表示**されたときに ドラッグすると、**列幅と行幅を調整**できます。

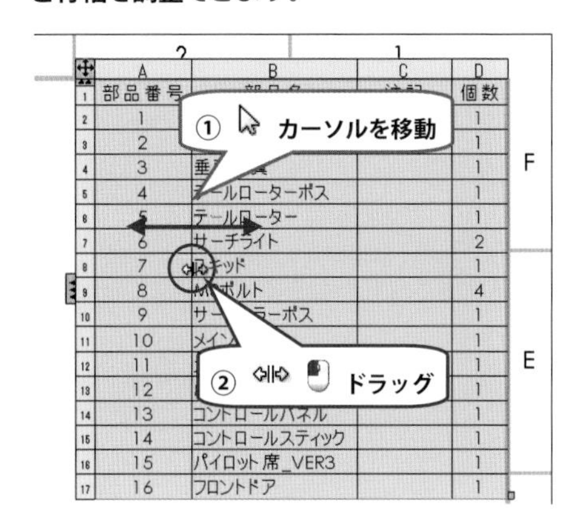

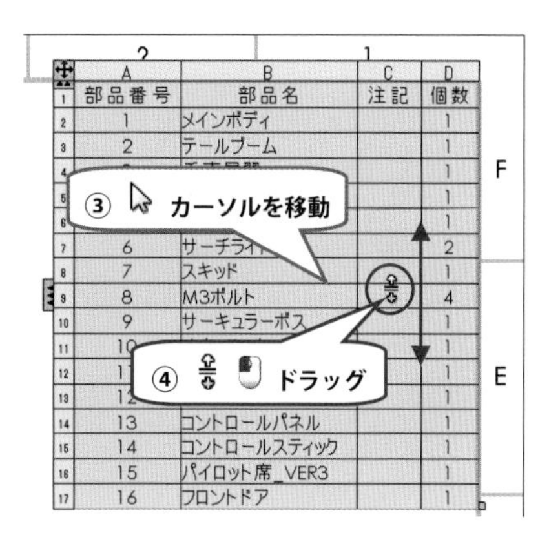

4. **セル名**を ドラッグすることで**移動**できます。
セル「**8**」(M3 ボルト) を ドラッグし、**セル**「**12**」(M3 ねじ) で ドロップするとセル「**8**」がセル「**12**」の**下へ移動**します。

POINT 部品表のタイプ

「**トップレベルのみ**」「**部品のみ**」「**インデント**」より選択します。

トップレベルのみ

サブアセンブリを構成部品として表示します。サブアセンブリ個々の構成部品は表示されません。

部品のみ

サブアセンブリを構成部品として表示しません。サブアセンブリ個々の構成部品を部品表に表示します。

インデント

サブアセンブリを構成部品として表示します。
サブアセンブリ個々の構成部品は、そのサブアセンブリの下に**インデント**されます。

9	メインローターユニット		1
	サーキュラーボス		1
	メインローター		1
	メインローター		1
	M3ねじ		1
10	コントロールユニット		1
	コントロールパネル		1
	コントロールスティック		1

5.4 バルーン

図面のアセンブリビュー（分解図）への**バルーンの挿入および編集方法**について説明します。

［**自動バルーン**］は、選択した**アセンブリビュー**に**バルーンを自動作成**します。

部品番号の変更はバルーンの編集で行うことはできません。ソースである部品表を編集してください。

1. グラフィックス領域よりバルーンを作成する**投影図（分解図）**を クリック。
   Command Manager【**アノテートアイテム**】タブより ［**自動バルーン**］を クリック。

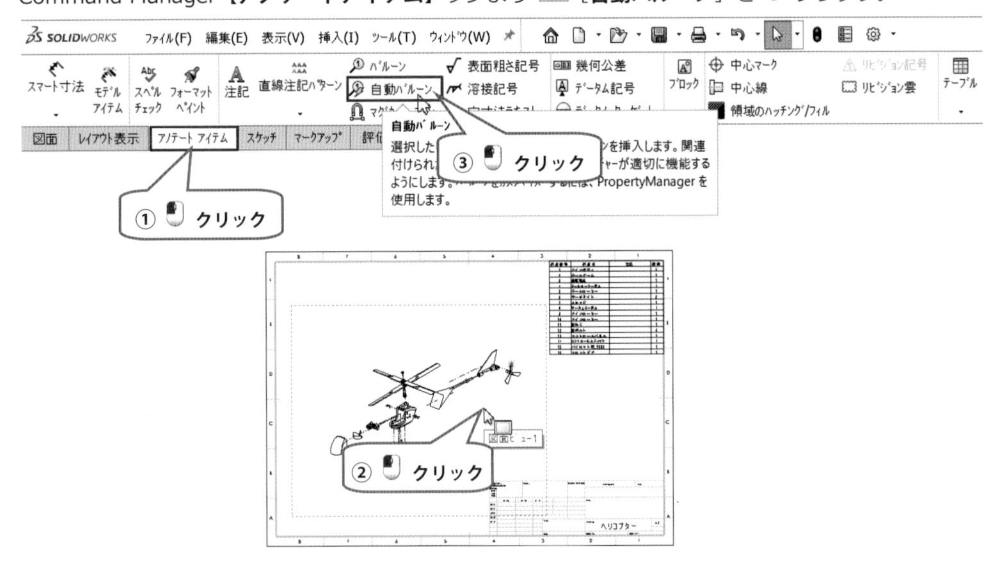

2. Property Manager に「**自動バルーン**」が表示、**バルーンをプレビュー表示**します。
   デフォルトの設定で ［**OK**］ボタンを クリック。

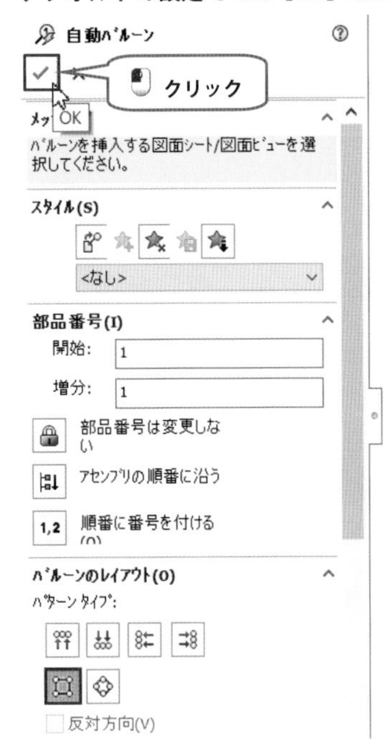

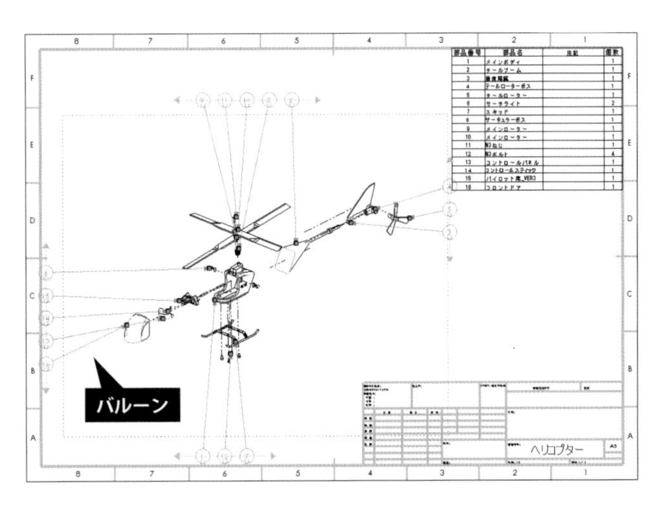

3. アセンブリビュー（分解図）に**バルーンが水平、垂直に整列して挿入**されます。
バルーンが図枠や部品表に重なっている場合は、**バルーン**を ドラッグして**移動**します。

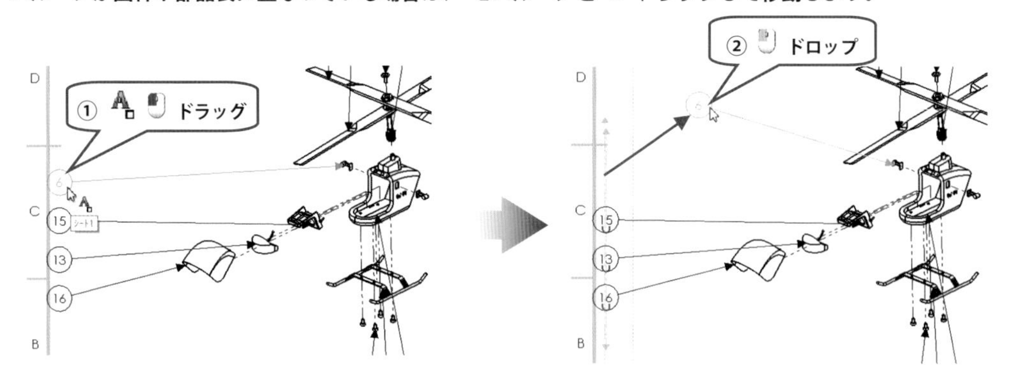

4. **バルーン**を クリックして選択すると、**引出線の矢印にハンドル（水色の■）が表示**されます。
■**ハンドル**を ドラッグすると、**参照点を移動**できます。 **エッジ上**で ドロップ。

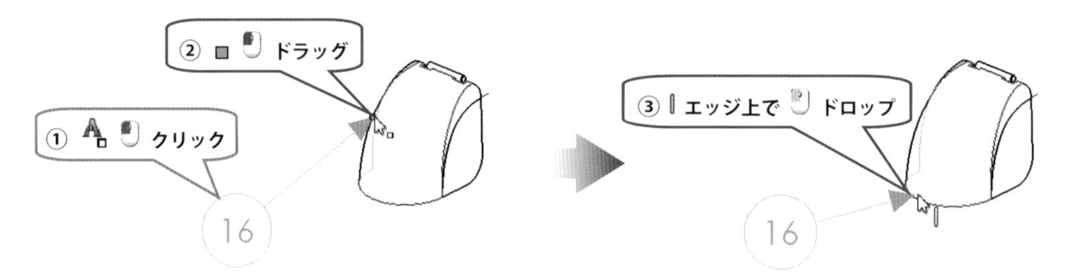

5. ■**ハンドル**を ドラッグして **面上**で ドロップすると、参照点に●**黒丸を表示**します。

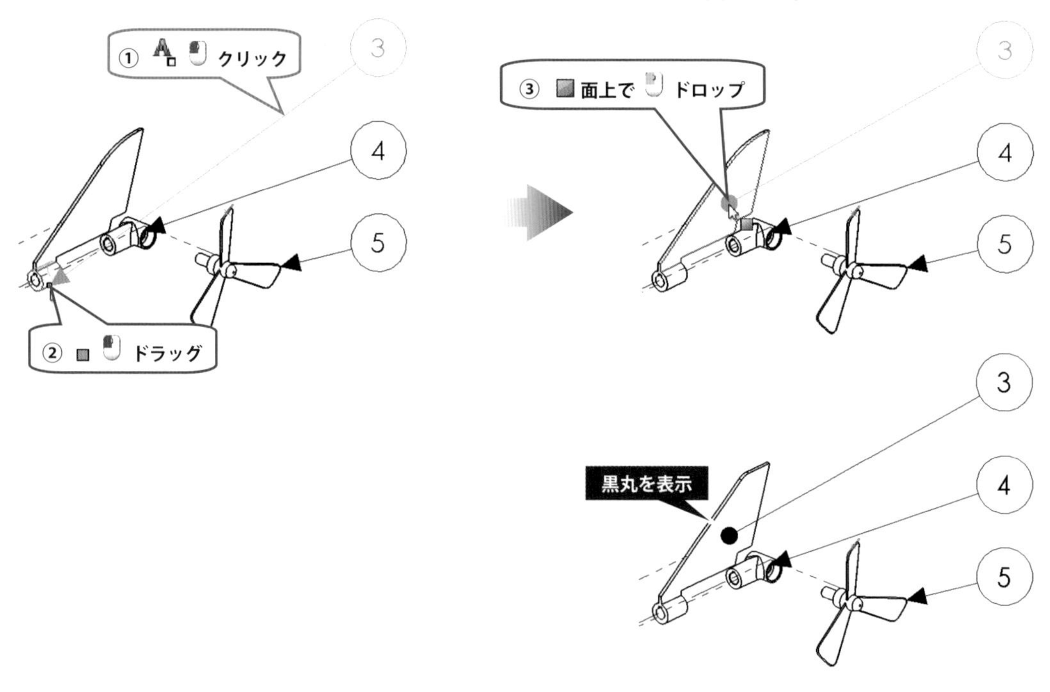

POINT パターンタイプ

パターンの**レイアウトタイプ**は、下表から選択します。

タイプ	説明	タイプ	説明
[矩形]	矩形状に整列させます。 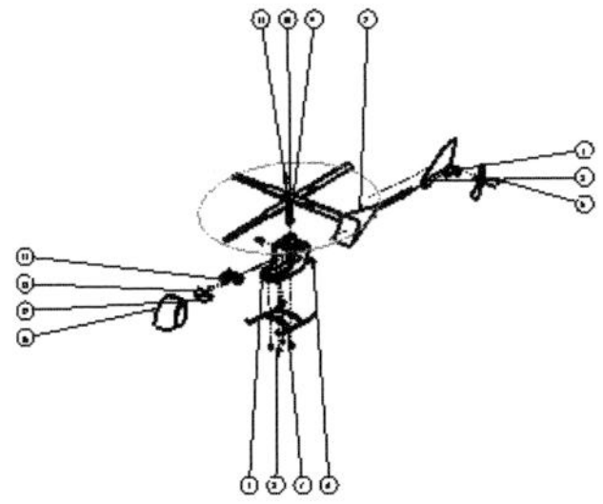	[円形]	円状に整列させます。 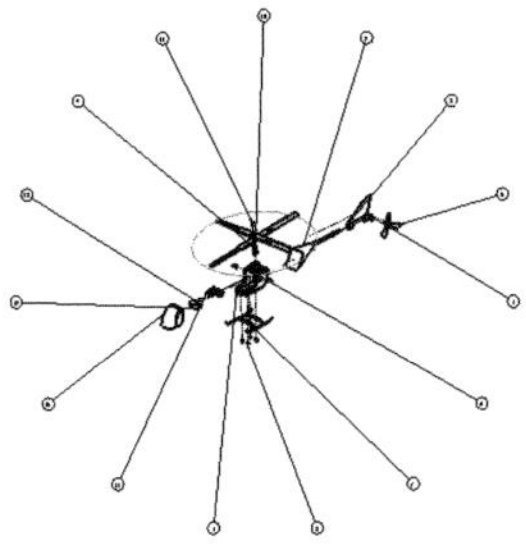
[トップ]	ビューの上側へ水平に整列させます。 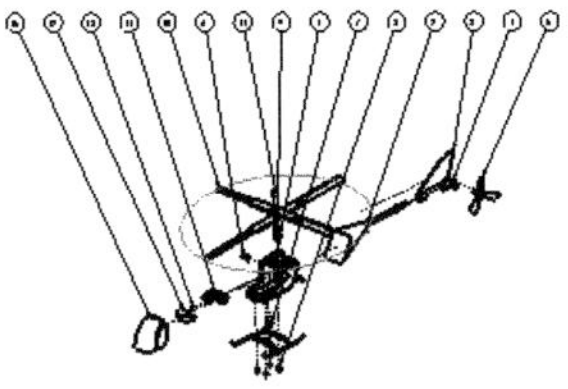	[底面]	ビューの下側へ水平に整列させます。 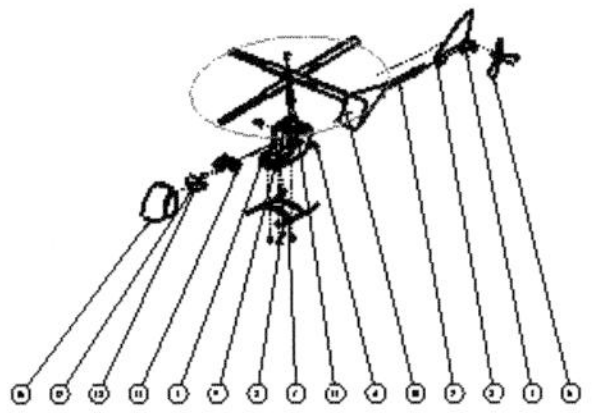
[左]	ビューの左側へ垂直に整列させます。 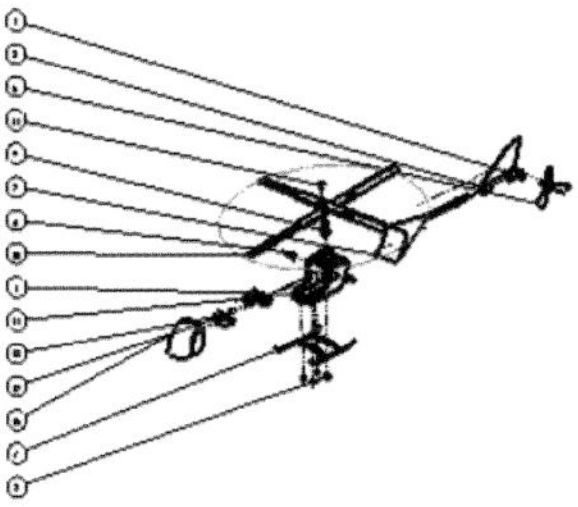	[右]	ビューの右側へ垂直に整列させます。 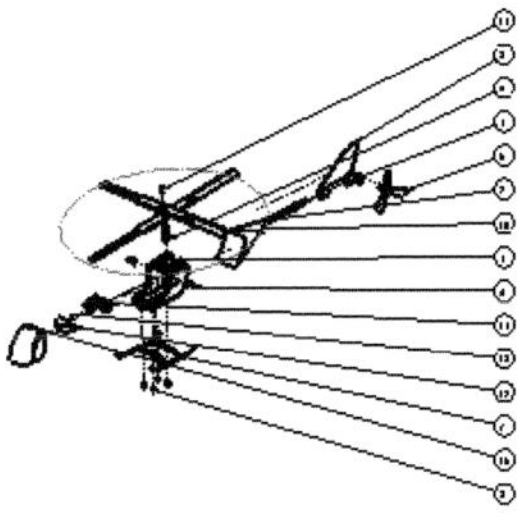

5.5 仕上げ

表示スタイルの変更と**投影図を追加**し、**図面を完成**させます。

1. 配置した**アセンブリビュー（分解された投影図）**を クリックして選択します。
   Property Managerの「**表示スタイル**」より ［**エッジシェイディング表示**］を クリックし、［**OK**］ボタンを クリック。

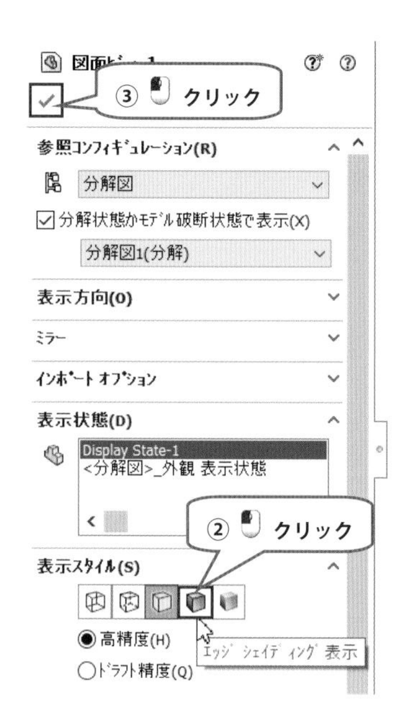

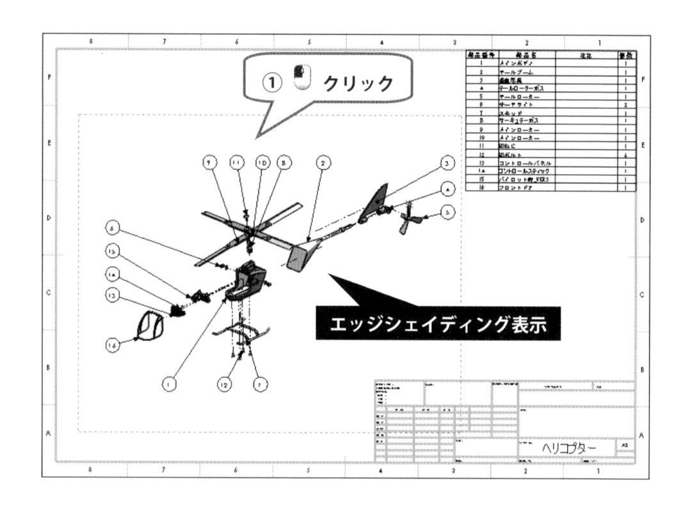

2. **パレット表示**より ［**VIEW**］（または［**現在**］）を ドラッグし、**分解図に整列したときに表示する整列線（水平な2点鎖線）が表示されたとき**に ドロップ。これで**水平に整列して配置**できます。

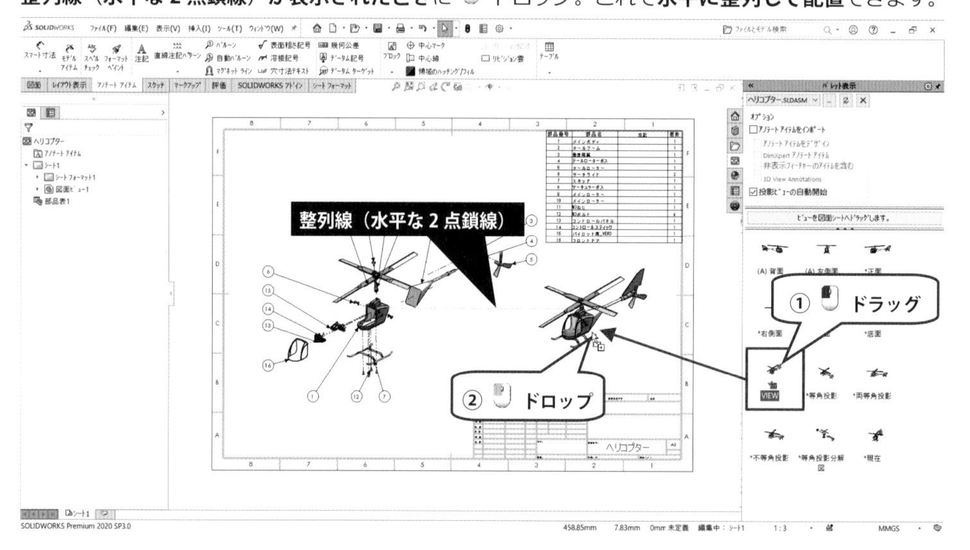

3. Property Manager の「**表示スタイル（S）**」より [**エッジシェイディング表示**] を クリックし、[**OK**] ボタンを クリック。

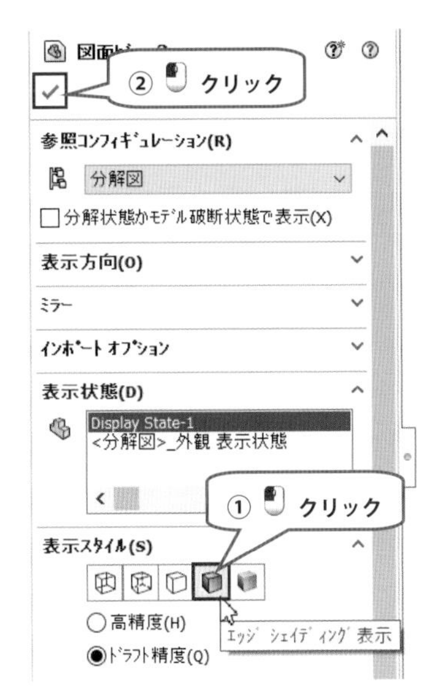

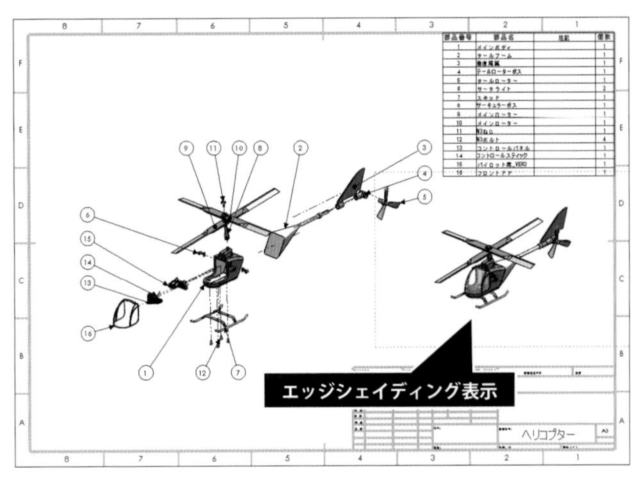

4. [**保存**] にて**上書き保存**します。

5.6 相関関係

SOLIDWORKS では、すべてデータ（部品、アセンブリ、図面）の**相関関係**が成り立ちます。

構成部品およびアセンブリの変更は図面に適用され、図面での変更は構成部品およびアセンブリに適用されます。

アセンブリと部品に変更を加え、**図面で変更が適用**されることを確認してみましょう。

1. **アセンブリ｛ヘリコプター｝に変更**を加えます。

   CTRL を押しながら TAB を押して**アセンブリドキュメントウィンドウ**に切り替えます。

   《(-)フロントドア》を ドラッグして**持ち上げ**ます。

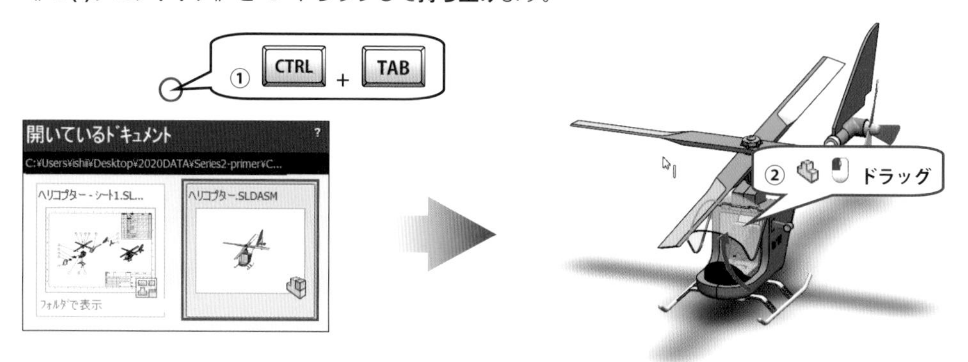

2. CTRL を押しながら TAB を押して**図面ドキュメントウインドウ**に切り替えます。

   アセンブリでの変更が図面で適用されていることを確認します。

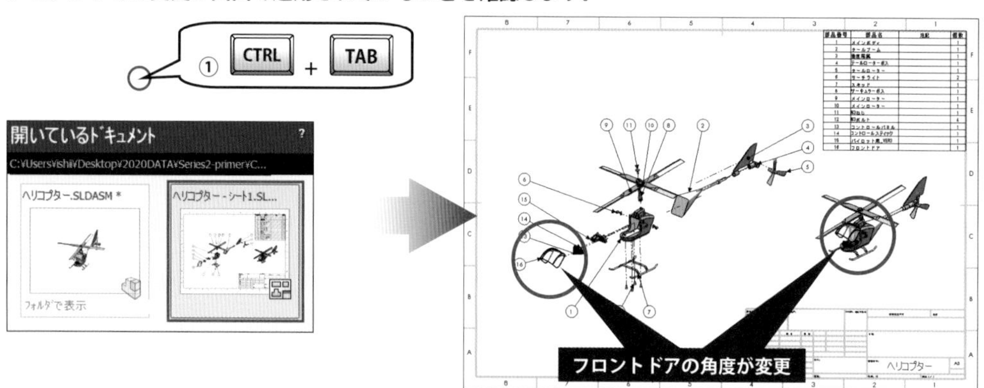

3. **部品｛垂直尾翼｝に変更**を加えます。

   アセンブリビューより｛**垂直尾翼**｝を クリックし、**コンテキストツールバー**より ［**部品を開く**］を クリックすると別ウィンドウで部品を開きます。

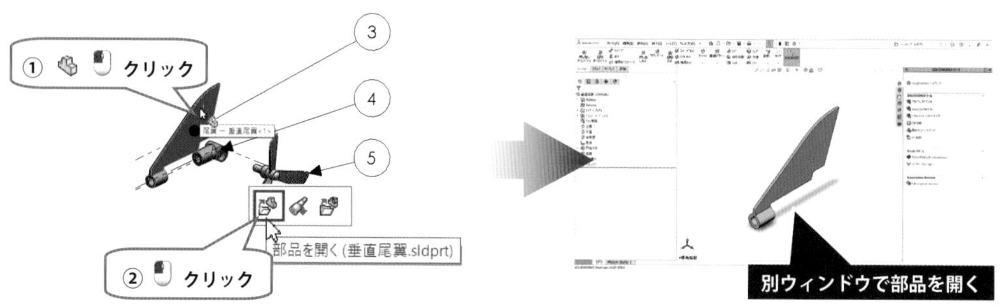

4. Feature Manager デザインツリーの《フィレット 1》を クリックし、**コンテキストツールバー**から [**フィーチャー編集**] を クリック。

5. 「**フィレットパラメータ**」の「**半径**」に<1 0 ENTER>と入力します。
[**OK**] ボタンを クリック。

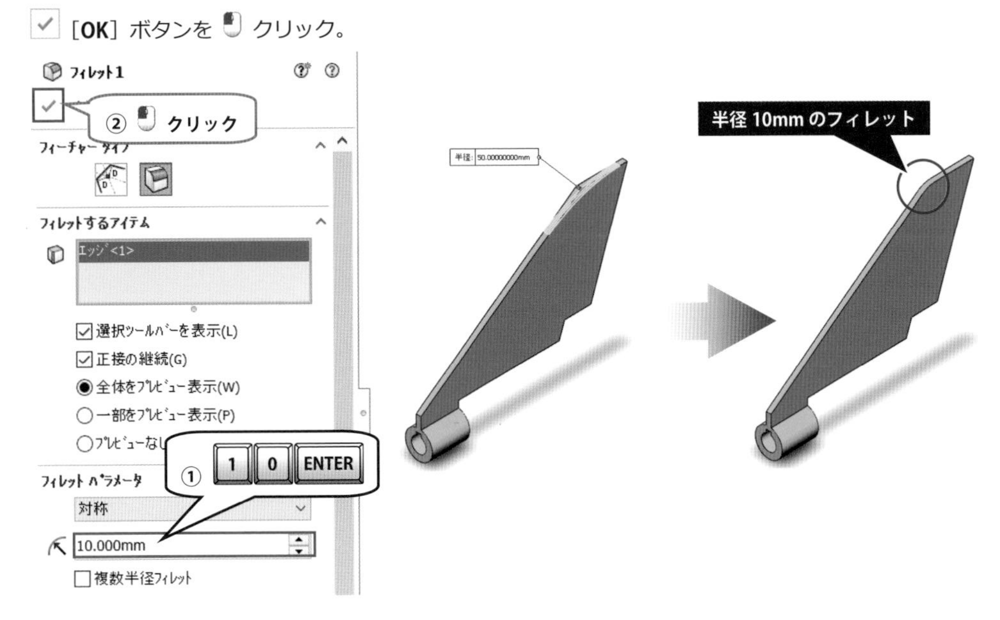

6. CTRL を押しながら TAB を押して**図面ドキュメントウインドウ**に切り替えます。
部品の変更が図面で適用されていることを確認します。

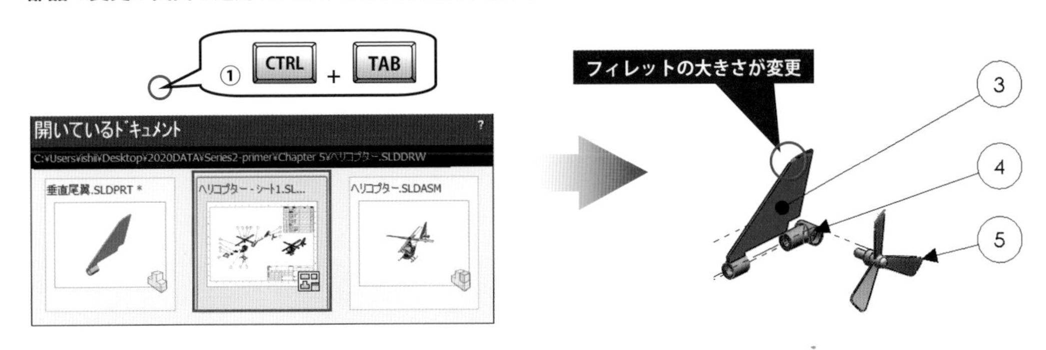

7. 関連するすべてのドキュメントを [**保存**] をして閉じます。

(※完成図面はダウンロードフォルダー {**Chapter 5**} > {**FIX**} に保存されています。)

ゼロからはじめる ***SOLIDWORKS***

Series1　アセンブリモデリング STEP1

索引

さ

し

す

せ

そ

た

つ

と

は

ひ

ふ

へ

ほ

ま

み

よ

り

れ

ゼロからはじめるSOLIDWORKS Series 2
アセンブリモデリング入門

2020年11月30日　第1版第1刷発行

編　者　株式会社
オズクリエイション
発行者　田中　聡

発行所
株式会社　電気書院
ホームページ　www.denkishoin.co.jp
(振替口座　00190-5-18837)
〒101-0051　東京都千代田区神田神保町1-3ミヤタビル2F
電話(03)5259-9160／FAX(03)5259-9162

印刷　株式会社シナノパブリッシングプレス
Printed in Japan／ISBN978-4-485-30304-7